普通高等院校计算机基础教育新形态一体化"十四五"系列教材

U0184000

# 大学计算机

## （第五版）

姚　怡　武新章◎主　编

劳　眷　石　娟◎副主编

中国铁道出版社有限公司

CHINA RAILWAY PUBLISHING HOUSE CO., LTD.

# 内 容 简 介

本书是新形态一体化教材，配有丰富的微课、教案、素材等教学资源。在内容组织编排、案例设计上秉持从易到难、从简到繁的编写思路，用深入浅出的语言讲解计算机基础知识和操作技能。全书分为 7 章，包括计算机概论、初识网络、Python 程序设计入门、Python 计算生态和数据智能分析、图像处理 Photoshop、Web 前端网页设计、IT 新技术等内容。本书理论与实操相结合，既注重计算思维能力的培养，又兼顾应用需求，循序渐进地引导学生打开计算机科学之门。

本书适合作为普通高等院校计算机基础课程的教材，也可作为各类计算机应用人员的参考书。

北京市版权局著作权合同登记　图字：01-2023-4223 号

**图书在版编目（CIP）数据**

大学计算机/姚怡，武新章主编. —5版. —北京：中国铁道出版社有限公司，2023.9（2024.8重印）

普通高等院校计算机基础教育新形态一体化"十四五"系列教材

ISBN 978-7-113-30538-3

Ⅰ. ①大… Ⅱ. ①姚… ②武… Ⅲ. ①电子计算机-高等学校-教材

Ⅳ. ①TP3

中国国家版本馆CIP数据核字(2023)第165053号

书　　　名：大学计算机
作　　　者：姚　怡　武新章

策　　　划：刘丽丽　　　　　　　　　　编辑部电话：（010）51873202
责 任 编 辑：刘丽丽
封 面 设 计：崔丽芳
责 任 校 对：苗　丹
责 任 印 制：樊启鹏

出版发行：中国铁道出版社有限公司（100054，北京市西城区右安门西街 8 号）
网　　址：https://www.tdpress.com/51eds/
印　　刷：河北京平诚乾印刷有限公司
版　　次：2018 年 9 月第 1 版　2023 年 9 月第 5 版　2024 年 8 月第 2 次印刷
开　　本：787 mm×1 092 mm　1/16　印张：18.5　字数：462 千
书　　号：ISBN 978-7-113-30538-3
定　　价：56.00 元

# 前　言

随着新一轮科技革命和产业变革的加速推进，我们正见证着新质生产力的诞生。人工智能、大数据、物联网、虚拟现实、区块链、边缘计算等 IT 新技术犹如百花齐放，展现出前所未有的创新活力，它们的迭代速度之快，令人惊叹。其中，"人工智能 +"技术作为核心的推动力，正深刻地改变着社会经济结构，重塑着生产方式，对人们的生活方式和工作流程产生着深远的影响。步入数字化时代，良好的信息素养已成为现代社会中每个人必须具备的基本技能，它不仅关乎技术的掌握，更是创新思维和问题解决能力的体现。尤其在利用"人工智能 +"等先进技术方面，信息素养意味着能够有效驾驭这些工具，以创新的视角应对复杂挑战。

鉴于此，大学计算机课程的重要性日益凸显，尤其是课程中对计算思维和动手操作能力的培养，成为了教育体系中不可或缺的一环。教材，作为教学过程中的核心材料，其重要性不言而喻。它是学校教育、立德树人的关键要素，承载着国家意志和社会主义核心价值观，是解答"培养什么人、怎样培养人、为谁培养人"这一根本问题的核心载体。通过高质量的教材和课程设计，我们不仅传授知识，更是为学生赋能，使他们能够适应这一波科技浪潮，成长为新质生产力时代所需的人才。

目前各高校大学计算机课程或多或少存在教材内容滞后、与现实需求脱节的弊端，一定程度上削弱了学生对课程的学习兴趣，需加快教材版本更迭。本书自 2018 年出版以来，历经三个修订版本，陆续删除与中小学信息技术课重叠的知识模块，并紧跟当前计算机学科的发展趋势，增加讲述主流 IT 技术的使用现状和展望。本次改版在第四版的基础上对部分操作实例进行了修订，根据当前的计算机学科研究热点对第 7 章 IT 新技术进行了补充完善，同时引入二十大精神，每一章末尾附有"工匠精神"小栏目，通过案例把党的二十大精神传递给广大学生，充分发挥教材的铸魂育人功能，为培养德智体美劳全面发展的社会主义建设者和接班人奠定坚实基础。

"大学计算机"属于通识课程，面向非计算机类的各学科专业学生。本书内容以模块化方式呈现，既独立又关联，便于不同的学科根据各自的教学目标对教学内容进行取舍和裁剪，适应多层次分类教学，具有宽广适应性。全书共 7 章，教学内容包括计算机概论、初识网络、Python 程序设计入门、Python 计算生态和数据智能分析、图像处理 Photoshop、Web 前端网页设计、IT 新技术等。本书在内容选取上注重计算思维培养，加强赋能教育，引导学生思考问题、分解问题，力求把本书编写成以"注重实操、快速入门、资源丰富"为特色的计算机实用教材。在教学中，学时充裕时（50 ~ 70 学时）可全书讲授，学时紧张情况下建议参照下表划分理工和文史两大类进行分类教学。

| 课程名称 | 建议学时 | 教学模块 |
|---|---|---|
| 大学计算机（理工类） | 32学时 | 计算机概论+初识网络+Python程序设计入门+Python计算生态和数据智能分析+IT新技术 |
| 大学计算机（文史类） | 32学时 | 计算机概论+初识网络+图像处理Photoshop+Web前端网页设计+IT新技术 |

　　教材的资源整合能力和使用方式对教学提质增效具有助力作用。编者在本次修订中，整合线上线下资源，"纸""数"融合打造《大学计算机》新形态一体化教材，以纸质版教材为核心，对教学资源进行系统化集成，使教材功能升级，适应"互联网+"时代的教学需求。扫描教材中的二维码，可访问微课、教案、素材等数字资源，通过导学方式提供多方位教学服务，下表罗列部分教材配套线上资源。

| 资源名称 | 平台 | 备注 | 适用章节 | 网址 |
|---|---|---|---|---|
| 大学计算机基础 | 中国大学MOOC | 国家级一流课程 | 第1、2、7章、Win+Office | https://www.icourse163.org/course/GXU-1449947169 |
| 大学计算机 | 学堂在线 | 省级一流课程 | 第3、4章 | https://www.xuetangx.com/course/gxu08091004445/14770555 |
| 多媒体应用技术 | 学堂在线 | | 第5、6章 | https://www.xuetangx.com/course/gxu0809dmtyyjs/14773177 |
| 计算机教学辅助平台 | 广西大学 | 校内访问 | 全书 | http://ggkcomtest.gxu.edu.cn/ |

　　如何使用上述线上资源呢？以编者所在学校为例，虽然在教材中并无关于Office的内容表述，但仍然列入教学大纲和考试范围，我们将一些基础性的理论知识和Office技能培训等难度低的教学内容数字化，采取"课堂零教学，以测代教"方式敦促学生根据自身情况自行网上修读。线下课堂则分模块讲授本教材核心内容，依托多门在线课程资源和教学辅助平台对学生智慧赋能。

　　参与本书编写工作的都是从事计算机基础教育多年、一线教学经验丰富的高校老师。本书由姚怡、武新章任主编，劳眷、石娟任副主编。参与本书编写和审校工作的还有陈大海、滕金芳、王丽、李向华、石松、姚海涛、马钰华、焦小焦等。本书配套指导书为《大学计算机实验指导与习题集》（第五版，石娟、劳眷主编，中国铁道出版社有限公司出版）。

　　本书的编写得到了教育部产学合作协同育人项目（202101340010）和广西高等教育本科教学改革工程项目（2022JGA119）的支持。在编写过程中，编者参考了许多文献和网站资料，在此一并向文献和资料的作者表示衷心感谢。编者水平有限，书中难免有疏漏和不足之处，恳请各位专家学者、广大读者不吝批评指正，我们会不断完善、持续改进。

编　者
2024年7月

# 目　录

# 第 1 章　计算机概论

 **内容提要**

◎计算机的诞生和发展

◎冯氏计算机工作原理

◎计算机硬件知识

◎二进制转换和运算

◎文字、图像、声音等多媒体信息的数字化

◎软件的定义、分类和编程语言

随着信息化时代的到来，计算机已经渗透到人类生活的方方面面。不管是工作学习、衣食住行或娱乐休闲，现实生活中种种活动的背后都不可避免会有计算机在不事张扬地为我们提供服务。计算机已成为人类大脑的延伸，现代人都应该具有一定的信息素养和计算思维，学会运用计算机解决遇到的种种问题。当今人们已经离不开计算机，掌握计算机知识的重要性再怎么强调也不为过。那么，计算机是如何诞生并发展演变为现世辉煌的？计算机是如何读懂人类发出的指令并忠实无误奉命执行的？硬件和软件之间有什么联系？……让我们带着这些问题一起走进计算机的世界探寻答案。

## 1.1　初识计算机

今天，计算机产业发展迅猛，每天都有新产品、新技术诞生，计算机已经深度融合进人们的学习、工作和生活中，几乎没有什么领域是与计算机无关的了。那么，计算机的演进发展历程是怎样的呢？

### 1.1.1　计算机从无到有

要追溯计算机的发明，可以从中国古时说起，那时人类发明算盘去处理一些数据，利用拨动算珠的方法，无须进行心算即可通过固定的口诀将答案计算出来。这种被称为"计算与逻辑运算"的运作概念传入西方后，被美国人发扬光大。直到 16 世纪，人类发明了一部可协助处理乘数等较为复杂数学算式的机械，被称为"棋盘计算器"，但这段时期只属于纯计算的阶段。

计算机的产生和发展

#### 1. 第一台计算机 ENIAC 诞生之前

辅助人们进行各种计算和分析的设备自古就有，从远古时期先民们结绳记事的"绳"到战国争雄时谋士们运筹帷幄的"筹"，从公元六百多年前中国人的算盘到 17 世纪欧洲人的计算尺，经历了漫长的历史过程。在第一台真正意义上的电子计算机 ENIAC 诞生之前，计算机的早期演进历程见表 1-1。

表 1-1　计算机的早期演进历程

| 时　间 | 设计或建造者 | 贡　献 |
|---|---|---|
| 17世纪中叶 | 法国数学家帕斯卡（Blaise Pascal，1623—1662） | 建造并出售了一种齿轮驱动的机械机器，可以执行整数的加法和减法运算 |
| 17世纪末 | 德国数学家莱布尼茨（Gottfried Wilhelm Leibniz，1646—1716） | 建造了第一台能够进行四种整数运算（加法、减法、乘法和除法）的机械设备 |
| 1832年 | 英国数学家巴贝奇（Charles Babbage，1792—1871） | 首先提出通用计算机的设计思想，开始设计一种基于计算自动化的程序控制的分析机，并提出了几乎是完整的计算机设计方案。在设计中第一次出现了内存，这在概念上是一个突破 |
| 1904年 | 英国物理学家弗莱明（John Ambrose Fleming，1864—1945） | 世界上第一只电子管研制成功，标志着世界从此进入了电子时代 |
| 1936年 | 英国数学家图灵（Alan Mathison Turing，1912—1954） | 发表了论文《论可计算数及其在判定问题中的应用》，提出了著名的理论计算机的抽象模型——"图灵机"，为计算理论的主要领域奠定了基础 |
| 1946年 | 美国的"莫尔小组"，由埃克特、莫克利、戈尔斯坦、博克斯四位科学家组成 | 建造了第一台真正意义上的电子计算机ENIAC，如图1-1所示。ENIAC是"图灵完全"的电子计算机，能够重新编程，解决各种计算问题 |

1946 年诞生的 ENIAC 由 18 000 多个电子管、7 000 多个电阻、10 000 多个电容器以及 6 000 多个开关组成，占地面积约 170 $m^2$，整个机器质量为 30 t，功率为 150 kW，运算速度为每秒 5 000 次加法运算，是世界上第一台电子数字积分计算机，如图 1-1 所示。虽然 ENIAC 远远不能和现在普通计算机相比，但它是第一台正式投入使用的电子计算机。它的诞生是人类文明史上的一次飞跃，宣告了计算机时代的到来。

图1-1　第一台电子计算机ENIAC

2. ENIAC 诞生之后计算机的四个发展阶段

自 ENIAC 问世，计算机采用的主要元器件从电子管进化到晶体管再演变到集成电路，如图 1-2 所示。电子计算机在人类生活中的份量变得越来越重要。迄今为止，计算机的发展经历了表 1-2 所示的四个标志性时代。

　　（a）电子管　　　　　　　　　（b）晶体管　　　　　　　　　（c）集成电路

图1-2　主要元器件的发展

表 1-2　计算机发展的四个标志性时代

| 标志性时代 | 时　间 | 硬　件　特　征 | 软　件　特　征 |
|---|---|---|---|
| 第一代电子管计算机 | 1945—1955年 | 采用电子管元件作基本器件，用光屏管或汞延时电路作存储器，输入或输出主要采用穿孔卡片或纸带，主要用于科学计算 | 使用机器语言或者汇编语言来编写应用程序 |
| 第二代晶体管计算机 | 1956—1963年 | 晶体管和磁芯存储器促进了第二代计算机的产生。图1-3所示是首台晶体管计算机"催迪克"，主要用于原子科学的大量数据处理 | 出现了更高级的COBOL和FORTRAN等语言，使计算机编程更容易。整个软件产业由此诞生 |
| 第三代集成电路计算机 | 1964—1970年 | 将多种元件集成到单一的半导体芯片上，形成集成电路（IC），计算机变得更小、功耗更低、速度更快。1964年，美国IBM公司研制成功第一个采用集成电路的计算机系统IBM 360，如图1-4所示 | 出现了操作系统，使计算机在中心程序的控制协调下可以同时运行许多不同的程序 |
| 第四代大规模集成电路计算机 | 1971年至今 | 采用大规模和超大规模集成电路，使计算机的体积和价格不断下降，而功能和可靠性不断增强 | 20世纪90年代诞生的因特网，标志着人类社会进入了以网络、信息为特征的数字化时代 |

图1-3　首台晶体管计算机"催迪克"　　图1-4　IBM 360成为首款使用集成电路的计算机

### 3. 计算机发展的未来

自 ENIAC 诞生以来，计算机的发展速度基本上一直遵循着由英特尔创始人之一——戈登·摩尔于 1965 年提出来的摩尔定律：当价格不变时，集成电路上可容纳的元器件的数目，每隔 18～24 个月便会增加一倍，性能也将提升一倍。这一定律揭示了信息技术进步的速度。例如，从图 1-5 显示的英特尔芯片的晶体管密度历年变化情况可知，尽管英特尔芯片制程工艺发布的时间跨度在变大，但晶体管密度仍旧保持在每两年提高约一倍，即摩尔定律一直在发挥着作用。尽管这种趋势已经持续超过半个世纪，但摩尔定律也预示着电子计算机的物理极限。因此，无论是从计算能力角度，还是从计算原理角度，抑或是从突破传统电子芯片物理极限角度出发，重新设计新型计算机开始逐渐走入人们的视线。

图1-5　英特尔芯片的发展符合摩尔定律

计算机的发展将在什么时候进入第五代？什么是第五代计算机？对于这样的问题，并没有一个明确统一的说法。通常认为，第五代计算机是指具有人工智能的新一代计算机，它具有推理、联想、判断、决策、学习等功能。基于集成电路的计算机短期内还不会退出历史舞台，但一些新的计算机正在跃跃欲试地加紧研究，这些计算机是：超导计算机、纳米计算机、光计算机、DNA计算机、量子计算机等。在未来社会中，计算机、网络、通信技术将会三位一体，将人从重复、枯燥的信息处理中解脱出来，从而改变人们的工作、生活和学习方式，给人类和社会拓展更大的生存和发展空间。

图1-6　计算机的不同分类

### 1.1.2　计算机的分类

计算机从1946年诞生并发展到今天，其种类繁多，可以从不同的角度对计算机进行分类，如图1-6所示。其中，微型机是人们最常使用的计算机类型。

微型计算机自产生以来，经过几十年的发展，已经应用到社会的各个领域，产生了运用于不同领域、适合不同目的的各种类型的计算机，如图1-7所示。

计算机的分类及其应用领域

（a）台式计算机

（b）笔记本计算机

图1-7　各种类型的微型计算机

（c）嵌入式计算机　　　　（d）平板计算机　　　　（e）智能手机

图1-7　各种类型的微型计算机（续）

### 1.1.3　计算机的应用

计算机的应用领域已渗透到社会的各行各业，正在改变着人们传统的工作、学习和生活方式，推动着社会的发展。计算机的主要应用领域有科学计算、数据处理、计算机辅助技术、过程控制、网络应用等。

#### 1. 科学计算

科学计算是指利用计算机来完成科学研究和工程技术中提出的数学问题的计算。在现代科学技术工作中，科学计算问题是大量的和复杂的。利用计算机的高速计算、大存储容量和连续运算能力，可以实现人工无法解决的各种科学计算问题。例如，建筑工程的结构设计中为了确定构件尺寸，通过弹性力学导出一系列复杂方程，长期以来由于计算方法跟不上而一直无法将其求解；而计算机不但能求解这类方程，还引起有关弹性理论的一次突破，出现了结构计算的有限元法。

#### 2. 数据处理

数据处理是指对各种数据进行收集、存储、整理、分类、统计、加工、利用、传播等一系列活动的统称。据统计，80% 以上的计算机主要用于数据处理，这类工作量大且应用面宽，决定了计算机应用的主导方向。

目前，数据处理已广泛地应用于办公自动化、企事业计算机辅助管理与决策、情报检索、图书管理、电影电视动画设计、会计电算化等各行各业。信息正在形成独立的产业，多媒体技术使信息展现在人们面前的不仅是数字和文字，也有声情并茂的声音和图像信息。

#### 3. 计算机辅助技术

计算机辅助技术包括计算机辅助设计、计算机辅助制造、计算机辅助教学等。

（1）计算机辅助设计（computer aided design，CAD）

计算机辅助设计是利用计算机及其图形设备帮助设计人员进行设计工作，以实现最佳工程效果的一种技术。它已广泛地应用于飞机、汽车、机械、电子、建筑和轻工等领域。例如，在计算机类产品的设计过程中，利用 CAD 技术进行体系结构模拟、逻辑模拟、插件划分、自动布线等，从而大大提高了设计工作的自动化程度。又如，在建筑工程设计过程中，利用 CAD 系统可以进行力学计算、结构设计、数据统计、图纸绘制等，这样不但提高了设计速度，还可以提高设计质量。

（2）计算机辅助制造（computer aided manufacturing，CAM）

计算机辅助制造是利用计算机系统进行生产设备的管理、控制和操作的过程。例如，在产品制造过程中，用计算机控制机器的运行、处理生产过程中所需的数据、控制和处理材料的流动以及对产品进行检测等。使用 CAM 技术可以提高产品质量、降低成本、缩短生产周期、提高生产率、改善劳动条件。

将 CAD 和 CAM 技术集成，实现设计和生产自动化的技术被称为计算机集成制造系统（Computer Intergrated Manufacturing System，CIMS）。它的实现将真正做到无人化工厂（或车间）。

（3）计算机辅助教学（computer aided instruction，CAI）

计算机辅助教学是通过计算机系统使用课件来进行教学。课件可以用相关工具或高级语言来开发制作，它能引导学生循序渐进地学习，使学生轻松自如地从课件中学到所需要的知识。CAI 的主要特色是交互教育、个别指导和因人施教。

### 4. 过程控制

过程控制是利用计算机及时采集检测数据，按最优值迅速地对控制对象进行自动调节或自动控制。采用计算机进行过程控制，不仅可以大大提高控制的自动化水平，而且可以提高控制的及时性和准确性，从而改善劳动条件、提高产品质量及合格率。因此，计算机过程控制已在机械、冶金、石油、化工、纺织、水电、航天等行业得到广泛的应用。

例如，在汽车工业方面，利用计算机控制机床、控制整个装配流水线，不仅可以实现精度要求高、形状复杂的零件加工自动化，而且可以使整个车间或工厂实现生产自动化。

### 5. 网络应用

计算机技术与现代通信技术的结合构成了计算机网络。计算机网络的建立，不仅解决了一个单位、一个地区、一个国家中计算机与计算机之间的通信，各种软、硬件资源的共享，也大大促进了国际间的文字、图像、视频和声音等各类数据的传输与处理。

## 1.2 剖析冯·诺依曼结构

计算模型的演变与发展

美籍匈牙利数学家冯·诺依曼（John von Neumann，1903—1957，见图 1-8）对研制计算机做出了重大贡献，常被称为"计算机之父"。现代计算机的基本架构和工作原理都是他奠定的。但他本人却并不这么认为，冯·诺依曼认为自己的学生——英国数学家艾伦·图灵（Alan Mathison Turing，1912—1954，见图 1-9）才称得上计算机之父。图灵提出了著名的理论计算机的抽象模型——"图灵机"，为计算理论的主要领域奠定了基础。这个理论在当时属于很超前、很大胆的假设。而后提出著名的"图灵测试"，指出如果第三者无法辨别人类与人工智能机器反应的差别，则可以论断该机器具备人工智能，为后来的人工智能科学提供了开创性的构思。

图 1-8 冯·诺依曼

图 1-9 艾伦·图灵

## 1.2.1　图灵机

图灵机，又称图灵计算、图灵计算机，是由数学家艾伦·马西森·图灵提出的一种抽象计算模型，即将人们使用纸笔进行数学运算的过程进行抽象，由一个虚拟的机器替代人们进行数学运算。

图灵机是指一个抽象的机器，如图 1-10 所示，它有一条无限长的纸带，纸带分成了一个一个的小方格，每个方格有不同的颜色。有一个机器头在纸带上移来移去。机器头有一组内部状态，还有一些固定的程序。在每个时刻，机器头都要从当前纸带上读入一个方格信息，然后结合自己的内部状态查找程序表，根据程序输出信息到纸带方格上，并转换自己的内部状态，然后进行移动。

图1-10　图灵机

沿着图灵开辟的方向，计算科学理论在其后的几十年里得到迅速发展，有力地推动了计算科学的高速发展。直到今天，绝大多数关于计算科学理论和技术的研究仍然没有跳出图灵机所确定的范围。为纪念图灵对计算科学的巨大贡献，美国计算机协会在 1966 年设立了具有计算机界诺贝尔奖之称的"图灵奖"，以表彰在计算机科学领域中做出突出贡献的科学家。

## 1.2.2　冯·诺依曼结构

冯·诺依曼对研制计算机做出了重大贡献。他确定了计算机的体系结构由五部分组成，包括运算器、控制器、存储器、输入设备和输出设备；并提出了计算机的工作原理，即把程序和数据都以二进制的形式统一存放到存储器中，由机器自动执行，不同的程序解决不同的问题，实现了计算机通用计算的功能。

### 1. 冯氏计算机五大核心部件

时至今日，遍布世界各地大大小小的计算机仍然遵循着冯·诺依曼提出的计算机基本结构和工作原理，其内部的硬件结构都大同小异，统称为"冯·诺依曼体系结构"计算机（简称冯氏计算机）。冯氏计算机的五大核心部件各尽其职，协调工作，如图 1-11 所示。

图1-11　计算机基本结构

五大核心部件的基本功能如下：

① 运算器（arithmetic/logic unit，ALU）：是计算机实现数据处理功能的单元，如算术

运算（加、减、乘、除）、逻辑运算（与、或、非）。运算器会将存储在存储单元中的数据取出，在执行运算与逻辑判断后，将结果存回存储器中。

② 控制器（control unit，CU）：主要用于控制计算机的操作，如读取各种指令，并对指令进行分析，做出相应控制，协调输入 / 输出（input/output，I/O）操作和内存访问等工作。运算器与控制器组合起来成为计算机的核心——中央处理器（central processing unit，CPU）。

③ 存储器（memory unit，MU）：可分为内存储器与外存储器两大类，是计算机专门用来存放数据与程序的地方。内存储器用来存放处理中的程序和数据；外存储器则用来存放暂时不使用的程序和数据，常见的有硬盘、光盘、闪存盘等。

④ 输入设备（input unit，IU）：向计算机输入数据和信息的设备，是计算机与用户或其他设备通信的桥梁。常见的输入设备有键盘、鼠标、扫描仪、光笔、手写输入板、游戏杆、语音输入装置等。

⑤ 输出设备（output unit，OU）：计算机用来输出已处理的数据的设备，如显示器、打印机、扬声器等。

2. 冯氏计算机的工作步骤

冯·诺依曼提出的"存储程序和程序控制"原理把程序本身当作数据来对待，程序和该程序处理的数据用同样的方式存储，并确定了计算机的五大组成部分和基本工作方法。其工作过程可分为如图 1-12 所示的四个步骤。

第1步：将程序和数据通过输入设备送入存储器

第2步：从存储器中取出程序指令送到控制器进行处理，分析该指令要做什么事

第3步：控制器根据指令的含义发出相应的命令，如加法、减法等，将存储单元中存放的操作数据取出送往运算器进行运算，再把运算结果送回存储器指定的单元中

第4步：当运算任务完成后，将结果通过输出设备输出

图1-12　冯氏计算机工作步骤

早期冯·诺依曼设想的控制器目前主要通过操作系统来实现，也就是由软件控制计算机；冯·诺依曼结构中的控制线和数据线，主要由计算机的总线（如 FSB 总线、PCI-E 总线、USB 总线等）和集成电路芯片（如南桥芯片等）实现，总线上传输的信号可以是地址、数据和指令。

3. 冯·诺依曼结构与哈佛结构

冯·诺依曼的主要贡献就是提出并实现了"存储程序"的概念。由于指令和数据都是二进制码，指令和操作数的地址又密切相关，因此，当初选择这种结构是自然的。

在冯·诺依曼计算机结构中，指令和数据共享同一存储器和同一传输总线，使得信息流的传输成为限制计算机性能的瓶颈，影响了数据处理速度的提高，甚至会造成指令与数据传输的冲突。例如，计算机在播放高清视频时，数据流巨大，而指令流很小，一旦数据流发生拥塞现象，则会导致指令无法传输。这种现象一旦发生在工业控制领域，将产生不可预计的后果。工业计算机系统需要较高的运算速度，为了提高数据吞吐量，在大部分工业计算机中和智能手机中会采用哈佛结构。

哈佛结构计算机的原理图如图 1-13 所示，它有两个明显的特点：一是使用两个独立的存储器模块，分别存储指令和数据；二是使用两条独立的总线，分别作为 CPU 与存储器之间的专用通信路径，这两条总线之间毫无关联，避免了指令传输与数据传输的冲突。

图1-13　哈佛结构计算机的原理图

在哈佛结构计算机中，CPU 首先到指令存储器中读取程序指令内容，解码后得到数据地址；再到相应的数据存储器中读取数据，并进行下一步的操作（通常是执行）。程序指令存储和数据存储分开，可以使指令和数据有不同的数据宽度。

采用哈佛结构的 CPU 和微处理器有：IBM 公司的 PowerPC 处理器，SUN 公司的 Ultra SPARC 系列处理器，MIPS 公司的 MIPS 系列处理器，ARM 公司的 ARM9、ARM10 和 ARM11 等。大部分 RISC（即精简指令系统，英文全称是 Reduced Instruction Set Computing）计算机都采用了哈佛结构。

## 1.3　购机前要了解的硬件知识

随着信息时代的高速发展，计算机已经成为工作、学习、生活的必备装备之一，不管你是刚入学的大学生还是将要进入职场的新人，选购一台适合自己的计算机，能够很大程度地提高自己的工作和学习效率。对于商务人士、学生来说笔记本计算机是首选，它体积小、携带方便，适用于应对移动场景。而办公场所、游戏网吧等场所则适合选用台式计算机，它性价比高、接口丰富、使用方便。无论是台式计算机还是笔记本计算机，其主要配置都是 CPU、显卡、硬盘、内存条以及主板等零部件。因此，详细了解计算机的硬件组成，对如何选择最适合自己的计算机很有帮助。

如何选择适合自己的计算机

从计算机外观可看到的设备都属于计算机的硬件部分。图 1-14 所示的显示器、键盘、鼠标等是存在于主机箱外部的部件，CPU、硬盘、内存、显卡、网卡等是安装在主机箱内部的部件。其中，CPU 与内存构成计算机的主机。图 1-15 所示为台式计算机主机箱的内部和背部结构。

根据个人计算机（personal computer，PC）的特点，通常将其硬件分为主机和外围设备（简称外设）两部分。图 1-16 所示为个人计算机的硬件组成。

图1-14　台式计算机外观

图1-15 台式计算机主机箱的内部和背部结构

图1-16 个人计算机的硬件组成

## 1.3.1 主板和 CPU

### 1. 主板

主板（mainboard）是计算机中最大的一块集成电路板，安装在机箱内，是计算机最基本的也是最重要的部件之一。主板采用开放式结构来连接各种计算机部件，包括CPU、内存、显卡、声卡、网卡、硬盘和光驱等。组装计算机时，把相应的部件插到主板上对应的插槽中即可。主板电路设置和功能如图 1-17 所示。

### 2. 中央处理器

中央处理器（central processing unit，CPU）是计算机的心脏，起到控制整个计算机工作的作用，包括控制器与运算器两大模块。CPU 主要的工作就是提取指令，将指令译码和执行。在指令执行之前，程序指令和数据必须先从输入设备或外存储设备放进内存中。

由于单核 CPU 芯片速度的提升会产生过多热量，且无法带来相应的性能改善，多内核 CPU 渐成主流，封装的内核数量不断增加，虽然从外观上看好像是一个 CPU，如图 1-18 所示，实际上它是由多个 CPU 内核组成的。理论上，其性能会变成原来的数倍，但须搭配支持多CPU 的操作系统和应用程序才能发挥其性能。

图1-17　主板电路设置和功能

　　CPU 有两个重要的性能指标，即字长和主频。字长是计算机在单位时间内能一次处理的二进制数的位数。字长越长，计算精度越高，运算速度也越快。字长一般有 16 位、32 位或 64 位几种。主频就是 CPU 内核工作时的时钟频率，反映了计算机的工作速度。主频越高，计算机工作速度越快。

　　CPU 的安装过程如图 1-18 右图所示。

1.下压卡扣　　　　2.打开主板底座盖板

3.取出CPU　　　　4.对准防呆口放入CPU
（注意主板针脚，一次性放下后不要挪动，避免碰弯主板针脚）

5.下压卡扣，盖板会自动弹起　6.取下盖板，CPU安装完成

（a）CPU　　　　　　（b）CPU 的安装

图1-18　CPU处理器和CPU的安装

## 1.3.2 内存和外存的区别

大家都知道，因为有存储器，计算机才具有"记忆"能力，才能保证机器自动而快速地运算，向人们提供需要的数据或结果。存储器分为内存储器（简称内存）和外存储器（简称外存）两大类。内存用于暂时存放 CPU 中的运算数据，以及与硬盘等外存储器交换的数据；外存容量大，读取速度慢，断电后信息不丢失，可以长期保存程序和数据。常见的外存储器有硬盘、光盘、U 盘等。

### 1. 内存储器

内存储器是外存与 CPU 进行沟通的桥梁。计算机中所有程序的运行都是在内存中进行的，因此内存的性能对计算机的影响非常大。内存按照自身特性可分为只读存储器（read only memory，ROM）和随机存储器（random access memory，RAM）。在计算机机箱内部使用的内存条属于随机存储器。

（1）ROM

ROM 是指存储器在出厂时就由厂家采用掩模技术将存储内容一次性写入并永久保存下来，不会因断电而丢失数据。计算机在运行时仅能从中读取数据，而无法向其写入新的数据。例如存放基本输入/输出系统（basic input/output system，BIOS）程序的内存，即内嵌式 BIOS ROM 芯片，如图 1-19 所示。

为便于使用和大批量生产，ROM 进一步发展了可编程只读存储器（PROM）、可擦可编程只读存储器（EPROM）、电可擦可编程只读存储器（EEPROM）和快闪存储器（Flash ROM）

图1-19 BIOS芯片

 小知识

BIOS 就是固化在主板上 ROM 芯片中的一组程序，为计算机提供最基层、最直接的硬件控制与支持，主要负责在开机时做硬件启动和检测等工作。进入 BIOS 设置界面的方法为：开机后屏幕还在黑屏状态下时，根据屏幕的提示按【Del】键或【F2】键，将打开如图 1-20 所示的 BIOS 设置界面。通过键盘操作可在 BIOS 中设置开机密码、启动顺序等，有时也可利用 BIOS 对硬件性能做些超频调校工作。由于硬件发展迅速，传统蓝屏界面的 BIOS 正在逐步淘汰。近几年出厂的计算机已陆续采用统一的可扩展固件接口 UEFI 技术。UEFI 的启动速度比传统 BIOS 快，而且可以调用真正的图形交互界面，并支持鼠标操作，从而使开机程序化繁为简，节省时间。

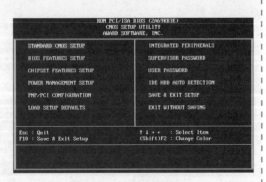

图1-20 BIOS设置界面

（2）RAM

RAM 具有既可以读出数据，也可以写入数据，断电后存储内容立即消失的特点。在

CPU 的快速运行过程中，需要 RAM 来暂时存放程序或数据。按照 RAM 是否需要周期性充电，可将 RAM 分为动态内存（dynamic RAM，DRAM）和静态内存（static RAM，SRAM）两种。

① DRAM：特点是集成度高，主要用于大容量内存储器，也就是平常说的内存条，如图 1-21 所示。单条容量一般为 2 ~ 32 GB，这种存储器价格较低，集成度较高，升级灵活，但需要周期性的充电刷新，因此存取速度相对较慢。DRAM 常见的类型有 SDRAM、DDR SDRAM、DDR2、DDR3、DDR4、DDR5 等几种。

图1-21　DRAM（即动态内存条）

② SRAM：采用系统时钟同步技术，利用双稳态的触发器来存储 "1" 和 "0"，不需要时常刷新，所以在存取速度和稳定性上均优于 DRAM，但是集成度较低，价格较高，主要用于要求速度快的高速缓冲存储器（简称高速缓存，英文为 Cache）。

**2. 外存储器**

外存储器（简称外存）又称辅助存储器，其容量相对较大，一般用来存储须长期保存或暂时不用的各种程序和信息。外存的信息需要先传送到内存后才能被 CPU 使用。常见的外存储器有硬盘、光盘、闪存盘及各种数码存储卡等。

**（1）机械硬盘**

硬盘全称为硬盘驱动器，是个人计算机必备的存储设备。机械硬盘由一个或者重叠的一组铝制或玻璃制的盘片组成。这些盘片外覆盖了铁磁性材料，被永久性地密封在硬盘驱动器中。图 1-22（a）所示为西部数据的 2 TB 硬盘的外观。

机械硬盘内部结构如图 1-22（b）所示。在磁盘上读取数据的零件是磁头臂，它会移动读/写磁头到某个磁道上，位于磁头臂末端的磁头并没有真正接触到磁盘的表面，而是在磁道的上方呈悬浮状态。如果磁头不小心接触到磁盘表面，会导致数据毁坏。常见的连接硬盘和主板的接口有 IDE、SATA 和 SCSI 三种类型。

（a）外观　　　　　　　　　　　（b）内部结构

图1-22　机械硬盘的外观和内部结构

机械硬盘在格式化时盘片被划分成许多同心圆，即磁道。磁道从外向内从 0 开始顺序编号。多个盘面上具有相同编号的磁道形成一个圆柱，称为柱面。每个磁道被分为若干个弧段，即扇区。扇区是磁盘的最小组成单元，通常是 512 字节（由于不断提高磁盘的容量，部分厂商设定每个扇区的大小是 4 096 字节）。机械硬盘构造如图 1-23 所示。为了进一步提高硬盘容量，现代计算机采用等密度结构生产硬盘，称为等密度盘，如图 1-24 所示。等密度盘的外圈磁道的扇区比内圈磁道多，同时采取以扇区为单位的线性寻址。

图1-23　硬盘构造

图1-24　等密度盘

　　硬盘在使用前要先分区，然后对每个分区进行格式化之后才能使用。机械硬盘的主要性能参数见表1-3。

表 1-3　机械硬盘的主要性能参数

| 参　　数 | 说　　明 |
| --- | --- |
| 容量 | 是硬盘最重要的性能指标。硬盘的容量=扇区数 × 扇区容量。目前硬盘的常见容量为160 GB ~ 20 TB，单碟容量为80 GB ~ 2 TB |
| 转速 | 是硬盘内电动机主轴的旋转速度，以转每分（r/min）来表示，转速越快，传输速度就越快。家用普通硬盘的转速一般有5 400 r/min、7 200 r/min两种；而对于笔记本计算机，则以4 200 r/min、5 400 r/min为主 |
| 平均访问时间 | 指磁头从起始位置到达目标磁道位置，并且从目标磁道上找到要读/写的数据扇区所需的时间。平均访问时间=平均寻道时间+平均等待时间 |
| 传输速率 | 指硬盘读/写数据的速度，单位为兆字节每秒（MB/s）。硬盘数据传输速率包括内部数据传输速率和外部数据传输速率。内部传输速率主要依赖于硬盘的旋转速度，反映了硬盘缓冲区未用时的性能；外部传输速率是系统总线与硬盘缓冲区之间的数据传输速率，与硬盘接口类型和硬盘缓存的大小有关 |
| 缓存 | 是硬盘控制器上的一块Cache内存芯片，具有极快的存取速度，它是硬盘内部存储和外界接口之间的缓冲器 |

 小知识

　　使用机械硬盘时必须避免碰撞、振动或拍打，也应避免瞬间开 / 关电源，因为硬盘在使用完毕后，必须先经过将读 / 写磁头退回原位，以及停止硬盘运转的停机操作，这需要约 30 s 的时间。若在硬盘停止运转之前又重新启动电源，会使读 / 写磁头因电动机瞬间加速而产生抖动，容易撞击到磁盘表面而导致损坏；另外，还要避免将硬盘靠近磁场，以防止硬盘中的数据因磁场的影响而被破坏。

（2）固态硬盘

固态硬盘（solid state disk，SSD），又称固态驱动器，如图 1-25 所示。它是用固态电子存储芯片阵列制成的硬盘，由控制单元和存储单元组成，存储介质分为 Flash 芯片和 DRAM 芯片两种。固态硬盘的接口规范和定义、功能及使用方法与普通硬盘大致相同。现在固态硬盘最常见的四种

图1-25　固态硬盘

接口类型是 SATA、mSATA、PCI-E 与 M.2。固态硬盘具有传统机械硬盘不具备的快速读写、质量轻、能耗低以及体积小等特点。其芯片的工作温度范围很大（–40 ~ 85℃），但成本较高。随着固态硬盘价格的逐年降低，目前正不断蚕食机械硬盘的市场占有份额。

（3）光驱和光盘

光驱可以读取光盘，带刻录功能的光驱可以写光盘，如图 1-26 所示。光盘是一种在塑料片上加入一层金属薄膜，并利用激光来识别数据的存储设备。其轨道设计不同于一般磁盘的同心圆方式，它是以螺旋纹的方式设计的，称为光道。沿着光道从内到外压制有一连串的凹坑，通过激光的反射来读出其中存储的信息，如图 1-27 所示。通常 CD 可容纳 650 ~ 700 MB 的数据，DVD 能存储 4.7 ~ 30.0 GB 的数据。

图1-26　光驱

图1-27　光盘存储原理

（4）U 盘

U 盘是 USB（universal serial bus）盘的简称，也称优盘或闪存盘，其特点是小巧玲珑、便于携带，如图 1-28 所示。U 盘与硬盘、光盘的最大区别是：它不需物理驱动器，即插即用，且存储容量超过光盘。目前 U 盘按传输速率高低可分为 3.2、3.1、3.0 和 2.0 等规格。U 盘按功能分类有加密 U 盘、启动 U 盘、杀毒 U 盘、测温 U 盘以及音乐 U 盘等。其中，启动 U 盘加入了引导系统的功能，弥补了加密型及无驱型 U 盘不可启动系统的缺陷。

（a）计算机专用 U 盘

（b）计算机手机两用 U 盘

图1-28　U 盘

### 1.3.3 I/O设备

#### 1. 输入设备

输入设备是将数据和信息输入计算机主机的设备，键盘、鼠标是最主要的输入设备，此外还有扫描仪、数码照相机、数码摄像机、摄像头、传声器、操纵杆、触摸屏、条形码阅读器、轨迹球、数位板、光笔、游戏杆、手写输入设备等，如图1-29所示。

（a）键盘和鼠标　　　　　　　　　　　　　　　　　　（b）扫描仪

（c）数码照相机　　　　　（d）数码摄像机　　　　　（e）摄像头

图1-29　常见的输入设备

#### 2. 输出设备

顾名思义，输出设备就是将计算机中的数据输出的设备。常见的输出设备有显示器、打印机、绘图仪和扬声器等，如图1-30所示。

（a）显示器　　　　　（b）打印机　　　　　（c）绘图仪　　　　　（d）扬声器

图1-30　常见的输出设备

### 1.3.4　总线和接口

在主板上，可以看到印制电路板上有许多并排的金属线束，这就是总线（Bus）。如果把主板看作一座城市，那么总线就像是城市里的公共汽车（Bus），能按照固定行车路线，传输来回不停运作的比特（bit）信息。按照计算机所传输的信息种类，总线可以划分为数据总线、地址总线和控制总线。

计算机采用开放的系统结构，为了方便总线与电路板的连接，总线在主板上提供了多个插槽（插座），任何插入插槽的电路板（如显卡、声卡等）都可以通过总线与CPU连接，这为用户组装设备提供了方便。计算机常见接口包括：PCI-E总线接口、USB串行接口、VGA接口、DVI接口、HDMI接口、RJ-45接口、RS-232串行接口等。主板各种常见接口如图1-31所示。

| 芯片组 | Intel B360 |
| --- | --- |
| 内存类型 | 4xDDR4 DIMM |
| 供电模式 | 一个8针,一个24针电源接口 |
| 硬盘接口 | M.2接口x2; SATA III接口x6 |
| 显示接口 | VGAx1; DVIx1; HDMIx1 |
| 版型尺寸 | ATX板型 |
| CPU类型 | 第八代Core i7/i5/i3/Pentium/ Celeron |

| 接口展示 | 1.PS/2键鼠接口 2.USB 2.0 |
| --- | --- |
| | 3.DVI　4.HDMI　5.6.USB 3.1 |
| | 7. RJ-45网络接口 8.音频接口 |

图1-31　主板各种接口

## 1.4　0和1的世界

人们日常生活中经常使用的是十进制数，有些早期的计算机也是十进制机器，但是现代的计算机都是二进制机器，也就是说计算机中的信息都是用二进制形式表示的。之所以采用二进制，一个根本的原因是受制于组成计算机的基本元器件。二进制中的每个存储位可用两种状态表示，例如高电压和低电压这两种信号，高电压信号等同于1，低电压信号等同于0，如图1-32所示。

0和1的世界

电压信号
二进制编码　0 0 1 1 0 1 0 0 0 1 0 0 1 1

图1-32　电压的高低对应于1和0两个数码

### 1.4.1　二进制的计数单位

二进制系统中，信息单位分为以下三个层次。

1. 位

通常把二进制代码串中的每一个"0"或"1"称为"位"或者"比特"（bit），简写为小写b，它是计算机信息表示的最小单位，每个"位"只能存放1位二进制数。

2. 字节

为了便于对存储器进行管理，人们习惯将8位称为1字节( Byte,简写为大写B），记为1 B，并以字节作为计算存储器容量的基本单位。除了字节外，存储器还有 KB、MB、GB、TB等容量单位，它们之间的换算关系见表1-4，其中 1 024=$2^{10}$。存储器所能容纳的数据总量称为存储容量。

表 1-4　存储单位换算

| 单　位 | 换算结果 | 单　位 | 换算结果 |
| --- | --- | --- | --- |
| 1 B（1 字节） | =8 bit | 1 TB（1 太字节） | =1 024 GB =$2^{40}$ B |
| 1 KB（1 千字节） | =1 024 B=$2^{10}$ B | 1 PB（1 拍字节） | =1 024 TB =$2^{50}$ B |
| 1 MB（1 兆字节） | =1 024 KB=$2^{20}$ B | 1 EB（1 艾字节） | =1 024 PB =$2^{60}$ B |
| 1 GB（1 吉字节） | =1 024 MB =$2^{30}$ B | | |

### 3. 字

字（Word）通常由一个或若干个字节组成，是计算机进行数据处理时，一次存取、加工和传送的数据长度。由于字长是计算机一次所能处理信息的实际位数，表明了机器处理的精度。字是衡量计算机性能的一个重要指标，字长越长，性能越好。

## 1.4.2　进制转换

每一种数制的进位都遵循一个规则，那就是 R 进制，逢 R 进一。例如，最常用的十进制，逢十进一。这里的 R 称为基数。例如，十进制的基数是 10，二进制的基数是 2。表 1-5 所示为计算机中常见的数制表示。表 1-6 所示为常用的几种数制之间的对应关系。

表 1-5　常见数制的表示

| 进　制 | 数　码 | 进位规则 | 基数 | 书写格式 |
| --- | --- | --- | --- | --- |
| 十进制 | 0,1,2,…,9 | 逢十进一 | 10 | $(26)_{10}$或$26_{(10)}$或26 |
| 二进制 | 0,1 | 逢二进一 | 2 | $(11010)_2$或$11010_{(2)}$ |
| 八进制 | 0,1,2,…,7 | 逢八进一 | 8 | $(32)_8$或$32_{(8)}$ |
| 十六进制 | 0,1,2,…,9,A,B,…,F | 逢十六进一 | 16 | $(1A)_{16}$或$1A_{(16)}$或1AH或0x1A |

表 1-6　常用的几种数制之间的对应关系

| 十　进　制 | 二　进　制 | 八　进　制 | 十六进制 |
| --- | --- | --- | --- |
| 0 | 0000 | 0 | 0 |
| 1 | 0001 | 1 | 1 |
| 2 | 0010 | 2 | 2 |
| 3 | 0011 | 3 | 3 |
| 4 | 0100 | 4 | 4 |
| 5 | 0101 | 5 | 5 |
| 6 | 0110 | 6 | 6 |
| 7 | 0111 | 7 | 7 |
| 8 | 1000 | 10 | 8 |
| 9 | 1001 | 11 | 9 |
| 10 | 1010 | 12 | A |
| 11 | 1011 | 13 | B |
| 12 | 1100 | 14 | C |
| 13 | 1101 | 15 | D |
| 14 | 1110 | 16 | E |
| 15 | 1111 | 17 | F |

对于任意一个 $R$ 进制数 $N$ 都可用多项式表示法表示为

$$(N)_R = D_{n-1}R^{n-1} + D_{n-2}R^{n-2} + \cdots + D_0R^0 + D_{-1}R^{-1} + \cdots + D_{-m}R^{-m}$$

式中，$N$ 为 $R$ 进制数，$D$ 为数码，$R$ 为基数，$R^i$ 是权，$n$ 是整数位数，$m$ 是小数位数。

例如，在十进制数中，326.5 用多项式表示法可表示为

$$(326.5)_{10} = 3 \times 10^2 + 2 \times 10^1 + 6 \times 10^0 + 5 \times 10^{-1}$$

式中，$10^i$ 称为第 $i$ 项的权。如 $10^2$、$10^1$、$10^0$、$10^{-1}$ 分别称为百位、十位、个位、十分位的权。

又如，二进制数 1011.1 用多项式表示法可表示为

$$(1011.1)_2 = 1 \times 2^3 + 0 \times 2^2 + 1 \times 2^1 + 1 \times 2^0 + 1 \times 2^{-1}$$

八进制数 165.2 用多项式表示法可表示为

$$(165.2)_8 = 1 \times 8^2 + 6 \times 8^1 + 5 \times 8^0 + 2 \times 8^{-1}$$

十六进制数 2A5 用多项式表示法可表示为

$$(2A5)_{16} = 2 \times 16^2 + 10 \times 16^1 + 5 \times 16^0$$

计算机内部采用二进制存储和处理各种信息，由于二进制数阅读困难、识别度较低、书写易出错，因此人们在描述一个二进制数值的大小的时候，习惯于使用十进制、八进制或十六进制去描述这个数值。下面介绍二进制与其他进制之间的转换方法。

### 1. 二（八、十六）进制数转换成十进制数

方法：将一个二（八、十六）进制数按位权展开成一个多项式，然后按十进制的运算规则求和，即可得到该二（八、十六）进制数等值的十进制数。

【例 1-1】将二进制数 10110011 转换成十进制数。

$$(10110011)_2 = 1 \times 2^7 + 0 \times 2^6 + 1 \times 2^5 + 1 \times 2^4 + 0 \times 2^3 + 0 \times 2^2 + 1 \times 2^1 + 1 \times 2^0$$

$$= 128 + 32 + 16 + 2 + 1 = (179)_{10}$$

同理，八进制数和十六进制数用多项式表示法可有如下转换结果：

$$(75.3)_8 = 7 \times 8^1 + 5 \times 8^0 + 3 \times 8^{-1} = (61.375)_{10}$$

$$(CD8)_{16} = 12 \times 16^2 + 13 \times 16^1 + 8 \times 16^0 = (3288)_{10}$$

### 2. 十进制数转换成二（八、十六）进制数

由于整数的转换方法和小数的转换方法不一样，如果要转换的十进制数既有整数部分也有小数部分，则两部分需分开转换。

整数部分的转换采取"除 2（8，16）取余"法：将十进制整数除以基数 2（8，16），取余数，把得到的商再除以基数 2（8，16），取余数，……这个过程一直继续进行下去，直到商为 0，然后将所得余数以相反的次序排列，就得到对应的二（八、十六）进制数。

【例 1-2】把十进制数 56 转换成二进制数。

$$(56)_{10} = (111000)_2$$

小数部分的转换采取"乘 2（8，16）取整"法：将十进制小数不断地乘以 2（8，16）取整数，直到小数部分为 0 或达到要求的精度为止，所得整数从小数点自左到右排列，取有效精度，首次取得的整数排在最左边。

【例 1-3】把十进制数 0.3125 转换成二进制数。

$$0.3125 \times 2 = \boxed{0}.625$$
$$0.625 \ \times 2 = \boxed{1}.25$$
$$0.25 \ \ \times 2 = \boxed{0}.5$$
$$0.5 \ \ \ \times 2 = \boxed{1}.0$$

$$(0.3125)_{10} = (0.0101)_2$$

结合例 1-2 和例 1-3 可得：$(56.3125)_{10} = (111000.0101)_2$

同理，八进制数和十六进制数可有如下转换结果：

$$(234.25)_{10} = (352.2)_8$$
$$(234.5)_{10} = (EA.8)_{16}$$

3. 二进制数与八进制数互换

利用十进制作为中间数据，采用上述方法可以实现二进制数与八进制数的互换，但是步骤比较烦琐。其实，二进制数与八进制数是可以直接互换的。

方法：八进制的 8 个数码是 0 ~ 7，分别对应于 000 ~ 111。二进制转换为八进制时，可将二进制数以小数点为基准，向两边划分，每三位一组，不够三位的补零，每组转成一个八进制数码；八进制转换为二进制时，则将每个八进制数码各自拆分成三位二进制数即可。

【例 1-4】将二进制数 100101110111.0111 转换成八进制数；将八进制数 305.2 转换成二进制数。

$$(100101110111.0111)_2 = (100\ 101\ 110\ 111.011\ 100)_2 = (4567.34)_8$$
$$(305.2)_8 = (011\ 000\ 101.010)_2 = (11000101.01)_2$$

#### 4. 二进制数与十六进制数互换

同理，二进制数与十六进制数也是可以直接互换的。

方法：十六进制的 16 个数码为 0 ~ F，分别对应于 0000 ~ 1111，二进制转换为十六进制时，可将二进制数以小数点为基准，向两边划分，每四位一组，不够四位的补零，每组转成一个十六进制数码；十六进制转换为二进制时，则将每个十六进制数码各自拆分成四位二进制数即可。

【例 1-5】将二进制数 100010100101.1111 转换成十六进制数；将十六进制数 7B8.E 转换成二进制数。

$$(100010100101.1111)_2 = (1000\ 1010\ 0101.1111)_2 = (8A5.F)_{16}$$
$$(7B8.E)_{16} = (0111\ 1011\ 1000.1110)_2 = (11110111000.111)_2$$

### 1.4.3　用 0 和 1 表示数值

本节的"数"指的是可以进行算术计算的数值。在二进制系统中进行编程时，"数"允许定义成有符号数和无符号数两种类型。有符号数将二进制数的最高位定义为符号位，而无符号数指的是全部二进制位均表示数值位，相当于数的绝对值。本节主要讨论有符号数。

#### 1. 数的正负表示

有符号数是有正负之分的，那么计算机中如何表示正负符号呢？计算机内只有 0 和 1 两种形式，因此正负号也用 0 和 1 表示。规定二进制数的最高位（最左边的）称为符号位，符号位为"0"表示该数为正数，符号位为"1"表示该数为负数。

例如，用有符号 8 位二进制数表示十进制的 +50 和 −50，如下所示：

$$(+50)_{10} = (00110010)_2 \qquad (-50)_{10} = (10110010)_2$$

如果数有小数点，那么计算机中如何表示小数点呢？可以用定点数和浮点数两种方法表示。

#### 2. 定点数

① 定点整数：小数点默认在二进制数的最后（小数点不占二进制位），符号位后的所有位表示的是一个整数。

例如，八位的定点整数 $(10110000)_2 = (-110000)_2 = (-48)_{10}$。

② 定点小数：小数点默认在符号位之后（小数点不占二进制位），符号位右边的第一位是小数的最高位。

例如，8 位的定点小数 $(10110000)_2=(-0.011)_2=(-0.375)_{10}$。

### 3. 浮点数

浮点数是小数点位置不固定的数，通常既有整数部分又有小数部分。众所周知，十进制数可以采用科学表达式描述，如：$(-985000)_{10}= -0.985 \times 10^{+6}$，同理，二进制也可以采用类似的指数方式描述，如：$(+100000000.1)_2 = +0.1000000001 \times 2^{+1001}$（为了理解方便，二进制的基数用 2 表示）。也就是说，任何二进制数 $P$ 可用下式表示：

$$P = \pm S \times 2^{\pm N}$$

式中，$P$、$S$、$N$ 均为二进制数。$S$ 称为 $P$ 的尾数，一般以纯小数形式表示，$N$ 称为 $P$ 的阶码，阶码也就是多少次方的意思。计算机中表示一个浮点数的结构如下：

| 阶符 ± | 阶码 $N$ | 尾符 ± | 尾数 $S$ |
| --- | --- | --- | --- |

式中，$N$ 和 $S$ 的位数根据实际需要设定。例如，某计算机用 32 位二进制表示浮点数，设阶符和阶码占一个字节（8 位），尾符和尾数占 3 个字节（24 位），则 $256.5=(100000000.1)_2=0.1000000001 \times (2)^{+1001}$ 的浮点格式（32 位）为 00001001 01000000 00100000 00000000。

浮点表示中，尾数的大小和正负决定了所表示的数的有效数字和正负，阶码的大小和正负决定了小数点的位置，小数点的位置随阶码的变化而浮动。

根据上述浮点数表示的基本原理，不同的厂商设计了细节不同的浮点数格式。格式的差异，带来了数据和程序移植时的格式转换问题。因此，20 世纪 70 年代后期，IEEE 成立了委员会着手制定统一的浮点数标准 IEEE 754，目前几乎所有的计算机 CPU 与浮点运算器都遵循该标准。随着工业界在 CPU 研发过程中遇到的新需求，IEEE 754 在这几十年间也不断更新和完善，其中一个比较重要的版本是 IEEE 754—2008。当字长一定时，浮点数表示法能表示的数的范围比定点数大，而且阶码部分占的位数越多，能表示的数的范围就越大。但是，由于浮点数的阶码部分占用了一些位数，使尾数部分的有效位数减少，数的精度降低。为了提高浮点数的精度，就要采用多字节形式。

## 1.4.4  二进制运算法则

### 1. 算术运算

数值的算术运算包括加、减、乘、除四则基本运算。

加法运算：0+0=0；0+1=1；1+0=1；1+1=10（向高位进位）。

减法运算：0-0= 0；10-1=1（向高位借位）；1-0=1；1-1=0。

乘法运算：0×0=0；0×1=0；1×0=0；1×1=1。

除法运算：0÷1=0；1÷1=1（0 不能为除数）。

其实，在计算机里面实现加、减、乘、除四则运算只用加法器足矣，减法可通过补码方式转换成加法，乘法可通过移位相加方式转换成加法，除法则通过移位减法方式转换成加法。这样一来，对简化 CPU 的设计非常有意义，CPU 里面只要有一个加法器就可以实现算术运算。

【例 1-6】加法运算 1101.01+1010.01= ？

$$
\begin{array}{r}
1101.01 \\
+\ 1010.01 \\
\hline
10111.10
\end{array}
$$

答案是 1101.01+1010.01=10111.1。

2. 原码、反码和补码

为了叙述方便，以下所有数值默认采用有符号的 8 位二进制数表示。

有符号数在运算时会带来一些问题。例如，40-43=40+(-43)。但如果直接相加，结果可能不正确，如正数 $40=(00101000)_2$，负数 $(-43)=(10101011)_2$，若直接相加，结果为：

$$(00101000)_2+(10101011)_2=(11010011)_2=(-83)_{10}$$

显然计算结果不正确，因此引入原码、反码、补码来解决由正数与负数相加出错的问题。通过对负数的码型变换便可以在加法电路上实现减法运算，减少电路的复杂性。

（1）原码

一个二进制数同时包含符号和数值两部分，最高位表示符号，正为 0，负为 1，其余位表示数值，这种表示带符号数的方法为原码表示法。

（2）反码

反码是另一种表示有符号数的方法。对于正数，其反码与原码相同；对于负数，在求反码的时候，除了符号位外，其余各位按位取反，即 1 都换成 0，0 都换成 1。

（3）补码

补码是表示带符号数的最直接的方法。对于正数，其补码与原码相同；对于负数，则其补码为反码加 1。

$X = +1101$，则 $[X]_原 = 00001101$，$[X]_反 = 00001101$，$[X]_补 = 00001101$

$X = -1101$，则 $[X]_原 = 10001101$，$[X]_反 = 11110010$，$[X]_补 = 11110011$

利用补码可以解决两个正负数相加出错的问题：首先将数转成补码进行相加，计算结果再转成原码，由原码得到相应的数就是运算结果。相加后如果超过规定的 8 位，则最左边的超出位数做溢出处理。

【例 1-7】利用补码实现下面的减法运算。

40-43=40 + (-43)　　　　　　　　　　6-4=6 + (-4)

　　=$[00101000]_补$ + $[11010101]_补$　　　　　=$[00000110]_补$ + $[11111100]_补$

　　=$[11111101]_补$　　　　　　　　　　　=$[100000010]_{溢出前}$

$$=[11111100]_\text{反}$$
$$=[10000011]_\text{原}$$
$$=(-3)_{10}$$

$$=[00000010]_\text{溢出后}$$
$$=[00000010]_\text{反}$$
$$=[00000010]_\text{原}$$
$$=(2)_{10}$$

### 3. 逻辑运算

计算机需要处理很多非数值的数据。例如，员工招聘考试通过的条件要求笔试和面试成绩同时为 60 分以上，如何表达笔试和面试成绩同时 60 分以上这个条件呢？这就要用到逻辑运算。

逻辑运算的结果并不表示数值大小，而是表示一种逻辑概念。若成立用真或 1 表示，若不成立用假或 0 表示。常用的基本逻辑运算有以下几种：

（1）与运算

运算符为 AND，运算规则如下：

$$0 \text{ AND } 0 = 0 \qquad 0 \text{ AND } 1 = 0 \qquad 1 \text{ AND } 0 = 0 \qquad 1 \text{ AND } 1 = 1$$

即两个参与运算的数若有一个数为 0，则运算结果为 0；若都为 1，则运算结果为 1。

例如：招聘考试通过的条件（即笔试成绩和面试成绩都是 60 分以上）可以这样表示：笔试成绩 ≥ 60 AND 面试成绩 ≥ 60。

（2）或运算

运算符为 OR，运算规则如下：

$$0 \text{ OR } 0 = 0 \qquad 0 \text{ OR } 1 = 1 \qquad 1 \text{ OR } 0 = 1 \qquad 1 \text{ OR } 1 = 1$$

即两个参与运算的数若有一个数为 1，则运算结果为 1；若都为 0，则运算结果为 0。

例如：招聘考试不通过（即笔试成绩和面试成绩至少有一个是 60 分以下）的条件可以这样表示：笔试成绩 <60 OR 面试成绩 <60。

（3）非运算

运算符为 NOT，运算规则如下：

$$\text{NOT } 0 = 1 \qquad \text{NOT } 1 = 0$$

非运算实现逻辑否定，即进行求反运算。

例如：笔试成绩 60 分以上（含）可以这样表示：NOT(笔试成绩 <60)。

当一个表达式包含多个逻辑运算符的时候，必须按一定的顺序进行计算。逻辑运算符的优先顺序为 NOT>AND>OR。

## 1.5　计算机存储文字

计算机处理的数据不仅有数字，还有字符。要在计算机中实现字符的存储和传输，必须将字符转换为二进制编码，即用一串二进制代码表示每一个字符。

### 1.5.1　英文编码

字符编码的方式很多，现今国际上最通用的单字节编码系统是美国信息交换标准代码（American standard code for information interchange，ASCII）。ASCII 码已被国际标准化组织（ISO）认定为国际标准，并在世界范围内通用。它定义了 128 个字符，其中通用控制字符 34 个，阿拉伯数字 10 个，大、小写英文字母 52 个，各种标点符号和运算符号 32 个，具体见表 1-7。

表 1-7　ASCII 码表

| $d_3d_2d_1d_0$ | $d_6d_5d_4$ | | | | | | | |
|---|---|---|---|---|---|---|---|---|
| | 000 | 001 | 010 | 011 | 100 | 101 | 110 | 111 |
| 0000 | NUL | DLE | SP | 0 | @ | P | ` | p |
| 0001 | SOH | DC1 | ! | 1 | A | Q | a | q |
| 0010 | STX | DC2 | " | 2 | B | R | b | r |
| 0011 | EXT | DC3 | # | 3 | C | S | c | s |
| 0100 | EOT | DC4 | $ | 4 | D | T | d | t |
| 0101 | ENQ | NAK | % | 5 | E | U | e | u |
| 0110 | ACK | SYN | & | 6 | F | V | f | v |
| 0111 | BEL | ETB | ' | 7 | G | W | g | w |
| 1000 | BS | CAN | ( | 8 | H | X | h | x |
| 1001 | HT | EM | ) | 9 | I | Y | i | y |
| 1010 | LF | SUB | * | : | J | Z | j | z |
| 1011 | VT | ESC | + | ; | K | [ | k | { |
| 1100 | FF | FS | , | < | L | \ | l | \| |
| 1101 | CR | GS | – | = | M | ] | m | } |
| 1110 | SO | RS | . | > | N | ^ | n | ~ |
| 1111 | SI | US | / | ? | O | _ | o | DEL |

常用的控制字符的作用如下：

BS（Backspace）：退格　　　　　　HT（Horizontal Table）：水平制表

LF（Line Feed）：换行　　　　　　VT（Vertical Table）：垂直制表

FF（Form Feed）：换页　　　　　　CR（Carriage Return）：回车

CAN（Cancel）：作废　　　　　　ESC（Escape）：换码

SP（Space）：空格　　　　　　　DEL（Delete）：删除

ASCII 码用 7 位二进制数表示一个字符。由于 $2^7=128$，所以共有 128 种不同的组合，可以表示 128 个不同的字符。通过查 ASCII 码表可得到每一个字符的 ASCII 码值，例如，大写字母 A 的 ASCII 码值为 1000001，转换成十进制为 65。在计算机内，每个字符的 ASCII 码用 1 个字节（8 位）来存放，字节的最高位为校验位，通常用 "0" 填充，后 7 位为编码值。例如，大写字母 A 在计算机内存储时的代码为 01000001。

## 1.5.2　中文编码

计算机中汉字的表示也是用二进制编码，同样是人为编码。汉字种类繁多，编码比英文字符复杂，从汉字的输入、处理到输出，不同的阶段要采用不同的编码，包括外码、交换码、汉字机内码和字形码。

### 1. 外码（汉字输入码）

汉字输入码所解决的问题是如何使用西文标准键盘把汉字输入到计算机内。汉字输入法编码主要包括音码、形码、音形码、无理码，以及手写、语音录入等方法。目前流行的汉字输入法软件有搜狗拼音输入法、谷歌拼音输入法、QQ 拼音输入法、搜狗五笔输入法、QQ 五笔输入法、极点五笔输入法、百度语音输入法、讯飞语音输入法、百度手写输入法等，如图 1-33 所示。

图1-33 各种输入法

### 2. 交换码（国标码）

1980 年，为了使每个汉字有一个全国统一的代码，我国颁布了国家标准《信息交换用汉字编码字符集 基本集》，标准号为 GB 2312—1980，它规定每个汉字用两个字节来表示，每个字节只用后 7 位，因此可以表示的汉字数为 $2^{14}$=16 384 个。图 1-34 是国标码 GB 2312 局部图。

我国台湾地区、香港特别行政区普遍使用 BIG5 字符集的汉字编码。这是一种繁体汉字的编码标准，包括 440 个符号，一级汉字 5 401 个，二级汉字 7 652 个，共计 13 060 个汉字。

| 第二字节 | 位 区 | 1 | 2 | 3 | 4 | 5 | 6 | 7 | 8 |
|---|---|---|---|---|---|---|---|---|---|
| 0110000 | 16 | 啊 | 阿 | 埃 | 挨 | 哎 | 唉 | 哀 | 皑 |
| 0110001 | 17 | 薄 | 雹 | 保 | 堡 | 饱 | 宝 | 抱 | 报 |
| 0110010 | 18 | 病 | 并 | 玻 | 菠 | 播 | 拨 | 钵 | 波 |
| 0110011 | 19 | 场 | 尝 | 常 | 长 | 偿 | 肠 | 厂 | 敞 |

图1-34 国标码GB 2312局部图

### 3. 汉字机内码

汉字无论使用何种输入码，进入计算机后就立即被转换为机内码。汉字机内码占两个字节，规则是将国标码每个字节的最高位设为"1"后就是汉字机内码。图 1-35 描述了"计"字的国标码和机内码表示方式。字节最高位的"1"作为识别汉字的标志，计算机在处理最高位是"1"的代码时把它理解为汉字，是"0"时把它理解为 ASCII 码字符。

国标码3C46H

| 0 | 0 | 1 | 1 | 1 | 1 | 0 | 0 | | 0 | 1 | 0 | 0 | 0 | 1 | 1 | 0 |

机内码BCC6H

| 1 | 0 | 1 | 1 | 1 | 1 | 0 | 0 | | 1 | 1 | 0 | 0 | 0 | 1 | 1 | 0 |

图1-35 "计"字的国标码和机内码

## 1.5.3 Unicode 编码

Unicode 是国际组织制定的可以容纳世界上所有文字和符号的字符编码方案。Unicode 用数字 0 ~ 0x10FFFF 来映射这些字符，最多可以容纳 1 114 112 个字符。Unicode 字符集为每一个字符分配一个码位，例如"A"的码位为 41H，记作 U+0041H；例如"知"的码位是 77E5H，记作 U+77E5H。Unicode 字符集有多种编码形式，如 UTF-8、UTF-16、UTF-32 等，编码之间可以按照规范进行转换。

UTF-8 是 Unicode 中使用比较广泛的编码格式，又称万国码。它是一种可变长度字符编码，把一个 Unicode 字符根据不同的数字大小编码成 1 ~ 6 个字节，常用的英文字母被编码成 1 个字节，汉字通常是 3 个字节，只有很生僻的字符才会被编码成 4 ~ 6 个字节。如果要传输的文本包含大量英文字符，用 UTF-8 编码就能节省空间。

表 1-8 所示为 ASCII、Unicode、UTF-8 编码对比。

表 1-8    ASCII、Unicode 和 UTF-8 编码对比

| 字符 | ASCII | Unicode | UTF-8 |
|---|---|---|---|
| A | 01000001 | 00000000 01000001 | 01000001 |
| 中 | | 01001110 00101101 | 11100100 10111000 10101101 |

从表 1-8 可以发现 UTF-8 编码一个额外的好处，就是 ASCII 编码实际上可以被看成是 UTF-8 编码的一部分，所以，大量只支持 ASCII 编码的历史遗留软件可以在 UTF-8 编码下继续工作。

目前，Unicode 已经获得了网络、操作系统、编程语言等领域的广泛的支持。当前的所有主流操作系统如 Windows 和 Linux 等都支持 Unicode。

### 1.5.4　文本编码

如何得知一个字符串所使用的编码是何种编码呢？如果是一份电子邮件，可能在邮件格式的头部有类似如下语句：Content-Type: text/plain; charset="UTF-8"，表示该邮件采用 UTF-8 编码规则。

对于 IE 浏览器，在网页中右击，在弹出的快捷菜单中选择"查看源文件"命令，查看网页头部可能有类似如下语句：<meta http-equiv="Content-Type" content="text/html; charset= gb2312" />。该语句表示该网页采用 GB 2312 编码规则；有类似 <meta charset="UTF-8" /> 的语句，表示该网页使用 UTF-8 编码。网页中的 meta 标签必须在 head 部分第一个出现，一旦浏览器读取到这个标签就会马上停止解析页面，然后使用这个标签中给出的编码从头开始重新解析整个页面。

有些程序在保存 Unicode 文本时，不使用位于开头的字符集标记。这时，软件可能采取一种比较安全的方式来决定字符集及其编码，比如弹出一个对话框来提示用户。例如，在"记事本"程序中输入一些中文字符后，选择"文件"→"另存为"命令，这时会看到在最后一个"编码"下拉框中显示有 ANSI、Unicode、UTF-8 等编码，如图 1-36 所示。

图1-36    文本文档保存时的编码选择

### 1.5.5　文字输出的字形码

字形码又称字模，用于文字在显示屏或打印机上输出。字形码通常有两种表示方式：点阵表示方式和矢量表示方式。

#### 1. 点阵表示方式

点阵表示方式就是将汉字看成是由一个矩形框内的许多点构成的，有笔画的位置用黑点表示，没笔画的位置用白点表示。图 1-37 所示是"啊"字的点阵图。可用一组二进制数

表示点阵，用 0 表示白点，用 1 表示黑点。根据
输出文字的要求不同，点阵的大小也不同。简易
型汉字为 16×16 点阵，提高型汉字为 24×24 点
阵、32×32 点阵等。点阵数越多，字形越美观，
所占存储空间也越大。

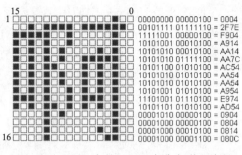

图1-37　"啊"字的16×16点阵字形和编码

已知文字点阵的大小，就可以计算出存储一
个文字所需占用的字节空间，即字节数=点阵行
数 × 点阵列数 /8。图 1-37 所示的 16×16 点阵汉
字 "啊" 所需的存储字节数为：16×16/8 B=32 B。

### 2. 矢量表示方式

矢量表示方式是把每个字符的笔画分解成各种直线和曲线线条，然后记下这些直线和
曲线的参数。在显示的时候，再根据具体的尺寸大小，画出这些线条，就还原了原来的字符。
它的好处是可以随意放大或缩小而不失真，而且所需存储空间和字符大小无关。图 1-38 所
示为微软 Windows 系统中 Arial 矢量字库中存储的字形 R 和 S，可以看到这些字形由多个
直线方程参数点和 Bezier3（三次贝塞尔曲线）点组成。在字形 S 中，点 41 是锚点，用来
控制曲线的张力；点 40 和点 42 是控制点，用来控制字形外形轮廓曲线的圆滑度。

图1-38　微软Arial矢量字库中R、S字形的曲线

## 1.6　多媒体信息数字化

在计算机中所处理的对象除了数值和字符以外还包含大量的图形、图
像、声音和视频等多媒体数据，要使计算机能够处理这些多媒体数据，必
须先将它们转换成二进制形式，即数字化。

### 1.6.1　图形图像的数字化

本节讨论的图像编码包括图形图像表示法及其压缩方法，编码的目的
是在满足一定质量（信噪比的要求或主观评价得分）的条件下，以较少比

多媒体信息
如何数字化

特数表示图形图像中所包含的信息。在讨论编码前，先介绍一些图形图像的基础知识。

1. 图像和图形的概念

（1）图像（点阵图）

图像又称点阵图像或位图图像，由许多点组成，这些点称为像素（Pixel）。当许多不同颜色的点组合在一起便构成了一幅完整的图像。位图的清晰度与像素点的多少有关，单位面积内像素点数目越多则图像越清晰，否则越模糊。位图放大后会失真变模糊，如图 1-39（a）、（c）所示。比较流行的位图格式有 BMP、GIF、JPEG、PNG 等。

（2）图形（矢量图）

图形又称矢量图，与位图不同，矢量图没有分

（a）点阵图　　　（b）矢量图

（c）放大后的点阵图　　（d）放大后的矢量图

图1-39　点阵图和矢量图的区别

辨率，也不使用像素。通常，它的图形形状主要由点和线段组成。矢量图是用一系列计算机指令来描述和记录一幅图，如画点、画线、画曲线、画圆、画矩形等，分别对应不同的画图指令。矢量图放大后不会失真，如图 1-39（b）、（d）所示。最大的缺点是难以表现色彩层次丰富的逼真照片效果。常见的矢量图格式有 CDR、AI、WMF、EPS 等。

2. 图像的分辨率、色彩深度和色彩模式

（1）图像尺寸

图像尺寸是指组成一幅图像的像素个数，用"水平像素数 × 垂直像素数"表示。例如，用 500 万像素数码相机拍的一幅照片，其分辨率为 $2\,560 \times 1\,920 = 4\,915\,200 \approx 500$ 万像素。图像像素点越多，图像的尺寸和面积也越大。

（2）图像分辨率

图像分辨率是指每英寸图像内有多少个像素点，分辨率的单位为 PPI（Pixels Per Inch）或者 DPI（Dots Per Inch），通常称为像素每英寸。在图像处理中可通过改变图像分辨率，进而调整图像的清晰度。

（3）色彩深度

色彩深度是指存储每个像素点所用的位数，它决定了彩色图像的每个像素可能有的颜色数。例如，24 位色彩表示一个像素点上有 $2^{24}$ 种颜色。

在图像文件上右击，在弹出的快捷菜单中选择"属性"命令可查看图像的各项参数，如图 1-40 所示。

（4）色彩模式

色彩模式是用数值方法指定颜色的一套规则和定义，常用的色彩模式有 RGB 模式、CMYK 模式、HSB 模式等。

RGB 模式：用红（Red）、绿（Green）、蓝（Blue）三个基色来描述颜色的方式称为 RGB 模式。用 0 ~ 255 之间的数字表示每一种基色的份额，0 表示这种基色没有参与，255 表示完全参与其中，如图 1-41 所示。例如，RGB 值（255，255，0）最大化了红色和绿色的份额，最小化了蓝色的份额，结果生成的是嫩黄色。

图1-40　图像的各项参数

CMYK 模式：该模式是一种基于四色印刷的印刷模式，是相减混色模式。C 表示青色，M 表示品红色，Y 表示黄色，K 表示黑色。

HSB 模式：是基于人眼的一种颜色模式，也是普及型设计软件中常见的色彩模式。其中 H 代表色相；S 代表饱和度；B 代表亮度。

3. 图像压缩编码

除了一些管理细节之外，图像文件的存储只包括图像的像素颜色值，按照从左到右从上到下的顺序存放。

图1-41　RGB模式

（1）图像数据容量

图像数据容量是指磁盘上存储整幅图像所需的存储空间大小，对于未经压缩的图像而言，其容量计算表达式为

$$图像数据容量 = 图像分辨率 × 图像色彩深度 /8$$

例如，一幅 640×480 真彩色（24 位）的图像，其文件大小为

$$640 × 480 × 24/8 \ B = 921\ 600\ B = 0.88\ MB$$

（2）图像压缩

一幅图像数据量通常很大，对存储、处理和传输带来很大影响，不可避免地要进行压缩。图像压缩分为无损压缩和有损压缩两种。无损压缩指的是进行图像还原（也称为解压缩）时，重建的图像与原始图像完全相同。有损压缩指的是使用压缩后的数据进行图像重建时，重建后的图像与原始图像虽有一定的误差，但不影响人们对图像含义的正确理解。图像压缩的主要参数是压缩率，或称为压缩比，定义如下：

$$图像数据压缩率（比）= 压缩前的图像数据量 / 压缩后的图像数据量$$

例如，一幅图像，压缩前大小为 10 MB，压缩后为 5 MB，则压缩比为 10/5=2：1。

## 1.6.2　数字化音频

音频（audio）又称为"声音"，包括音乐、话语，以及各种动物和自然界（如风、雨、雷等）发出的各种声音。当一系列空气压缩振动耳膜时，给大脑发送了一个信号，人们就感觉到了声音，因此，声音实际上是由于耳膜交互的声波定义的。要表示声音，必须正确地表示声波。

### 1. 音频的数字化

音频信号是一种连续变化的模拟信号，而计算机只能处理和记录二进制的数字信号，因此，音频信号必须经过一定的变化和处理，转化成二进制数据后才能送到计算机进行编辑和存储。该过程称为音频信号的数字化。音频信号的数字化由声卡内的 A/D（模 / 数）转换器来完成。

对模拟音频信号进行采样、量化和编码后，得到数字音频，如图 1-42 所示。数字音频的质量取决于采样频率、量化位数和声道数三个因素。

图1-42　音频的数字化

**（1）采样**

采样是指按照固定的时间间隔截取声音信号的幅度值，把时间连续的模拟信号转换成时间离散、幅度连续的采样信号。采样频率是指一秒内采样的次数。采样频率越高，在一定的时间间隔内采集的样本数越多，音质就越好，但数据量也会越大。在如图 1-43 所示的音频采样过程当中，如果采样频率过低，会造成某些数据丢失，波形还原失真。一般来说，声音的采样频率通常有三种：11.025 kHz（语音效果）、22.05 kHz（音乐效果）、44.1 kHz（高保真效果）。常见的 CD 唱片的采样频率为 44.1 kHz。

图1-43　音频信号的采样

**（2）量化**

量化是将每个采样点得到的以模拟量表示的音频信号转换成由二进制数字组成的数字音频信号。通常用 8 位、16 位或 24 位二进制来表示每一个采样值，例如声卡采样位数为 16 位，就有 $2^{16}=65\ 536$ 种采样等级。显然，在采样频率相同的情况下，量化位数越多，采样精度越高，声音的质量也越好，但需要的存储空间也会越大。例如，CD 唱片记录的音频量化位数为 16 位。

**（3）编码**

对模拟音频采样量化完成后，计算机得到了一大批原始音频数据，将这些数据按照文件类型（如 WAV、MP3 等）规定编码后，再加上音频文件格式的头部，就得到了一个数字音频文件。常见的音频格式包括 WAV、MIDI、MP3、WMA、OGG、RealAudio、APE 和 FLAC 等。

数字音频的质量取决于采样频率、量化数、声道数三个因素。声音通道的个数称为声道数，是指一次采样所记录产生的声音波形个数。记录声音时，如果每次生成一个声波数据，称为单声道；每次生成如图 1-44 所示的两个声波数据，称为双声道（立体声）。双声道立体声听起来要比单声道丰满优美，但其存储空间是单声道的两倍。声音被数字化后形成的音频文件的存储空间（单位为 B）为

$$采样频率（Hz）\times 量化位数 \times 声道数 \times 时间（s）/8$$

例如，用 44.1 kHz 的采样频率进行采样，量化位数 16 位，则录制 1 s 的立体声节目，其波形文件所需的存储量为：$44\,100 \times 16 \times 2 \times 1/8$ B=176 400 B。

图1-44　双声道声波文件

2. 音频压缩

音频压缩技术指的是对原始数字音频信号流，运用适当的数字信号处理技术，在不损失有用信息量，或所引入损失可忽略的条件下，降低（压缩）其码率，也称为压缩编码。编码方式有很多种，包括无损压缩编码和有损压缩编码。不同的编码方式得到的文件格式不同，如 WAV 格式是无损的格式，声音文件质量和 CD 相当。而 MP3 属于有损压缩编码，可以将声音用 1∶10 甚至 1∶12 的压缩率进行压缩，牺牲音乐文件的质量以换取较小的文件体积。

未经压缩的声音文件占用存储空间很大，比如一个 5 min 的波形文件（扩展名为 WAV 的文件）占用存储空间约 50 MB，如果压缩成 MP3 格式的文件，大小只有 5 MB 左右。

## 1.6.3　视频和动画

1. 视频基础

视频（video）是由一幅幅内容连续的图像所组成的，每一幅单独的图像就是视频的一帧。当连续的图像按照一定的速度快速播放时（24 ~ 30 帧 /s），由于人眼的视觉暂留现象，就会产生连续的动态画面效果，也就是视频。

视频分为模拟视频和数字视频两大类。

模拟视频是指每一帧图像是实时获取的自然景物的真实图像信号，由电视摄像机通过电子扫描将所描述的景物进行光电转换后，得到连续变化的电信号。普通广播电视信号是一种典型的模拟视频信号。

　　数字视频是用二进制数字来记录视频信息，是离散的电信号。与模拟视频相比，数字视频具有更易于创造性的编辑与合成，不失真地进行多次复制，在网络环境下容易实现资源共享等优点。视频信号的数字化包括位置的离散化（抽样）、所得量值的离散化（量化）以及 PCM 编码这三个过程。

 小知识

　　世界上使用的电视广播制式有 PAL、NTSC、SECAM 三种。中国使用 PAL 制式，日本、韩国及东南亚地区与美国等欧美国家使用 NTSC 制式，俄罗斯则使用 SECAM 制式。

### 2. 视频压缩

　　数字视频每秒要记录几十幅图像，产生的数据量相当大。据计算，720p 高清视频（即分辨率为 $1\,280 \times 720$ 像素）每秒产生的原始数据约为 264 MB，则一个小时的视频数据量就是 $264 \times 3\,600 \approx 928\,GB$，这是非常巨大的数据。原始视频的数据量很大，不可能直接进行实时网络传输，甚至连存储的代价都非常大。所以必须进行视频压缩，现有的绝大多数视频压缩标准都是有损压缩。

　　视频压缩编码标准种类繁多，其中 ITU（国际电信联盟）下主导的 H.26x 系列和 ISO（国际标准化组织）主导的 MPEG 系列影响最大，应用最为广泛。常见的视频文件格式有 WMV、ASF、ASX、RM、RMVB、MP4、3GP、MOV、M4V、AVI、DAT、MKV、FLV、VOB 等。

### 3. 动画

　　同样作为多媒体技术中重要的媒体形式，动画与视频具有很深的渊源。动画对应于英文中的"animation"，而视频对应于英文中的"video"。动画和视频经常被认为是同一个东西，主要是缘于它们都属于"动态图像"的范畴。动态图像是连续渐变的静态图像或者图形序列，沿时间轴顺次更换显示，从而产生运动视觉感受的媒体形式。然而，动画和视频事实上是两个不同的概念。

　　动画的每帧图像都是由人工或计算机产生的。根据人眼的特性，用 15 ~ 20 帧 /s 的速度顺序地播放静止图像帧，就会产生运动的感觉。视频的每帧图像都是通过实时摄取自然景象或者活动对象获得的。视频信号可以通过摄像机、录像机等连续图像信号输入设备来产生。

　　可以这样认为，若干幅"图像"快速地连续播放就构成了"视频"，而"图形"连续变化就构成了一个"动画"。如果把这组概念用一个图形说一下，可以参见图 1-45。

　　最后要说的就是，在实际工作中，这两个词语有时并不是严格区分的，比如说如果用 Flash 制作的动画通常不会说是视频，

图1-45　视频和动画

但是如果使用 3ds Max 等软件制作出的三维动画，实际上并不是矢量的，而是已经逐帧渲染为位图了，但是通常不会把它称为"三维视频"，而称为"三维动画"。如果从原理上理解这里面的含义，叫什么名字其实也就没有太大关系了。

## 1.7 软 件

硬件有形而软件无形，没有软件的计算机，也称"裸机"，可以说是废铁一堆。软件是人开发的，是人的智力的高度发挥。软件的正确与否，是好是坏，要等程序在机器上运行才能知道，这就给软件的开发带来许多困难。软件开发是一项包括需求捕捉、分析、设计、实现和测试的系统工程，涉及许多相关知识。

### 1.7.1 指令

为了实现程序存储的概念，CPU 需要识别二进制编码的机器指令。从设计的角度来看，指令系统是 CPU 设计的依据，即设计 CPU 时，要先设计指令系统。

1. 指令格式和分类

指令就是指示计算机执行某种操作的命令，如加、减、乘、除和逻辑运算等。一条指令就是机器语言的一条语句，它是一组有意义的二进制代码。指令要指出操作数据的来源、操作结果的去向及所执行的操作，因此它由操作码和操作数地址码两部分构成，见表 1-9。

表 1-9 指令的构成

| 名 称 | 功 能 说 明 |
|---|---|
| 操作码 | 规定计算机进行何种操作，如加、减、乘、除、数据传送等 |
| 操作数地址码 | 指出参与操作的数据放在哪里，操作的结果保存在哪里 |

计算机的指令格式与机器的字长、存储器的容量及指令的功能都有很大的关系。如何合理、科学地设计指令格式，使指令既能给出足够的信息，又使其长度尽可能地与机器的字长相匹配，以节省存储空间、缩短取指令时间，从而提高机器性能，这是指令格式设计中的一个重要问题。

2. 指令系统

指令系统是指计算机所能执行的全部指令的集合，它描述了计算机内全部的控制信息和逻辑判断能力。指令系统是根据计算机使用要求设计的，不同计算机的指令系统包含的指令种类和数目也不同。

在计算机指令系统的优化发展过程中，出现过两个截然不同的优化方向：CISC 技术和 RISC 技术。CISC 是指复杂指令系统计算机（complex instruction set computer）；RISC 是指精简指令系统计算机（reduced instruction set computer）。这里的计算机指令系统指的是计算机的最低层的机器指令，也就是 CPU 能够直接识别的指令。CISC 和 RISC 特点对比见表 1-10。

表 1-10　复杂指令系统 CISC 和精简指令系统 RISC 特点对比

| CISC | RISC |
|---|---|
| ① 指令系统庞大，指令功能复杂，指令格式、寻址方式多；<br>② 执行速度慢；<br>③ 各种指令都可以访问存储器；<br>④ 难以优化编译，编译程序复杂；<br>⑤ 80%的指令在20%的运行时间使用，无法并行，无法兼容；<br>⑥ CISC强调完善的中断控制，势必导致动作繁多，设计复杂，研制周期长；<br>⑦ CISC给芯片设计带来很多困难，使芯片种类增多，出错概率增大，成本提高而成品率降低 | ① 简单而统一格式的指令译码；<br>② 大部分指令可以单周期执行完成；<br>③ 只有LOAD和STORE指令可以访问存储器；<br>④ 简单的寻址方式；<br>⑤ 采用延迟转移技术；<br>⑥ 采用LOAD延迟技术；<br>⑦ 采用三地址、对称的指令格式；<br>⑧ 较多的寄存器；<br>⑨ 指令编译后生成的目标代码较长 |

## 1.7.2　软件的分类

计算机软件是指计算机系统中的程序及其文档，程序是计算任务的处理对象和处理规则的描述，必须装入机器内部才能工作；文档是为了便于了解程序所需的阐明性资料。按照不同的原则和标准，可以将软件划分为不同的种类。

### 1. 系统软件和应用软件

按照软件的功能和用途划分，现代软件可以分为两类：应用软件和系统软件，如图 1-46 所示。应用软件是为了满足特定需要，解决真实世界中的问题而编写的。系统软件负责在基础层上管理计算机系统，为创建和运行应用软件提供工具和环境，例如操作系统。系统软件通常直接与硬件交互，提供的功能比硬件自身提供的更多。

目前有一类称为"中间件"（Middleware）的软件，它们作为应用软件与各种系统软件之间使用的标准化编程接口和协议，可以起承上启下的作用，使应用软件的开发相对独立于计算机硬件和操作系统，并能在不同的系统上运行，实现相同的应用功能。

图1-46　应用软件和系统软件

### 2. 商品软件、共享软件、免费软件和自由软件

按照软件的发行方式划分，软件可分为商品软件、共享软件、免费软件和自由软件。

（1）商品软件

用户需要付费才能得到商品软件的使用权。它除了受版权保护之外，通常还受到软件许可证的保护。例如，著作权法规定将一个软件复制到其他机器去使用是非法的，但是软件许可证允许用户购买一份软件而同时安装在本单位的若干台计算机上使用，或者允许所安装的一份软件同时被若干个用户使用。

（2）共享软件

共享软件是一种"买前免费试用"的具有版权的软件，它通常允许用户试用一段时间，

也允许用户进行复制和散发，但过了试用期后若还想继续使用，就得交一笔注册费，成为注册用户才能继续使用。

（3）免费软件

免费软件是一种"免费使用"的具有版权的软件，用户可以免费自用并复制给它人，使用上不会出现日期限制，而且不必支付任何费用，但不允许转为其他商业用途。

（4）自由软件

自由软件又称"开放源代码软件"。自由软件的本质不是免费，目的就是要打破商业软件占主导地位的格局。自由软件有利于软件共享和技术创新，它的出现成就了 TCP/IP 协议、Apache 服务器软件和 Linux 操作系统等一大批软件精品的产生。其特点包括：①提供源代码，允许修改完善。②可以散发，并且散发对象享有的权利不受限制。③不提供担保。

图1-47  学习强国App

3. 桌面软件和移动软件

按照软件运行载体的不同划分，软件可分为桌面软件和移动软件。桌面软件运行在台式计算机或笔记本计算机上，功能一般较复杂，支持多种输入与输出。移动软件运行在移动设备上，如智能手机、平板电脑等，通过手指触控的方式使用软件，如手机上运行的学习强国 App（见图 1-47）、支付宝、微信等。随着移动设备性能的不断提高，桌面软件和移动软件在功能上的差距也在逐渐缩小。

4. 本地软件和云软件

按照软件运行地点的不同划分，软件可以分为本地软件和云软件。本地软件安装在本地计算机中，运行时利用本地计算机资源进行运算与处理。云软件也称云应用，利用因特网上大量的计算资源进行管理和调度，在云端运行。例如华为云电脑允许用户在手机上使用 Windows 电脑以及各种应用软件，如图 1-48 所示。云软件便于使用，无须下载安装，且可在多种操作系统上使用，可以帮助用户大大降低使用成本并提高工作效率。

图1-48  华为云电脑

### 1.7.3 编程语言的发展历程

编程是编写程序的简称，是让计算机代为解决某个问题，对某个计算体系规定一定的运算方式，使计算体系按照该运算方式运行，并最终得到相应结果的过程。程序（Programming）是能够实现特定功能的一组指令序列的集合。编程语言是一组用来定义计算机程序的语法规则。它是一种被标准化的交流技巧，用来向计算机发出指令。

自 20 世纪 60 年代以来，世界上公布的程序设计语言已有上千种之多，但是只有很小一部分得到了广泛的应用。从发展历程来看，编程语言可以分为三代。

## 1. 第一代：机器语言

机器语言可以认为是计算机最基本的语言，编码直接由 0 和 1 组成，无须翻译，具有能够被计算机直接识别、快速执行等优点。但是编出的程序不仅直观性差，容易出错，还很难进行修改和维护，因此机器语言难以适用于人工编程。

以下是一个用机器语言编写的，用于完成加法运算 5+6 的简单程序。

```
10110000 ⎫把加数 5 送到累加器 AL 中
00000101 ⎭
00000100 ⎫把累加器 AL 中的内容与另一个加数 6 相加，结果仍然放在 AL 中
00000110 ⎭
11110100 — 停止操作
```

## 2. 第二代：汇编语言

为了避开机器语言的各种缺点，便于编写程序，人们开始用容易记忆和辨别的、有意义的符号代替机器指令，使人工编程真正成为可能，这就产生了汇编语言，亦称符号语言。在汇编语言中，用助记符代替机器指令的操作码，用地址符号或标号代替机器语言的指令地址或操作数的地址。以下是一个用汇编语言编写的程序，用于实现上述 5+6 加法运算例子。

```
MOV AL,5    把加数 5 送到累加器 AL 中
ADD AL,6    把累加器 AL 中的内容与另一个加数 6 相加，结果仍然放在 AL 中
HLT         停止操作
```

汇编语言在今天的实际应用中，通常被应用在底层与硬件操作结合紧密或高要求的程序优化的场合，如硬件的驱动程序、操作系统等。

## 3. 第三代：高级语言

机器语言和汇编语言，属于面向机器的低级语言，难编、难读、易出错。为了从根本上改变语言体系，使程序设计语言更接近于人类自然语言，20 世纪 50 年代末，终于创造出独立于机型的容易学习使用的高级语言。高级语言的出现大大提高了编程的效率，有易学、易用、可读性好、可维护性强等特点，它的产生大大促进了计算机软件技术的发展。

高级语言发展到现在已经有一千多种，如 C、C#、C++、Java、ASP.NET、Perl、PHP、VB、Python、Scratch 等都是常见的计算机高级语言。

以下是一个用 C 语言编写的程序，用于实现上述 5+6 加法运算例子。

```
main()
{
    int AL;   /*定义整型变量 AL*/
    AL=5+6;   /*把 5 和 6 相加后，赋值给 AL*/
}
```

使用高级语言编程，程序设计者可以不必关心机器的内部结构和工作原理，而把主要精力集中在解决问题的思路和方法上。但高级语言编译生成的程序代码一般比用汇编程序语言设计的程序代码要长，执行的速度也相对较慢。

小知识

　　需要指出的是，程序设计语言的分代问题比较复杂。以上介绍的只是观点之一：将程序设计语言分为三代。目前，已经有人提出将 RPG、APT、GPSS、DYN-AMO、LISP 等面向问题、非过程化的语言划分为第四代语言；将基于人工智能的比第四代语言更接近自然语言更简单易用的语言划分为第五代语言。

## 1.7.4　从编程到执行

　　程序里的指令都是基于机器语言的。编程人员通常首先用一种计算机程序设计语言编写源程序，然后通过"翻译程序"翻译成机器语言，进而实现程序的执行，得出所需结果。

　　源程序是指未经编译的，按照一定的程序设计语言规范书写的、人类可读的文本文件，可由汇编语言或高级语言编写。计算机并不能直接地接受和执行源程序，源程序在输入计算机时，需要用语言处理系统软件翻译成机器语言形式，计算机才能识别和执行。这种"翻译"通常有三种方式，即汇编方式、编译方式和解释方式，其工作流程如图 1-49 所示。

图1-49　高级语言翻译成机器语言的工作流程

### 1. 汇编方式

　　汇编方式是将汇编语言书写的源程序翻译成目标程序，把汇编的指令符号替换成机器码。当目标程序被安置在内存的预定位置之后，就能被 CPU 处理和执行。可用于计算机的汇编语言编译器有 MASM、NASM、TASM、GAS、FASM、RADASM 等。

### 2. 编译方式

　　编译方式是指利用事先编好的一个称为编译程序的机器语言程序，作为系统软件存放在计算机内，当用户将高级语言编写的源程序输入计算机后，编译程序便将它整个地翻译成二进制目标程序，然后使用连接程序把目标程序与库文件和其他目标程序（如别人编好的程序段）连接在一起，形成计算机可以执行的程序。计算机再执行该目标程序，以完成源程序要处理的运算并取得结果。如 C/C++、Pascal、Delphi、FORTRAN、COBOL 等都是编译型程序设计语言。

### 3. 解释方式

　　解释方式是指高级语言编写的源程序进入计算机后，解释程序边扫描边解释，逐句输入逐句翻译，计算机一句句执行，并不产生目标程序。如 Python、JavaScript、Perl、Shell、Ruby、MATLAB 等都是解释型语言。编译程序与解释程序最大的区别之一在于前者生成目标代码，而后者不生成。

下面是一个编译程序和解释程序的执行过程示例。

以在安装了 Visual Studio 的 Windows 中编译运行 C 语言程序为例，其执行过程如图 1-50 所示。

图1-50　编译运行C语言程序的过程

以在安装了 Python 的 Windows 中解释运行 Python 程序为例，其执行过程如图 1-51 所示。

hello.py ➡ 运行 hello.py

直接在有Python解析器的环境中

图1-51　解释运行Python程序的过程

## 本章小结

计算机从 1946 年的 ENIAC 诞生发展到今天，一共经历了四个时代，未来将重点发展具有人工智能的新一代计算机。目前的计算机仍然遵循着冯·诺依曼提出的计算机基本结构和工作原理，冯氏计算机五大核心部件包括运算器、控制器、存储器、输入设备和输出设备，其工作原理是把程序和数据都以二进制的形式存放到存储器中，由机器自动执行。计算机可处理的数据包括数值、文字、图像、声音等多种媒体信息，在计算机内部主要通过二进制编码方式实现信息数字化。计算机硬件有形而软件无形，软硬件需合理搭配才能协调工作。计算机软件是指计算机系统中的程序及其文档。按功能和用途划分，现代软件可以分为两类：应用软件和系统软件。现代人大多使用高级语言编程，程序设计者可以不必关心机器的内部结构和工作原理，而把主要精力集中在解决问题的思路和方法上。

## 🌐 工匠精神

### 图灵奖获得者：姚期智

姚期智，1946 年 12 月 24 日出生于中国上海，是一位享有国际声誉的计算机科学家。他在计算理论、密码学、量子计算以及人工智能等领域做出了开创性的贡献，被广泛认为是华人科学界的杰出代表。2000 年获得美国计算机协会（Association for Computing Machinery, ACM）颁发的图灵奖，成为首位获此殊荣的亚裔学者和迄今为止唯一的华裔计算机科学家。

1967 年姚期智在台湾大学获得物理学学士学位后，前往美国深造，先后在哈佛大学和伊利诺伊大学获得物理学和计算机科学博士学位；曾在麻省理工学院、斯坦福大学、加州大学伯克利分校和普林斯顿大学等知名学府担任教职；1998 年当选为美国国家科学院院士。 2000 年，基于对计算理论包括伪随机数生成、密码学与通信复杂度的突出贡献，姚期智被授予"图灵奖"。

图灵奖创立于 1966 年，旨在表彰在计算机科学领域做出杰出贡献并推动该领域技术显著进步的科学家，被誉为"计算机界的诺贝尔奖"。通常情况下，每年仅有一位计算机科学领域的杰出人才有幸获得此奖项。

2004 年，姚期智做出了一个重大决定——辞去普林斯顿大学的终身教职，并卖掉在美国的房子，正式加盟清华大学高等研究中心，担任全职教授。这一决定不仅体现了他对祖国的深厚感情，也彰显了他对推动中国计算机科学事业发展的坚定信念。

2005 年，姚期智教授在清华大学高瞻远瞩地创立了"姚班"，其正式名称为"清华学堂计算机科学实验班"。该班级秉持着培养具有国际顶尖竞争力计算机科学人才的宏伟目标，旨在使学生们的学术水平与美国麻省理工学院、普林斯顿大学等世界顶尖学府的本科生相媲美，甚至超越，成为引领全球科技创新的佼佼者。历经岁月的洗礼与不懈的努力，截至 2024 年 6 月，"姚班"已成功培养出十七届共计 663 名杰出的本科毕业生。这些毕业生中，不乏在人工智能（AI）领域崭露头角的创业先锋，如旷视科技的创始人印奇、小马智行的创始人楼天城，以及太极图形的创始人胡渊鸣等。他们以非凡的洞察力和创新精神，在各自的领域内开创了一片新天地。同时，"姚班"的毕业生也广泛分布于全球知名的学术殿堂、科研机构以及高科技企业中。他们中的许多人，在百度、华为、腾讯等国内外顶尖科技企业中担任要职，以卓越的才能和不懈的努力，推动着科技与产业的融合发展，为社会的进步贡献着自己的力量。在清华大学，姚期智不仅在教学上倾注了大量心血，还积极参与科研和学科建设。他创建了多个研究机构和实验室，为中国的计算机科学研究注入了新的活力。

姚期智作为华人科学家，在国际科研舞台取得了世界级的成就，以其卓越的学术成就和深厚的爱国情怀赢得了人们的尊敬和敬仰。他选择回国，是为了更好地为祖国的科研事业和发展做出贡献，这充分表现了他对祖国的忠诚和热爱。2024 年 6 月 12 日，姚期智接到习近平总书记给他的回信，信中写道：你回国任教二十年来，将爱国之情化为报国之行，在清华大学潜心耕耘、默默奉献，教书育人、科研创新都取得了丰硕成果，向你表示诚挚问候。

党的二十大提出必须坚持科技是第一生产力、人才是第一资源、创新是第一动力，深入实施科教兴国战略、人才强国战略。姚期智的回归不仅为中国科研事业注入了强大的动力，更让民族自豪感和自信心得到了极大的提升。其勇担使命、报效国家的精神值得广大学生学习和传承。

*名师寄语之清华大学教授姚期智：*

人生是为一场大事而来的，愿同学们能用自己的智慧为人类文明探索世界的真谛，用自己的双手为苍生铸就富平的天下，苟利国家，俯仰无愧。

# 第2章 初识网络

内容提要

◎ 网络的组成、分类和拓扑结构

◎ OSI 参考模型和 TCP/IP 体系结构

◎ Internet 的联网方式

◎ 物理地址、IP 地址和域名的作用

◎ 搜索引擎的使用技巧

◎ 收发电子邮件

◎ 信息安全防护

你是否问过自己这样一个问题：如果没有计算机网络，你将如何生活下去？不管你的答案如何，想来都会扰乱你目前的生活节奏。在网络世界里，相识或不相识的人可以十分自由、方便地相互交流；远程教育让更多山区孩子有机会接触到外面的多彩世界；远程医疗让老百姓足不出户就能享受到优质医疗资源；日常的扫码乘车、人脸识别、自助开具发票、购物点餐……这些都是"互联网+"在生活中的运用。

计算机网络是计算机技术和通信技术两大现代技术密切结合的产物。在当今万物互联的网络时代，网络就如同吃饭、睡觉一样，成为人们的一种习惯，同时也改变了我们的工作、生活方式。计算机网络将注定成为 21 世纪全球信息社会最重要的基础设施。

## 2.1 网 络

计算机网络是指将地理位置不同的具有独立功能的多台计算机及其外围设备，通过通信线路连接起来，在网络操作系统、网络管理软件及网络通信协议的管理和协调下，实现资源共享和信息传递的计算机系统。

什么是网络

### 2.1.1 网络的组成

一个完整的网络系统是由网络硬件和网络软件所组成的。网络硬件是计算机网络系统的物理实现，对网络起着决定性作用。网络软件为网络提供技术支持，挖掘网络潜力。

要构成计算机网络系统，首先要将各网络硬件连接起来，实现物理连接，例如图 2-1 所示的小型网络连接。常见的网络硬件有计算机、网络适配器、传输介质、网络互连设备、共享的外围设备和网络通信设备等。

### 1．计算机

在网络环境中，根据计算机在网络中的服务性质，可以将其划分为服务器和工作站两种。

**（1）服务器**

服务器（server）是网络环境中高性能的计算机，担负一定的数据处理任务并向网络用户提供资源。除对等网络外，每个独立的计算机网络系统中至少要有一台服务器。服务器的分类见表 2-1。

图2-1　小型网络连接示例图

表 2-1　服务器的分类

| 分类方法 | 服务器类型 |
| --- | --- |
| 根据担负的网络功能 | 可分为Web服务器、邮件服务器、域名服务器、应用服务器、文件服务器、通信服务器、备份服务器和打印服务器等 |
| 根据网络规模 | 可分为工作组级服务器、部门级服务器和企业级服务器 |
| 按外观类型 | 可分为塔式服务器、机架式服务器和刀片式服务器 |
| 按服务器的架构 | 分为CISC架构服务器（主要指的是采用英特尔架构技术的服务器）和RISC架构服务器（指的是采用非英特尔架构技术的服务器，如使用Power PC、Alpha、PA–RISC、Sparc等RISC CPU的服务器） |

**（2）工作站**

工作站（workstation）是指连接到网络上的计算机，它可作为独立的计算机被用户使用，同时又可以访问服务器。工作站只是一个接入网络的设备，它的接入和离开不会对网络系统产生影响。在不同网络中，工作站有时也称为"客户机"（client）。

服务器与客户机之间的连接大多采用客户机 / 服务器结构。服务器专门提供网络服务，客户机协助用户使用网络服务，如图 2-2 所示。

网络也可采用对等结构，即没有专用服务器，每一台计算机的地位平等，在网上的每一台计算机既可以充当服务器，又可以充当客户机，彼此之间进行互相访问，平等地进行通信。

图2-2　客户机/服务器结构

### 2．网卡

网卡（net interface card，NIC）又称网络适配器，是计算机与传输介质进行数据交互的中间部件，可进行编码转换和收发信息。网卡可插到机箱的总线插槽内，或连接到某个外部接口上，目前的计算机主板大多集成了网卡功能，以网卡芯片的形式存在。不同的网络使用不同类型的网卡，在接入网络时需要知道网络的类型，从而购买适合的网卡。图 2-3 所示为各种类型的网卡。

### 3．传输介质

传输介质（transmission medium）是传输信息的载体，即将信息从一个节点向另一个节点传送的连接线路。常用的传输介质可分为有线介质及无线介质两种，有线介质包括同轴电缆、双绞线、光纤等，如图 2-4 所示。无线介质包括无线电波、微波、红外线、蓝牙、可见光等。

（a）RJ-45接口的有线网卡　　　　（b）插在主板上的无线网卡　　　　（c）USB接口的无线网卡

图2-3　各种类型的网卡

（a）同轴电缆　　　　　　　（b）双绞线　　　　　　　　（c）光缆

图2-4　有线介质

　　无线局域网通常采用无线电波、微波和红外线作为传输媒体。采用无线电波的通信速率可达 1 000 Mbit/s，传输范围可达数十千米。当两点间直线距离内无障碍时就可以使用微波传送，利用微波进行通信具有容量大、质量好的优点，并通过微波中继可传至很远的距离，普遍应用于国家的各种专用通信网。红外线主要用于室内短距离的通信，其保密性、抗干扰性强。使用最广泛的是无线电。无线电的频率范围在 3 Hz ~ 3 000 GHz 之间，但大部分无线电频率范围已经被电视、广播以及重要的政府和军队系统占用，所以可供民用的电磁波频率的范围（频谱）是相当有限的。无线电波可以穿透墙壁，也可以到达普通网络线缆无法到达的地方。

　　4. 网络互联设备

　　要将多台计算机连接成网络，除了需要网卡、传输介质外，根据不同的使用场合，还需要中继器、集线器、路由器、网桥、网络交换机、网关等网络互联设备，这些设备的外观如图 2-5 所示，主要功能见表 2-2。

（a）Wi-Fi信号中继器　　　　（b）家用Wi-Fi路由器　　　　（c）网络交换机

图2-5　常见网络互联设备

表 2-2　常见网络互联设备功能简介

| 设备名称 | 功能简介 |
|---|---|
| 中继器<br>（RP repeater） | 工作在OSI体系结构中的物理层。它接收并识别网络信号，然后再生信号并将其发送到网络的其他分支上。作用是放大信号，补偿信号衰减，支持远距离的通信 |
| 集线器（HUB） | 工作在OSI体系结构中的物理层。将多条以太网双绞线或光纤集合连接在同一段物理介质下的设备。它可以视作多端口的中继器，若侦测到碰撞，它会提交阻塞信号 |
| 网桥（bridge） | 工作在OSI体系结构中的数据链路层。是一个局域网与另一个局域网之间建立连接的桥梁。作用是扩展网络和通信手段，在各种传输介质中转发数据信号，扩展网络的距离 |
| 路由器（router） | 工作在OSI体系结构中的网络层，主要功能是实现信息的转送。在路由器中，通常存在着一张路由表。根据传送网站传送的信息的最终地址，寻找下一转发地址，判断应该是哪个网络 |
| 交换机（switch） | 工作在OSI体系结构中的数据链路层。交换机有多个端口，每个端口都具有桥接功能，可以连接一个局域网或一台高性能服务器或工作站。实际上，交换机有时被称为多端口网桥 |
| 网关（gateway） | 又称网间连接器、协议转换器。网关在网络层以上实现网络互连，是复杂的网络互连设备，仅用于两个高层协议不同的网络互连。网关是一种充当转换重任的计算机系统或设备，使用在不同的通信协议、数据格式或语言，甚至体系结构完全不同的两种系统之间，是一个翻译器 |

 小知识

现实中常听到的"无线 AP"是什么意思呢？

无线 AP（access point），即无线接入点，是一个包含很广的名称，它不仅包含单纯性无线接入点（无线 AP），同样也是无线路由器、无线网关、无线网桥等设备的统称。

5. 网络软件

网络软件一般是指系统的网络操作系统、网络通信协议和应用级的提供网络服务功能的专用软件。其中，网络操作系统是用于管理网络软、硬资源，提供简单网络管理的系统软件。常见的网络操作系统有 UNIX、NetWare、Windows、Linux 等。随着网络的广泛应用，现在的网络操作系统都综合了大量的 Internet 综合应用技术。除了基本的文件服务、打印服务等标准服务外，全新的 Internet 服务不断出现，如增强的目录服务与内容服务。几乎所有的网络操作系统都支持多用户、多任务、多进程、多线程，支持抢先式多任务，也支持对称多处理技术。

## 2.1.2　网络的分类

计算机网络有多种分类方法，如图 2-6 所示。这些分类方法从不同角度体现了计算机网络的特点。

1. 局域网

局域网（local area network，LAN）是指在有限的地理区域内构成的计算机网络。例如，把一个宿舍、一个实验室、一座楼、一个单位或部门的多台计算机连接成一个计算机网络。局域网的覆盖范围一般不超过 10 km，拥有较高的数据传输速率。

2. 城域网

城域网（metropolitan area network，MAN）是指在整个城市范围内创建的计算机网络，通常采用与局域网相似的技术，大多数情况下，两者通称为局域网。例如，一所学校有多个校区分布在城市的几个城区，每个校区都有自己的校园网，这些网络连接起来就形成一个城域网。

图2-6　计算机网络的分类

### 3. 广域网

广域网（wide area network，WAN）是覆盖面积广阔的计算机网络，可由在不同城市之间的局域网或者城域网互连而成。广域网覆盖的范围较大，几百千米到几万千米不等。广域网用于通信的传输装置和介质，一般由电信部门提供，能实现大范围内的资源共享。Internet 就是全球最大的广域网。

### 4. 点对点网络和广播式网络

点对点网络中的数据以一条专用的通信信道传输，而广播式网络中的数据在公用信道中传播，计算机根据收到数据包含的目的地址来判断，如果是发给自己的则接收数据，否则便丢弃数据。

### 5. 基带传输网络和宽带传输网络

基带传输用于数字传输。信号源产生的原始电信号称为基带信号，将数字数据 0、1 直接用两种不同的电压表示，然后送到线路上去传输。

宽带传输常用于有线电视网。它将基带信号进行调制后形成模拟信号，然后采用频分复用技术实现宽带传输，传输距离比基带传输远，可达上百公里。宽带系统可分为多个信道，所以模拟和数字数据可混合使用，但通常需解决双向传输的问题。

## 2.1.3　网络的拓扑结构

计算机网络的拓扑结构是指网络中的通信链路（link）和节点（node）之间的几何结构。节点是网络中计算机、打印机或网络连接设备等的抽象描述。链路是指两个节点间承载信息流的线路或信道。网络的基本拓扑结构有总线、星状、环状、树状和网状五大类，如图 2-7 所示。现实中计算机网络的拓扑结构通常是基本拓扑结构的混合和扩展。

拓扑结构用于表示网络的整体构成及各模块之间的连接关系，影响着整个网络的设计、功能、可靠性和通信费用，是设计计算机网络时值得注意的问题。表 2-3 列出了五大类基本拓扑结构特征对比。其中，总线、星状、环状、树状这几种网络拓扑结构主要用于构建小型的局域网性质的网络。当面对一些大型网络或 Internet 主干网的构建时，一般采用的就是网状拓扑结构了。在实际应用中，可根据需要综合使用多种拓扑结构。

图2-7  网络的基本拓扑结构

表 2-3  五大类基本拓扑结构特征对比

| 名　称 | 特　征 |
| --- | --- |
| 总线 | 所有的计算机网络都连在一条线上。这个结构所需要的电线短且少；但是当这个结构出现故障后很难找到故障问题 |
| 星状 | 以一个中心节点为中心，向四周分散开。这个结构简单，扩展性大，传输时间少。但是当中心部分出现错误后，全部的网络都会瘫痪 |
| 环状 | 所有的网络形成一个环状结构。这个结构可以节约设备，但是当其中网络出现问题的时候不容易找到故障的设备 |
| 树状 | 以一个中心开始向下面发展，像一棵树的形状。这样的结构扩展性强，分支多，但是当顶端网络出现错误的时候整个网络都容易瘫痪 |
| 网状 | 所有的网络连接构成一个网状。这个结构应用广泛，利用性强，而且当一个网络出现错误的时候其他结构仍然可以使用，但是网状结构复杂，成本高 |

## 2.1.4  OSI 参考模型

计算机网络的各个功能层和在各层上使用的全部协议统称为体系结构。网络协议是计算机网络工作的基础，两台计算机通信时必须使用相同的网络协议。世界著名的两大网络体系结构是开放式系统互联通信参考模型（open system interconnection reference Model，OSI 参考模型）和传输控制协议 / 网际协议参考模型（transmission control protocol/internet protocol reference model，TCP/IP 参考模型）。

OSI 参考模型是由国际标准化组织 ISO 提出的用于计算机互连的国际标准。OSI 参考模型分为七层，从下至上分别是物理层、数据链路层、网络层、传输层、会话层、表示层、应用层。其结构如图 2-8 所示。

按照 OSI 参考模型，网络中各节点都有相同的功能层次，在同一节点内相邻功能层之间通过接口通信。每一层可以使用下层提供的服务，并向其上层提供服务；不同节点的对等层依照协议实现对等层之间的通信。OSI 各个功能层的基本功能介绍见表 2-4。

图2-8　OSI参考模型

表 2-4　OSI 各个功能层及基本功能

| 层次 | 功能层 | 基 本 功 能 |
|---|---|---|
| 1 | 物理层 | 是最低层，处于传输介质之上，规定在一个节点内如何把计算机连接到传输介质上，规定了机械的、电气的功能。该层负责建立、保持和拆除物理链路；规定如何在此链路上传送原始比特流，比特如何编码，使用的电平、极性，连接插头、插座的插脚如何分配等。物理接口标准定义了物理层与物理传输介质之间的边界与接口，常用的有 EIA-232-C、EIARS-449和CCITT X2.1。在物理层数据的传送单位是比特（bit） |
| 2 | 数据链路层 | 在物理层提供比特流服务的基础上，建立相邻节点之间的数据链路，通过差错控制提供数据帧（Frame）在信道上无差错地传输，并进行各电路上的动作系列。该层的作用包括物理地址寻址、数据的成帧、流量控制、数据的检错、重发等 |
| 3 | 网络层 | 选择合适的网间路由和交换节点，确保由数据链路层提供的帧封装的数据包及时传送。该层的作用包括地址解析、路由、拥塞控制、网络互连等。传送的信息单位是分组或包（packet） |
| 4 | 传输层 | 为源主机与目的主机的进程之间提供可靠的、透明的数据传输，并给端到端数据通信提供最佳性能。传输层传送的信息单位是报文（message） |
| 5 | 会话层 | 提供包括访问验证和会话管理在内的建立且维护应用之间通信的机制。如服务器验证用户登录便是由会话层完成的 |
| 6 | 表示层 | 主要解决用户信息的语法表示问题，即提供格式化的表示和转换数据服务。如数据的压缩和解压缩、加密和解密等工作都由表示层负责 |
| 7 | 应用层 | 处理用户的数据和信息，由用户程序（应用程序）组成，完成用户所希望的实际任务 |

　　从七层的功能描述可见，1 ~ 3 层主要是完成数据交换和数据传输，称之为网络低层，即通信子网；5 ~ 7 层主要是完成信息处理服务的功能，称之为网络高层；低层与高层之间由第 4 层衔接。

根据 OSI 模型，在通信过程中各节点之间的数据传送过程如下：发送方的各层从上到下逐步加上各层的控制信息构成的比特流传递到物理信道（此为封装过程），然后再传输至接收方的物理层（此为传递过程），经过从下至上逐层去掉相应层的控制信息得到的数据最终传送到应用层的进程（此为拆封过程）。

### 2.1.5  TCP/IP 体系结构

虽然 OSI 参考模型概念清楚，理论较完整，为网络体系结构与协议的发展提供了一种国际标准，但其具体应用尚未协调好，妨碍了第三方厂家开发相应的软、硬件，所以当前只是作为网络的理论模型，很少有网络系统能完全遵循它。事实上的网络体系结构的国际标准是 Internet 采用的 TCP/IP 体系结构。

| OSI参考模型 | TCP/IP体系结构 |
| --- | --- |
| 应用层 | 应用层（有 Telnet 、FTP、SMTP等协议） |
| 表示层 | |
| 会话层 | |
| 传输层 | 传输层（TCP或UDP协议） |
| 网络层 | 网络层（IP协议） |
| 数据链路层 | 网络接口层 |
| 物理层 | |

TCP/IP 体系结构的功能层分为四层，从下至上依次是网络接口层、网络层、传输层和应用层。它与 OSI 参考模型在网络层上并不完全对应，但是在概

图2-9  OSI参考模型与TCP/IP体系结构对照

念和功能上基本相同。两者的对照关系如图 2-9 所示。

TCP/IP 体系结构有 100 多个网络协议，其中最主要的是传输控制协议（transmission control protocol，TCP）和网际协议（internet protocol，IP）。IP 负责将信息送达目的地，传输时为其选择最佳传输路径，但接收时不进行差错纠正，即提供的是不可靠交付服务。而 TCP 用于提供可靠通信，保证被传送信息的完整性，但传输性能较低。

## 2.2  连接互联网

### 2.2.1  Internet 的来历

1969 年，美国国防部高级研究计划局开始建立一个命名为 ARPANET（阿帕网）的网络。当时建立这个网络的目的是出于军事需要，计划建立一个计算机网络，当网络中的一部分被破坏时，其余网络部分会很快建立起新的联系。1969 年 6 月完成第一阶段的工作，将美国西南部的加州大学洛杉矶分校、斯坦福大学研究学院、加州大学圣巴巴拉分校和犹他州大学的四台主要计算机连接起来，组成了如图 2-10 所示的四个节点的试验性网络。人们普遍认为这就是 Internet 的雏形。

进入 20 世纪 80 年代，计算机局域网得到了迅速发展。这些局域网依靠 TCP/IP，可以通过 ARPANET 互联，使 TCP/IP 互联网络的规模

如何连接互联网

图2-10  阿帕网连接方式

迅速扩大。除了美国，世界上许多国家或地区通过远程通信将本地的计算机和网络接入 ARPANET。后来随着许多商业部门和机构的加入，Internet 迅速发展，最终发展成当今世界范围内以信息资源共享及学术交流为目的的国际互联网，成为事实上的全球电子信息的"信息高速公路"。

Internet 经过多年的发展，已成为人类工作和生活中不可缺少的媒体及工具。由于用户数量的剧增和自身技术的限制，Internet 无法满足高带宽占用型应用的需要。为此，许多国家都在研究、开发和应用采用新技术的下一代宽带 Internet，学术界称其为第二代互联网。

第二代互联网与传统的第一代互联网的区别在于它更大、更快、更安全、更及时以及更方便。第二代互联网使用 IPv6，网络速度大幅度提高，远程教育、远程医疗等成为最普遍的网络应用。2004 年 1 月 15 日，Internet 2、GEANT 网和 CERNET 2 这三个全球最大的学术互联网同时开通了全球 IPv6 互联网服务。

近年，IT 业界提出了第三代互联网的概念，从第二代向第三代的发展是一场由新技术引发的，以改变与融合为主题的网络革新，是一个永远在线的网络时代。目前还没有具体的标准，第三代互联网的变化并不局限于 IT 业界与互联网用户，每个人、每个企业在现实生活、商业活动中，都会面对并感受到其变化。

## 2.2.2 我国的互联网现状

中关村地区教育与科研示范网络（中国科技网的前身）代表中国于 1994 年 4 月正式接入 Internet，并于当年 5 月建立 CN 主域名服务器设置，可全功能访问 Internet。2004 年 12 月，我国顶级域名 cn 服务器的 IPv6 地址成功登录到全球域名根服务器。

目前中国计算机互联网已形成主干网、大区网和省市网的三级体系结构。主干网是国家批准的可以直接和国外连接的互联网。任何部门和个人如果要接入 Internet，都必须通过主干网连接。我国拥有九大主干网：

- 中国公用计算机互联网（CHINANET）；
- 中国金桥信息网（CHINAGBN）；
- 中国联通计算机互联网（UNINET）；
- 中国网通公用互联网（CNCNET）；
- 中国移动互联网（CMNET）；
- 中国教育和科研计算机网（CERNET）；
- 中国科技网（CSTNET）；
- 中国长城互联网（CGWNET）；
- 中国国际经济贸易互联网（CIETNET）。

我国在实施国家基础设施建设计划的同时，也积极参与第二代互联网的研究与建设。以现有网络设施为依托，建设并开通了基于 IPv6 的中国第一个下一代互联网示范工程（CNGI）核心网之一的 CERNET 2 主干网，如图 2-11 所示，并于 2004 年 3 月正式向用户提供 IPv6 下一代互联网服务。目前 CERNET 2 已经初具规模，接入北京大学、清华大学、复旦大学、上海交通大学、浙江大学等上百所国内高校，并与谷歌实现基于 IPv6 的 1Gbit/s 高速互联。截至 2019 年 6 月，我国 IPv6 地址数量已跃居全球第一位，IPv6 活跃用户数达 1.3 亿户。

目前，我国的互联网普及率已超七成，国家大力发展"互联网+"，创业热潮不断被推动，尤其是互联网企业的数量增多，对互联网人才数量的需求也在持续增加。互联网进入中国虽然只有短短二十多年的时间，但是已经成为整个社会和经济的底层架构和标配。

图2-11　CERNET2主干网

### 2.2.3　ISP

由于接轨国际互联网需要租用国际信道，其成本对于一般用户是无法承担的。互联网服务提供商（internet service provider，ISP）是全世界数以亿计普通用户通往 Internet 的必经之路。ISP 指的是面向公众提供下列信息服务的经营者：

①接入服务，即帮助用户接入 Internet。

②导航服务，即帮助用户在 Internet 上找到所需要的信息。

③信息服务，即建立数据服务系统，收集、加工、存储信息，定期维护更新，并通过网络向用户提供信息内容服务。

用户若要连接到 Internet，可采用某种方式与 ISP 提供的某台服务器连接起来，就能享受由 ISP 提供的各种上网服务。目前，我国的九大主干网，各自拥有自己的国际信道和基本用户群，其他的 Internet 服务提供商属于二级 ISP。这些 ISP 为众多企业和个人用户提供接入 Internet 的服务，如图 2-12 所示。

图2-12　多层次ISP结构的互联网

## 2.2.4　上网的各种方式

Internet 服务提供商为公众提供多种接入方式，以满足用户的不同需求。早期多数采用调制解调器接入和 ISDN 方式，目前主要通过 ADSL、Cable Modem、无线接入和局域网接入等方式接入。

### 1. ADSL 接入技术

非对称数字用户线路（asymmetric digital subscriber line，ADSL）是基于公众电话网提供宽带数据业务的技术，因上行和下行带宽不对称而得名。它采用频分复用技术把普通的电话线分成了电话、上行和下行三个相对独立的信道，从而避免了相互之间的干扰。目前使用的第二代的 ADSL2+ 技术可以提供最高 24 Mbit/s 的下行速率。

接入互联网时，用户需要配置一个网卡及专用的 ADSL modem，根据实际情况选择采用专线入网方式（即拥有固定的静态 IP）或虚拟拨号方式（不是真正的电话拨号，而是用户输入账号、密码，通过身份验证，动态获得一个 IP 地址）。在我国部分经济欠发达地区，ADSL 仍是家庭常用的接入方式。

### 2. Cable Modem 接入技术

电缆调制解调器（cable modem）又名线缆调制解调器，利用有线电视线路接入互联网，接入速率可以高达 10 ~ 40 Mbit/s，可以实现视频点播、互动游戏等大容量数据的传输。它的特点是带宽高、速度快、成本低、不受连接距离的限制、不占用电话线、不影响收看电视节目，所以在有线电视网上开展网络数据业务有着广阔的前景。

### 3. 无线接入

用户不仅可以通过有线设备接入互联网，也可以通过无线设备接入互联网。目前常见的无线接入方式主要分为无线局域网接入和 3G/4G/5G 接入两类。

（1）无线局域网接入

无线局域网（WLAN）是利用射频无线点播通信技术构建的局域网，其主流技术包括红外、蓝牙、Wi-Fi 和无线微波扩展频谱。无线局域网通常是在有线局域网的基础上通过无线接入点（access point，AP）实现无线接入，如带有无线网卡的计算机或可上网的手机进入到 WLAN 环境中，经过配置和连接就可以轻松接入互联网。

（2）3G/4G/5G 接入

这里的"G"表示"代"，1G/2G/3G/4G/5G 分别指移动运营商和设备使用的第一、二、三、四、五代移动通信技术。它们具有不同的速度和功能，下一代技术对上一代技术进行更新改进，如图 2-13 所示。1998 年推出的 3G 网络带来了比 2G 更快的数据传输速率，支持手机视频通话和移动互联网接入。2008 年发布了 4G，可以满足游戏服务、高清移动电视、视频会议、3D 电视以及其他需要高速的功能。设备移动时 4G 网络的最大速度为 100 Mbit/s；对于低移动性通信，速率可达 1 Gbit/s。手机都支持 3G 和 4G 技术，用户通过手机 SIM 卡就可以轻松接入互联网。

第五代移动通信技术 5G 是最新一代蜂窝移动通信技术，性能目标是高数据传输速率、减少延迟、节省能源、降低成本、提高系统容量和大规模设备连接。全球 5G 标准的制定中，华为所推荐的 polar code（极化码）获得了 3GPP 联盟的认可，成为了 5G 控制信道 eMBB

场景编码的最终解决方案，这为我国以后在 5G 技术的持续发展奠定了良好的基础。5G 的网络速度是 4G 的 10 倍以上，在 5G 网络环境比较好的情况下，1 GB 的文件 1 ～ 3 s 就能下载完，基本上不会超过 10 s。2019 年底，中国移动、中国联通、中国电信三大运营商正式上线了 5G 商用套餐供用户使用。

图2-13　从1G到5G的发展史

### 4. 局域网接入

局域网接入方式主要采用了以太网技术，以信息化区域的形式为用户服务。在中心节点使用高速交换机，交换机到 ISP 的连接多采用光纤，为用户提供快速的宽带接入，基本做到千兆到区域、百兆到大楼、十兆到用户。区域内的用户只需一台计算机和一块网卡，就可连接到互联网。图 2-14 举例说明了某单位通过局域网接入 Internet 并实现总部与各分部间互联互通的网络连接方案。

图2-14　通过局域网接入Internet示例

用户在选择接入互联网的方式时，可以从地域、质量、价格、性能和稳定性等方面考虑，选择适合自己的接入方式。

## 2.2.5　Internet 的应用

在 Internet 上时刻传送着大量各种各样的信息，从科研、教育、商业、文化、娱乐、医药到购物无所不有。作为世界上最大的计算机网络，Internet 在通信、资源共享、资源查询三方面给使用者提供了巨大的帮助。常见的 Internet 基本服务有以下几个方面。

1. WWW 浏览服务

万维网（world wide web，WWW），也称为 Web、3W 等。是基于客户机 / 服务器方式的信息发现技术和超文本技术的综合。WWW 服务器通过超文本标记语言（HTML）把信息组织成为图文并茂的超文本，利用超链接从一个站点跳到另一个站点。而超文本传输协议（hypertext transfer protocol，HTTP）则提供了访问超文本信息的功能，是 WWW 浏览器和 WWW 服务器之间的应用层通信协议。

2. 信息搜索服务

由于 Internet 上信息众多，人们容易被淹没在信息的海洋中，可通过各种专业搜索引擎（如百度搜索、搜狗搜索、360 搜索、Google 搜索等）有效地查找到自己需要的信息。

3. 电子邮件 E-mail

E-mail 是一种利用计算机网络交换电子信件的通信手段，它既可以传递文字信息，也可以传递图像、声音和动画等多媒体信息。与普通信件的寄件收件流程一样，要发送电子邮件，必须知道发送者的电子邮件地址和接收者的电子邮件地址。使用电子邮件前，用户须向邮件服务器申请一个用户邮箱，其格式为"用户登录名 @ 邮件服务器域名"。电子邮件不仅使用方便，还具有传递迅速和费用低廉的优点。

4. 电子政务

电子政务是指国家机关在政务活动中，全面应用现代信息技术、网络技术以及办公自动化技术等进行办公、管理和为社会提供公共服务的一种全新的管理模式。

5. 网络交流互动

在网络世界里，可以十分方便地与相识或不相识的人进行交流，讨论共同感兴趣的话题。网络交流互动包括即时通信、个人空间、社交网络、网络论坛、博客、播客和微博等。

6. 电子商务

电子商务是指在 Internet 开放的网络环境下，买卖双方不谋面地进行各种商贸活动，实现消费者的网上购物、商户之间的网上交易和在线电子支付以及各种商务活动、交易活动、金融活动及相关综合服务活动的一种商业运营模式。

7. 在线教育

在线教育即 E-Learning，是通过应用信息科技和互联网技术进行内容传播和快速学习的方法。E-Learning 的"E"代表电子化的学习、有效率的学习、探索的学习、经验的学习、拓展的学习、延伸的学习、易使用的学习、增强的学习。

8. 网络娱乐

网络娱乐类业务包括网络聊天、网络游戏、网络文学、网络视频等。娱乐是人的本能，网络时代的新媒体，以更为自由、更为开放的态度表达新的内容，影响新一代的观众。大家在接受新媒介的同时应对新媒介可能塑造的"新世界"保持清醒的认识，把握好媒介与时代的独特关系。

# 2.3 物理地址、IP 地址和域名

资源共享是网络的主要功能之一，网络上存在大量软硬件资源，它们相互之间是如何定位和访问沟通的呢？其实，网络中的资源有各种标识自身存在的方式，如计算机名、IP 地址、MAC 地址、域名等。不同的使用场景采用不同的标识形式。下面详细讲解这些网络术语。

## 2.3.1 计算机名和工作组

计算机名可以标识网络中的计算机。Windows 10 中的"网络"功能就是根据设备名称来识别和访问设备的，如图 2-15 所示，本机是以计算机名 GXU-YAOYI 标识自身的存在。除此之外，本地网络上还有其他计算机和设备共存。

图2-15 Windows 10中的"网络"功能

计算机的名称可以修改，但在同一个网络中，名称必须是唯一的，否则会发生网络的冲突。"工作组"默认组名是 WORKGROUP，也允许用户修改名称。工作组的作用就是将不同的计算机按功能分别列入不同的组中以方便管理。在 Windows 10 桌面"此电脑"图标上右击，在弹出的快捷菜单中选择"属性"选项，在弹出的对话框中可查看计算机名和所处工作组，并允许用户根据图 2-16 的步骤修改名称。

## 2.3.2 物理地址

计算机的物理地址（也称 MAC 地址、网卡地址）用于在网络中唯一标识一个网卡。一台设备若有两个网卡，则对应会有两个 MAC 地址。物理地址相当于网卡的身份证，全世界唯一。

查看本机物理地址的操作方法为：右击"开始"按钮，选择"运行"，在"运行"对话框中输入 cmd，在弹出的 cmd 窗口中输入命令：ipconfig /all 后，按回车键（即【Enter】键）运行，可显示本机的物理地址、IP 地址、子网掩码、默认网关以及 DNS 服务器地址等网络设置信息，如图 2-17 所示。

图2-16　修改计算机名

图2-17　查看本机网络设置

 小知识

　　由于 MAC 地址的前 24 位是生产厂商的标识符，因此可以根据前 24 位标识符判断出硬件的生产厂商和生产地址。用户也可以通过一些网站进行查询，如 http://mac.51240.com/。

## 2.3.3　IP 地址

　　目前，基于 TCP/IP 的 Internet 已逐步发展为当今世界上规模最大的计算机网络。接入TCP/IP 网络中的任何一台计算机，都被指定了唯一的编号，这个编号称为 IP 地址。IP 地址统一由 Internet 网络信息中心（InterNIC）分配，是在 Internet 中为每一台主机分配的唯一标识符。

**1. IP 地址的结构**

目前在 Internet 中采用的第 4 版的 IP 协议（即 IPv4）中，IP 地址共 32 位，分为 4 字节，每字节可对应一个 0 ~ 255 的十进制整数，数之间有小数点分隔，见表 2-5。

表 2-5 转换成点分十进制地址

| 地 址 格 式 | IP 地 址 | | | |
|---|---|---|---|---|
| 32位二进制的IP地址 | 11001010 11000000 00000001 00100010 | | | |
| 各自译为十进制 | 202 | 192 | 1 | 34 |
| 缩写后的IP地址 | 202.192.1.34 | | | |

按上表方式，上述主机的 IP 地址就可转换成 202.192.1.34，这就是平时看到的 IP 地址形式。这种记录方法称为点分十进制地址。

考虑到 Internet 由不同规模的物理网络互连而成，在 IP 地址格式定义中做了必要的规划，32 位 IP 地址的结构如图 2-18 所示，网络标识部分标识了网络号，主机标识部分标识该主机在该网络中的编号。

| 网络标识 | 主机标识 |
|---|---|

图2-18 32位IP地址的结构

按照 IP 地址的结构和分配原则，可以很方便地在 Internet 上寻址，先按 IP 地址中的网络标识号找到相应的网络，然后在这个网络中利用主机标识号找到相应的主机。

**2. IP 地址的分类**

为了充分利用 IP 地址空间，Internet 委员会定义了 A、B、C、D、E 五类 IP 地址类型以适合不同容量或用途的网络，由 InterNIC 在全球范围内统一分配。

在 IPv4 协议下，A 类、B 类和 C 类 IP 地址的网络标识长度和主机标识长度各有规定，其地址的结构如图 2-19 所示。Internet 整个 IP 地址空间容量见表 2-6。

| A类 | 0 | 网络标识（7 bit） | | 主机标识（24 bit） |
|---|---|---|---|---|
| B类 | 1 | 0 | 网络标识（14 bit） | 主机标识（16 bit） |
| C类 | 1 | 1 | 0 | 网络标识（21 bit）  主机标识（8 bit） |

图2-19 A类、B类和C类IP地址的结构

表 2-6 Internet 整个 IP 地址空间容量

| 网 络 类 型 | 第一组数字 | 网络地址数 | 网络主机数 |
|---|---|---|---|
| A类 | 1 ~ 127 | 126（$2^7$–2） | 16 777 214 |
| B类 | 128 ~ 191 | 16 384（$2^{14}$） | 65 534 |
| C类 | 192 ~ 223 | 2 097 152（$2^{21}$） | 254 |

例如，对 IP 地址为 210.36.16.44 的主机来说，第一段数字的范围为 192 ~ 223，是小型网络（C 类）中的主机，其 IP 地址由如下两部分组成：

第一部分为网络号：210.36.16（或写成 210.36.16.0）。

第二部分为所在网络的主机编号：44。

除了 A、B、C 三种主要类型的 IP 地址外，还有几种有特殊用途的 IP 地址。如第一字节以 1110 开始的地址是 D 类地址，为多点广播地址。第一字节以 11110 开始的地址是 E 类地址，保留作研究之用。

主机号全为 0 或全为 1 的保留 IP 地址用于特殊用途，它们并不能用于表示一台主机的有效地址。主机号全为 0 表示网络地址，而全为 1 表示网络内的广播地址。

网络号为 127 的 IP 地址是保留的回送地址，该类地址是指计算机本身，主要作用是用于网络软件测试以及本地主机进程间通信，在 Windows 系统下常用 127.0.0.1 表示本机 IP 地址，该地址还有一个别名叫"localhost"。

用于私有网络而不能在 Internet 上使用的地址，分别有 A 类私网地址、B 类私网地址和 C 类私网地址，见表 2-7。私网地址是在私有网络中可随意使用的 IP 地址，保留这样的地址供人们自己组网使用，是为了避免以后接入公网时引起地址混乱。使用私网地址的私有网络在通过路由器接入 Internet

表 2-7　私网地址范围

| 私网地址类型 | 地址范围 |
| --- | --- |
| A类 | 10.0.0.0 ~ 10.255.255.255 |
| B类 | 172.16.0.0 ~ 172.31.255.255 |
| C类 | 192.168.0.0 ~ 192.168.255.255 |

时，要使用路由器的网络地址翻译（net address translate，NAT）功能，将私网地址翻译成公用合法地址。

### 3. IPv6

由于 IPv4 最大的问题在于网络地址资源不足，严重制约了互联网的应用和发展。IPv6 是互联网工程任务组（IETF）设计的用于替代 IPv4 的下一代 IP 协议，它采用 128 位长度的 IP 地址，拥有 $2^{128}$ 个 IP 地址的空间。其地址数量号称可以为全世界的每一粒沙子编上一个地址。

IPv6 采用冒号十六进制表示：每 16 位划分成一段，128 位分成 8 段，每段被转换成一个 4 位十六进制数，并用冒号分隔。例如，CA01:0000:0000:0000:1076:0000:00CF:0053 是一个合法的 IPv6 地址。

如果几个连续段位的值都是 0，那么这些 0 就可以简单的以 :: 来表示，来缩减其长度，称为零压缩法。上述地址就可以写成 CA01::1076: 0000:00CF:0053。这里要注意的是只能简化连续段位的 0，而且只能用一次。这个限制的目的是能准确还原被压缩的 0，否则就无法确定每个 :: 代表了多少个 0。同时前导的零可以省略，上述地址可以简化为 CA01::1076:0:CF:53。

IPv6 的使用，不仅能解决网络地址资源短缺的问题，也解决了多种接入设备连入互联网的障碍。同时它还在许多方面进行了技术改进，例如路由方面、自动配置方面等。

我国是世界上较早开展 IPv6 试验和应用的国家，在技术研发、网络建设、应用创新方面取得了重要阶段性成果，已具备大规模部署的基础和条件。2017 年印发了《推进互联网协议第六版（IPv6）规模部署行动计划》，致力于加快推进 IPv6 规模部署，构建高速率、广普及、全覆盖、智能化的下一代互联网，加快网络强国建设、加速国家信息化进程、助力经济社会发展、赢得未来国际竞争新优势。

#### 4. 子网及子网掩码

为了缓解 IPv4 的地址数不足的矛盾，IP 协议使用了子网技术。子网是指在一个 IP 地址上生成的逻辑网络。将 IP 地址的主机标识部分进一步划分成两部分，一部分表示子网，另一部分表示主机，这样原来的 IP 地址结构就变为如图 2-20 所示。

| 网络标识 | 子网地址部分 | 主机地址部分 |
|---|---|---|

图2-20　IP地址的主机标识划分

子网掩码提供了子网划分的方法。其作用是：减少网络上的通信量；节省 IP 地址；便于管理；解决物理网络本身的某些问题。使用子网掩码划分子网后，子网内可以通信，跨子网不能通信，子网间通信应该使用路由器，并正确配置静态路由信息。

设置子网掩码的规则是：凡 IP 地址中表示网络地址部分的那些位，在子网掩码的对应二进制位上设置为 1，表示主机地址部分的那些二进制位设置为 0。TCP/IP 网络中的每一台主机都要求有子网掩码。A 类 IP 地址的网络地址部分是第一字节，故它默认的子网掩码是 255.0.0.0，B 类网络默认的子网掩码是 255.255.0.0，C 类网络默认的子网掩码是 255.255.255.0。

IP 地址的子网掩码应该根据网络的规模进行合理设置。假设 C 类网络 192.168 .10.0 含两个子网，每个子网的主机数在 60 台以内。可将主机地址部分再划出 2 位，用作本网络的子网络，剩余的 6 位用作相应的子网络内的主机地址的标识（此时，每个子网可对 $2^6 = 64$ 台主机分配地址），这样在 IP 地址中的网络地址部分有 26 位，对应的子网掩码为：11111111 11111111 11111111 11000000，其点分十进制形式是 255.255.255.192。

利用子网掩码可以判断两台主机是否在同一子网中。例如，有两台主机的 IP 地址分别为 172.18.57.157 和 172.18.56.130，子网掩码都为 255.255.254.0。将这两个 IP 地址和子网掩码的各组数分别转换为二进制，然后按位进行"逻辑与"运算，算出网络地址，分析过程见表 2-8。

表 2-8　网络地址分析

| 地　　址 | 主机1（172.18.57.157） | 主机2（172.18.56.130） |
|---|---|---|
| 32位IP地址 | 10101100 00010010 00111001 10011101 | 10101100 00010010 00111000 10000010 |
| 32位子网掩码 | 11111111 11111111 11111110 00000000 | 11111111 11111111 11111110 00000000 |
| 网络地址位 | 10101100 00010010 0011100 | 10101100 00010010 0011100 |

分析结论：两台主机的网络地址相同，都是 172.18.56（即 10101100 00010010 00111000，用 0 补齐），所以它们处于同一个子网中。

需要指出的是，如果全世界普及使用 IPv6 的话，就没有子网掩码的概念了，也没有网络号与主机号的概念了。因为 IPv6 是端到端的连接通信，不需要子网了。但是，目前似乎更多都是在 IPv4 上使用隧道的方式使用 IPv6。完全取代 IPv4 还需要一定的时间，子网掩码目前还是需要的。

### 2.3.4　域名

由于 IP 地址具有不方便记忆并且不能显示地址组织的名称和性质等缺点，人们设计出了域名，并通过域名服务器（domain name system，DNS）来将域名和 IP 地址相互映射，使人更方便地访问互联网，而不用去记住能够被机器直接读取的 IP 地址数串。

域名采用层次结构，一般有 3 ~ 5 个字段，中间用小数点隔开。一般的域名格式为：

主机名 . 三级域名 . 二级域名 . 顶级域名

例如，www.lib.gxu.edu.cn 表示中国（cn）教育机构（edu）广西大学（gxu）图书馆（lib）网站上的一台主机。使用网址 http://www.lib.gxu.edu.cn 或使用 IP 地址 http://210.36.16.44 均能正常访问该校图书馆 WWW 主机。

域名中的顶级域名分为两大类，一类是由三个字母组成的机构类型名；另一类是由两个字母组成的区域类型名，适用于除美国以外的其他国家和地区。部分三字母机构类型域名见表 2-9，较为常用的地理类型域名见表 2-10。

表 2-9　三字母机构类型域名

| 区　域 | 含　义 | 区　域 | 含　义 |
|---|---|---|---|
| com | 商业机构 | mil | 军事机构 |
| edu | 教育机构 | net | 网络机构 |
| gov | 政府部门 | org | 非营利性组织 |
| int | 国际机构 | | |

表 2-10　常用的地理类型域名

| 类　型 | 国　家 | 类　型 | 国　家 |
|---|---|---|---|
| au | 澳大利亚 | at | 奥地利 |
| be | 比利时 | ca | 加拿大 |
| fi | 芬兰 | dk | 丹麦 |
| de | 德国 | fr | 法国 |
| ie | 爱尔兰 | in | 印度 |
| it | 意大利 | il | 以色列 |
| nl | 荷兰 | jp | 日本 |
| ru | 俄罗斯 | no | 挪威 |
| Es | 西班牙 | se | 瑞典 |
| ch | 瑞士 | cn | 中国 |
| uk | 英国 | us | 美国 |

## 2.3.5　物理地址、IP 地址和域名的关系

物理地址 MAC 与网卡是一一对应的。在网络中要找到被访问的计算机必须给机器安排一个唯一的号码，就像人们的身份证号码一样。IP 地址是人为规定的一串数字，它可以在网卡的属性设置中与网卡对应上。

MAC 地址具有唯一性，每个网卡硬件出厂时候的 MAC 地址就是固定的，MAC 地址工作在数据链路层；IP 地址不具备指代机器的唯一性，它可以指派给这台机器，也可根据需要指派给另一台机器，因此很多应用软件是围绕 MAC 地址开发的。IP 地址工作在网络层及其以上各层，是一种逻辑地址。

IP 地址和 MAC 地址可以通过地址解析协议（address resolution protocol，ARP）进行绑定，以此来确定网络上的唯一的一台主机。

域名是为了替代不好记忆的 IP 地址而起的别名，域名须绑定在 IP 地址上才能用。所以访问网站可以通过 IP 地址直接访问，也可以通过域名服务器 DNS 将域名转换为 IP 进行访问。

### 2.3.6 统一资源定位符 URL

统一资源定位符（uniform resource locate，URL）是一种统一格式的 Internet 信息资源地址的标识方法，俗称网址。在各种浏览器窗口的地址栏中会显示出所访问资源的 URL 信息。URL 的格式为：

协议服务类型 :// 主机域名 [: 端口号 ]/ 文件路径 / 文件名

URL 由四部分组成。第一部分指出协议服务类型；第二部分指出信息所在的服务器主机域名（或 IP 地址），有时也包括端口号，省略端口号时表示采用默认端口号；第三部分指出包含文件数据所在的精确路径；第四部分指出文件名。URL 中常见的服务类型见表 2-11。

表 2-11　URL 中常见的服务类型

| 协 议 名 | 功　　能 | 默认端口 |
| --- | --- | --- |
| HTTP | 超文本传输协议，提供WWW浏览服务，访问远程网络资源 | 80 |
| HTTPS | 相当于HTTP + SSL，SSL为HTTP连接提供了端到端的加密机制 | 443 |
| SMTP | 定义了简单邮件传送协议，用于发送邮件 | 25 |
| POP3 | 和SMTP对应，POP3用于接收邮件 | 110 |
| FTP | 访问共享主机的文件资源 | 21 |

URL 中的域名可以唯一地确定 Internet 上每一台计算机的地址。域名中的主机部分一般与服务类型相一致，如提供 Web 服务的 Web 服务器，其主机名往往是 www；提供 FTP 服务的 FTP 服务器，其主机名往往是 ftp。

例如，用户输入 URL 网址：http://www.lib.gxu.edu.cn/bggk/bgjs1.htm。表示，网络服务协议为超文本传输协议 http，网络地址为 www.lib.gxu.edu.cn，它指出需要的资源在哪一台计算机上，/bggk/bgjs1.htm 表示从该机的域名根目录开始的路径和网页文件名。

## 2.4　信 息 搜 索

经常活跃于互联网的用户对于搜索引擎这个称呼并不陌生。据统计，几乎 90% 的网民都在使用搜索引擎。搜索引擎是网民寻找、比较、确定目标的最重要渠道。搜索已经成为一种习惯，一种生活方式，成为很多人获取信息的最重要方式。国内常见的搜索引擎有百度、好搜、搜狗、神马等，国外的有谷歌、必应等。

随着新一代自然语言处理技术 GPT 的不断发展，如何运用 GPT 技术优化搜索引擎已经成为研究热点之一。2023年，百度推出基于 GPT 的大语言模型文心一言，可以与用户对话互动，协助创作，生成与用户搜索相关的高质量内容，如图 2-21 所示。GPT 生成结果需要大量的计算资源，目前，一些搜索引擎公司正在尝试通过优化算法、使用专用芯

网络搜索能力是一种生存技能

图2-21　大语言模型文心一言

片等方式来降低生成成本。

## 2.4.1　搜索引擎

　　搜索引擎是工作于互联网上的一门检索技术，它根据用户需求与一定算法，运用特定策略从互联网上采集信息，在对信息进行组织和处理后，将检索的相关信息展示给用户。搜索引擎旨在提高人们获取搜集信息的速度，为人们提供更好的网络使用环境。工作流程图如图 2-22 所示。

图2-22　搜索引擎工作流程图

　　搜索引擎依托于多种技术，如网络爬虫技术、检索排序技术、网页处理技术、大数据处理技术、自然语言处理技术等，为信息检索用户提供快速、高相关性的信息服务。工作原理如图 2-23 所示。

图2-23　搜索引擎工作原理

　　搜索引擎的整个工作过程可视为三个部分：

　　①网络搜索引擎蜘蛛（spider）在互联网上爬行和抓取网页信息，并存入临时网页数据库。

　　②对临时网页数据库中的信息进行提取和组织，并建立索引区。

　　③根据用户输入的关键词，快速找到相关文档，并对找到的结果进行排序，将查询结果返回给用户。

　　下面对搜索引擎的工作原理做进一步分析。

### 1.　网页抓取

　　蜘蛛每遇到一个新文档，都要搜索其页面的链接网页。搜索引擎蜘蛛访问 Web 页面的过程类似普通用户使用浏览器访问其页面，即 B/S 模式。引擎蜘蛛先向页面提出访问请求，服务器接受其访问请求并返回 HTML 代码后，把获取的 HTML 代码存入原始页面数据库。

搜索引擎使用多个蜘蛛分布爬行以提高爬行速度。搜索引擎的服务器遍布世界各地，每一台服务器都会派出多只蜘蛛同时去抓取网页。如何做到一个页面只访问一次，从而提高搜索引擎的工作效率？答案是这样的：在抓取网页时，搜索引擎会建立两张不同的表，一张表记录已经访问过的网站，一张表记录没有访问过的网站。当蜘蛛抓取某个外部链接页面URL 的时候，需把该网站的 URL 下载回来分析，当蜘蛛全部分析完这个 URL 后，将这个URL 存入相应的表中，这时当另外的蜘蛛从其他的网站或页面又发现了这个 URL 时，它会对比看看已访问列表有没有，如果有，蜘蛛会自动丢弃该 URL，不再访问。

### 2. 预处理，建立索引

为了便于用户在数万亿级别以上的原始网页数据库中快速便捷地找到搜索结果，搜索引擎必须将 Spider 抓取的原始 Web 页面做预处理。网页预处理最主要过程是为网页建立全文索引，之后开始分析网页，最后建立倒排文件（也称反向索引）。

### 3. 查询服务

在搜索引擎界面输入关键词，单击"搜索"按钮之后，搜索引擎程序开始对搜索词进行以下处理：

①开始分词处理、判断是否需要进行整合搜索、找出错别字和拼写中出现的错误、把停止词去掉。

②接着把包含搜索词的相关网页从索引数据库中找出，而且对网页进行排序，最后按照一定格式返回到"搜索"页面。

查询服务最核心的部分是搜索结果排序，其决定了搜索引擎的量好坏及用户满意度。实际搜索结果排序的因子很多，但最主要的因素之一是网页内容的相关度。影响相关性的主要因素包括五个方面：①关键词常用程度；②词频及密度；③关键词位置及形式；④关键词距离；⑤链接分析及页面权重。

## 2.4.2  百度搜索

在当今的移动互联网时代，信息资讯大爆炸，信息筛选能力就尤为重要，与信息筛选能力息息相关的便是搜索引擎。好的搜索方法会提高用户的搜索效率，那么在使用百度搜索时有哪些搜索方法呢？

### 1. 选择适当的查询词

搜索技巧最基本同时也是最有效的，就是选择合适的查询词。选择查询词是一种经验积累，查询词表述准确是获得良好搜索结果的必要前提。

例如想要了解：有多少天才年纪轻轻就获得了诺贝尔奖。在提炼查询词的时候，输入"年轻人获诺贝尔奖"，查询到的结果有一定的相关性但数据不全面，明显不如"诺贝尔奖年龄分布"查询词获得的搜索结果更详细、权威，更符合搜索目的，如图 2-24 所示。

每条搜索结果下都有"百度快照"字样，单击后的页面即为百度快照页面，页面地址栏中的链接即为百度快照地址。

### 2. 搜索多媒体信息

在百度搜索框中输入查询词，默认的搜索对象是"网页"，你也可以切换为图片、视频、音乐、地图、文库等其他搜索资源，如图 2-25 所示。

此外，百度搜索拥有识图功能，查询内容除了输入文字之外，也可以输入图片，实现以图找图。

（a）输入"年轻人获诺贝尔奖"查询词　　　　　　（b）输入"诺贝尔奖年龄分布"查询词

图2-24　不同查询词的结果对比

图2-25　搜索图片

【例2-1】用百度识图查找图片来源网址。

操作方法为：首先把需要查找图片来源的图片保存到本地磁盘。打开百度首页，单击搜索框右侧的相机图标。在弹出的如图 2-26 所示功能区中单击"本地上传图片"按钮，上传在本地准备好的图片。或者采取拖动方式上传图片也可以。图片上传完成后就会自动进入百度识图状态，智能判别图片可能的名称，且显示图片的各种图片来源，如图 2-27 所示。单击来源图即可进入图片的详细信息来源页面。

图2-26　单击"本地上传图片"按钮　　　　　图2-27　图片来源搜索结果

## 3. 灵活运用百度内置工具

百度搜索支持按类别搜索，可以是网页、资讯、视频、图片、知道、文库、贴吧、音乐、地图等类型的资料。同时提供了搜索工具栏，内含时间范围、文件类型、搜索站点限制等搜索设置选项。百度还提供了"搜索设置"和"高级搜索"，如图 2-28 所示，方便用户进行针对性搜索，减小搜索范围，达到搜索更快、更准的目的。

图2-28　高级搜索设置

### 4. 查询词的输入技巧

不少人都在使用低效的搜索方式：输入一个简单的查询词，然后将搜索结果网页从头看到尾。那有更高效的搜索方式吗？表 2-12 介绍了在输入查询词的时候用到的几个常用搜索技巧。

表 2-12　常用搜索技巧

| 技巧名称 | 方 法 描 述 | 实现的效果举例 |
|---|---|---|
| 多查询词法 | 多个查询词之间必须留一个空格 | 如输入：学习强国 感动中国，可搜索到既包含"学习强国"又包含"感动中国"的页面 |
| 完全匹配法 | 在查询词的外边加上双引号"" | 如输入："苹果和华为"，查到的结果就是优先展示"苹果和华为"的搜索结果，而不是分别展示含"苹果"或含"华为"的搜索结果 |
| 限定标题法 | 在查询词前加上intitle:xx | 如输入：intitle:iPhone内存，找到的就是页面标题中含有iPhone内存关键词的信息 |
| 限定网站法 | 在查询词后输入site:网站名 | 如输入：培训 site:www.gxu.edu.cn，可以在指定的网站www.gxu.edu.cn上搜索包含"培训"这个关键词的页面 |

续表

| 技巧名称 | 方法描述 | 实现的效果举例 |
|---|---|---|
| 排除法 | 使用减号–。如要搜索a但是要排除掉b，则可用"a"–b表达，注意减号–前有个空格，减号–后没有空格 | 如输入："选课"–选修课，可以搜索包含"选课"关键词但不包含"选修课"关键词的页面 |
| 限定格式法 | 在查询词后输入filetype:格式。百度搜索支持的文件格式包括pdf、doc、xls、ppt、rtf、all等。其中"all"表示所有百度支持的文件类型 | 如输入：搜索"filetype:pdf朋友圈"返回的就是包含朋友圈这个关键词的所有PDF文件 |

 **小知识**

上述技巧使用的时候，要注意应在英文输入状态下输入冒号或者双引号，有些需要空格符有些不需要。

## 2.4.3　中英文献检索

### 1. 利用搜索引擎找论文

网上的一些大型搜索引擎提供了学术论文搜索服务，比如百度学术、谷歌学术等，允许用户直接采用关键词进行搜索，如图 2-29 所示。

单击"引用"将显示已设定好的引用格式，供用户复制粘贴或导入文献管理软件中

单击"免费下载"将弹出文献来源数据库供用户前往下载论文

图2-29　利用百度学术查找论文

### 2. 专业文献检索

学术工作离不开文献检索和阅读，文献就是科研的基础，查阅文献的能力是当代大学生应该着重培养的基本能力之一。文献检索是根据学习和工作的需要获取文献的过程。国外高水平综合性和专业性学术数据库包括 Elsevier、WOS、Scifinder、IEL、Wiley、Springer、EBSCO、EI、Nature、Science、SAGE 等，国内常用学术数据库包括 CNKI、万方、维普、超星等。以图 2-30 所示的 CNKI 中国知网为例，它是一个集期刊、杂志、硕博论文、会议论文、报纸、专利等资源为一体的网络出版平台，日更新文献量达 5 万篇以上。

利用知网可以做许多与学术科研活动有关事情，比如：查看自己研究领域的期刊、硕博论文、会议等中文和外文相关文献；进行论文的查新查重；查询某项先进技术的成果转化情况；申请专利时防止重复申请。

图2-30　CNKI中国知网

## 2.4.4　手机信息检索

随着智能手机的普及，人们在沟通、社交、娱乐等活动中越来越依赖于手机 App 软件（App 是 application 的简称，即应用软件，通常是指 iPhone、安卓、鸿蒙等手机应用软件）。熟练运用手机检索信息、利用信息解决问题的能力是新时代人必须具备的信息素养。

### 1. 出行路线规划

现在手机导航软件功能强大，定位精确，无论是自驾、骑自行车，还是步行，只要出行路线有规划问题，都可以借助导航来解决。下面以手机版百度地图为例，介绍地图导航的使用方法。

【例 2-2】假设您身处南宁市，需从当前位置出发，自驾车去当地机场乘机，飞往广州白云机场，然后乘坐公共交通工具前往华南理工大学出差，请利用百度地图进行导航规划路线。

操作方法如下：
①首先确保手机已经开启卫星定位功能。
②在手机桌面上单击进入百度地图 App，按照图 2-31 所示步骤操作即可。

在导航过程中会有实时语音提示行驶方向和注意事项。需要说明的是，地图中路径的颜色代表了当前的交通情况，绿色表示畅通；黄色表示缓慢通行；红色表示严重拥堵。导航页面底部的"雷达"按钮，主要是动态测试全程的路况变化，驾驶者可以根据动态情况，灵活改变路线，高效率通行。

### 2. 智慧生活

手机已经不仅仅是一个通信工具，更像是一个人生活的一部分，是社交、工作，甚至是情感的寄托媒介。早上出行，有车的需要查询行程路线，没车的需要查公交路线；平时懒得出去吃饭点个外卖凑合一下；购物时习惯网上比比价看哪家价廉物美；空闲时搜索一篇小说打发无聊时间；出门旅行前查询哪个航班的机票最优惠，哪家旅店距离目的地最近……以上种种为人们带来便利的移动端 App，如图 2-32 所示，都离不开信息的检索和分析。

图2-31　使用百度地图App规划路线

7. 根据导航提示，前往起点处"机场南"乘车到达"天河客运站"，步行902米到达目的地

图2-31 使用百度地图App规划路线（续）

（a）美团点外卖

（b）携程买机票

（c）天猫购物

图2-32 各种手机App

邮件写不好，你
怎么进入职场

## 2.5　邮　　件

毕业进入职场后大家会经常收发电子邮件，一封高效得体的工作邮件势必会让沟通事半功倍。尽管大家经常使用电子邮件，然而许多人仍不知道电子邮件的工作原理，以及如何恰当地使用邮件。

### 2.5.1　邮箱的申请和设置

要使用电子邮件，用户须向邮件服务器申请一个用户邮箱，即申请一个电子邮件地址，其格式为：

用户登录名 @ 邮件服务器域名

例如邮箱 myname2020@163.com，表示用户登录名为 myname2020，邮件服务器域名为 163.com，其中，符号 @ 读作"at"，表示"在"的意思。根据邮箱的不同用途可以申请不同类型的电子邮箱。

（1）通过申请域名空间获得的邮箱

一般用于企事业单位，由于经常需要传递一些文件或资料，因此对邮箱的数量、大小和安全性有一定的需求，这种电子邮箱的申请需要支付一定的费用。

（2）个人免费邮箱

普通用户可以通过相关网站申请免费邮箱。目前提供免费电子邮箱的网站很多。以申请网易邮箱为例，只需登录到网易主页 https://www.163.com/，单击提供邮箱申请的超链接 ，单击"注册新账号"，在弹出的如图 2-33 所示的窗口中根据提示信息填写好资料，即可注册申请一个电子邮箱。

图2-33　申请电子邮箱

### 2.5.2　收发邮件

登录邮件服务器的 Web 页面或使用 Foxmail、Outlook 等邮件客户端软件都可以收发电子邮件，书写电子邮件一般要包含如下信息：

① 收件人（TO）：邮件的接收者，相当于收信人。

② 抄送（CC）：用户给收件人发出邮件的同时，把该邮件抄送给另外的人，在这种抄

送方式中，"收件人"知道发件人把该邮件抄送给了另外哪些人。

③密送（BCC）：用户给收件人发出邮件的同时，把该邮件暗中发送给另外的人，但所有"收件人"都不会知道发件人把该邮件发给了哪些人。

④主题（Subject）：即这封邮件的标题。

⑤附件：同邮件一起发送的附加文件或图片资料等。

【例2-3】Aaron 同学通过 QQ 邮箱发一封电子邮件给 Cindy 同学的网易 163 邮箱。

操作方法如下：

①Aaron 同学首先在计算机上登录 QQ，单击 QQ 面板上方的信封图标，打开 QQ 邮箱，在 QQ 邮箱的左上角有写信、收信、通讯录等功能。

②单击"写信"选项，输入 Cindy 同学的邮箱地址、邮件主题和正文内容，如有附件，则单击"添加附件"按钮上传本地文件，然后单击"发送"按钮即可发出邮件，如图 2-34 所示。

图2-34　Aaron同学编辑并发出邮件

③Cindy 同学是如何收取邮件的呢？ Cindy 同学可以登录自己的网易邮箱，选择"收件箱"选项，单击收到的邮件，即可打开邮件浏览内容了。还可根据需要单击"查看附件""回复""转发"等按钮对收到的邮件做进一步处理，如图 2-35 所示。

图2-35　Cindy同学收取邮件

## 2.5.3　邮件工作原理

以例 2-3 为例，Aaron 同学通过 QQ 邮箱发一封电子邮件给 Cindy 同学的网易邮箱，那么这封邮件经过什么样的路径，通过什么样的处理流程才能顺利到达目的地呢？电子邮箱的工作原理如图 2-36 所示。

图2-36　电子邮箱的工作原理

邮件服务器是在 Internet 上用来转发和处理电子邮件的计算机，其中，与用户直接相关的是发送邮件服务器（simple mail transfer protocol，SMTP）与接收邮件服务器（post office protocol，POP3）。

① 发件人 Aaron 的电子邮箱为：xx@QQ.com，写好一封邮件，交到 QQ 的邮件服务器，这一步使用的协议是 SMTP。

② QQ 邮箱会根据 Aaron 发送的邮件进行解析，也就是根据收件地址判断是否是自己管辖的账户，如果收件地址也是 QQ 邮箱，那么会直接存放到自己的存储空间。如果是别家邮箱比如网易 163 邮箱，那么 QQ 邮箱就会将邮件转发到 163 邮箱服务器，转发使用的协议也是 SMTP。

③ 163 邮箱服务器接收到邮件存放到自己的内部存储空间。

④ 当收件人 Cindy 想要查看其邮件时，启动主机上的电子邮件应用软件，通过 POP3 取信协议进程向 163 信箱邮件服务器发出连接请求，要求收取自己的邮件。

⑤ 163 邮箱服务器收到 Cindy 的请求后，会从自己的存储空间中取出邮件，按 POP3 协议的规定传输到 Cindy 主机的电子邮件应用软件，供用户查看和管理。

## 2.5.4　邮件礼仪

很多学生从学校步入社会走上工作岗位后，避免不了在工作上会有邮件往来的情况，在撰写邮件时，应该注意以下礼仪规范：

（1）使用一个专业的邮件地址

如果你为单位工作，则应该使用公司的电子邮件地址。电子邮件地址最好含有你的名字，这样邮件接收者就可以知道是谁发来的邮件。

（2）使用专业的正式称谓

应遵循普通信件书写的礼仪要求，同时邮件用语也要礼貌规范，以示对对方的尊重。

（3）邮件字体应方便他人阅读

建议采用易于阅读的字体，如 Arial、Times New Roman、宋体、黑体等。最好使用 10 或 12 号的黑色字。可以用其他颜色标注重点要阅读的文字。

（4）邮件标题应简明扼要

标题应能真实反映文章的内容和重要性，切忌使用含义不清的标题，如"王先生收"；一定不要空白标题，这是最失礼的。

（5）邮件附件先杀毒再上传

如果正文不是太长，可将发送的内容书写到邮件正文中，避免使用附件发送的方式。这也可在一定程度上减少将病毒传给对方的概率。如果必须带上附件，则应采用杀毒程序扫描文件后再上传附件。

# 2.6 信 息 安 全

信息在人类社会中无处不在，随着科技的不断进步，获取、收集信息的手段不断翻新，分析、识别、处理信息的能力不断增强，越来越多的有价值的信息呈现在人们面前。在这"数据为王"的时代，总是会发生一些数据泄露的事件，让企业和个人都感到了不安。面对这样的现象，如何保证信息的安全？

知道这些，
信息安全
有保障

## 2.6.1 造成信息不安全的因素

造成信息不安全的主要因素有：计算机系统固有的脆弱性、计算机病毒、恶意软件、黑客攻击和管理不当等。

### 1. 计算机系统固有的脆弱性

计算机系统本身存在着一些固有的脆弱性。计算机的硬件系统是一种精密仪器型的电子设备，对运行环境有特定的要求，有的部件抗电磁干扰能力差，有的部件易受灰尘、温度、湿度、振动、冲击等影响，造成系统不能正常工作甚至损坏。操作系统、网络协议、数据库等软件中也有自身设计的缺陷，或者人为因素产生的各种安全漏洞。目前网络操作系统在结构设计和代码设计时，偏重于考虑系统使用时的易用性，导致了系统在远程访问、权限控制和密码管理等许多方面存在安全漏洞。例如，在 Internet 中广泛使用的 TCP/IP 协议，该协议簇在制定之初，就对安全问题考虑不多，协议中有很多的安全漏洞。同样，数据库管理系统也存在数据的安全性、权限管理及远程访问等方面问题，在数据库管理系统或应用程序中，可以预先设置情报收集、受控激发、定时发作等破坏程序。

### 2. 计算机病毒

计算机病毒是指编制或者在计算机程序中插入的破坏计算机功能或者破坏数据，影响计算机使用并且能够自我复制的一组计算机指令或者程序代码。计算机病毒具有传染性、隐蔽性、潜伏性、破坏性、未经授权性等特点，其中最大特点是具有"传染性"。计算机病毒可以侵入计算机的软件系统中，而每个受感染的程序又可能成为一个新的病毒源，继续将病毒传染给其他程序。在网络环境下，计算机病毒传播的速度更快。

你中过"熊猫
烧香"病毒吗

计算机病毒在满足一定条件时，开始干扰计算机的正常工作，搞乱或破坏已有存储信息，甚至引起整个计算机系统不能正常工作。通常计算机病毒都具有很强的隐蔽性，一般用户难以发现。有时某种新的计算机病毒出现后，现有的杀毒软件很难发现并杀除，只有等待病毒库的升级和更新后，才能将其杀除。常见的计算机病毒有系统病毒、蠕虫病毒、木马病毒、宏病毒、网页病毒等。

3. 恶意软件

中国互联网协会 2006 年公布的恶意软件定义为：恶意软件是指在未明确提示用户或未经用户许可的情况下，在用户计算机或其他终端上安装运行，侵害用户合法权益的软件，但不包含我国法律法规规定的计算机病毒。具有表 2-13 所示特征之一的软件可以被认为是恶意软件。

表 2-13　恶意软件的各项特征

| 特　征 | 描　述 |
| --- | --- |
| 强制安装 | 未明确提示用户或未经用户许可，在用户计算机上安装软件的行为 |
| 难以卸载 | 未提供程序的卸载方式，或卸载后仍然有活动程序的行为 |
| 浏览器劫持 | 未经用户许可，修改用户浏览器的相关设置，迫使用户访问特定网站，或导致用户无法正常上网的行为 |
| 广告弹出 | 未经用户许可，利用安装在用户计算机上的软件弹出广告的行为 |
| 垃圾邮件 | 未经用户同意，用于某些产品广告的电子邮件 |
| 恶意收集用户信息 | 未提示用户或未经用户许可，收集用户信息的行为 |
| 其他 | 其他侵害用户软件安装、使用和卸载知情权、选择权的恶意行为 |

4. 黑客攻击

黑客（Hacker）原指热心于计算机技术、寻找各类计算机系统的漏洞并破解各种密码的水平高超的程序设计人员。但到了今天，"黑客"一词已被用于指那些利用系统安全漏洞对网络进行攻击破坏或窃取资料的人。

一般黑客确定了攻击目标后，会先利用相关的网络协议或实用程序进行信息收集、探测并分析目标系统的安全弱点，设法获取攻击目标系统的非法访问权，最后实施攻击，如清除入侵痕迹、窃取信息、毁坏重要数据以致破坏整个网络系统。表 2-14 所示为典型的黑客攻击方法。

表 2-14　典型的黑客攻击方法

| 名　称 | 方　法　解　释 |
| --- | --- |
| 密码破解 | 用字典攻击、假登录程序和密码探测程序等猎取系统或用户的密码文件 |
| IP 嗅探 | 监听所有流经该计算机的信息包，从而截获其他计算机的数据报文或密码 |
| 欺骗 | 将网络中的某台计算机伪装成另一台计算机，欺骗网络中的其他计算机，从而误将伪装者当作原始的计算机而进行通信等操作，获取相关信息 |
| 寻找系统漏洞 | 许多系统都有这样那样的安全漏洞（Bugs），其中某些是操作系统或应用软件本身具有的，这些漏洞在补丁开发出来之前一般很难防御黑客的破坏，还有一些漏洞是由于系统管理员配置错误引起的，这会给黑客带来可乘之机 |
| 端口扫描 | 利用端口扫描软件对目标主机进行端口扫描，查看哪些端口是开放的，再通过这些开放端口发送木马程序到目标主机上，利用木马程序来控制目标主机 |

### 5. 管理不当

相关人员保密观念不强或不懂保密规则，打印、复制机密文件，向无关人员泄露机密信息；或者业务不熟练、因操作失误，导致文件出错或因未遵守操作规程而造成泄密；或者因规章制度不健全而造成人为泄密事故，如网络使用的规章制度不严、对机密文件保管不善、各种文件存放混乱、违章操作等。

## 2.6.2 信息安全防护技术

绝对安全的计算机系统是不存在的，对此应保持清醒正确的认识。完善有效的安全策略在一定程度上可以阻止大部分安全事件发生，并使损失下降到最低程度。建立全面的计算机信息安全机制，可行的做法是制定健全的管理制度和防护技术相结合。

### 1. 物理保护

物理上的保护包括提供符合技术规范要求的使用环境、防灾措施以及安装不间断电源（UPS），限制对硬件的访问等措施。一般要求环境温度不能过高或者过低，也不能过于干燥，以免静电对计算机系统电路和存储设备的损坏；要采取必要的防灾措施，以确保计算机设备的安全性；要使用 UPS 以防止突然的断电给设备造成的损失；要限制对计算机系统的物理接触，如对进入机房的人员进行限制、给系统加锁等。

### 2. 病毒防护

计算机病毒是计算机最大的安全威胁。抵御病毒最有效的办法是安装防病毒软件。及时更新病毒库，同时要及时下载操作系统以及应用软件的安全漏洞补丁包，防止病毒入侵。

### 3. 防火墙

防火墙在内部网络与不安全的外部网络之间构造的保护屏障，用于阻止外界对内部资源的非法访问，防止内部对外部的不安全访问。

### 4. 网络安全隔离

网络安全隔离用于对网络中的单台机器的隔离或整个网络的隔离。

### 5. 安全路由器

安全路由器能提供比普通路由器更多的功能，如防火墙、加密 VPN、带宽管理等。

### 6. 虚拟专用网

虚拟专用网（virtual private network，VPN）是在公共数据网络上，通过采用数据加密技术和访问控制技术，实现两个或多个可信内部网之间的互连。

### 7. 安全服务器

安全服务器主要针对内部网络的信息存储、传输的安全保密问题，实现包括对内部网络资源的管理和控制、对内部网络用户的管理，以及内部网络中所有安全相关事件的审计和跟踪。

### 8. 用户认证产品

用户认证产品用于对用户身份进行有效的识别，如数字签名、指纹、视网膜、脸部特征等身份识别技术。

9. 电子签证机构——CA 和 PKI 产品

电子签证机构（CA）作为通信的第三方，为各种服务提供可信任的认证服务。CA 可向用户发行电子签证证书，为用户提供成员身份验证和密钥管理等功能。公钥基础设施（PKI）产品是建立起一种普遍适用的基础设施，为各种应用提供全面的安全服务，可以提供支持公开密钥管理，支持认证、加密、完整性和可追究性服务等更多的功能和更好的服务，其将成为所有网络应用的计算基础结构的核心部件。

10. 安全管理中心

安全管理中心是一套集中管理各网络安全产品的机制和设备，用来给各网络安全设备分发密钥，监控网络安全设备的运行状态，负责收集网络安全设备的审计信息等。

11. 入侵检测系统和入侵防御系统

入侵检测系统（IDS）用于判断系统是否受到入侵，作为传统保护机制（例如访问控制、身份识别等）的有效补充，形成了信息系统中不可或缺的反馈链。入侵防御系统（IPS）作为 IDS 的进一步补充，是信息安全发展过程中占据重要位置的计算机网络硬件。

12. 安全数据库

安全数据库是指达到安全标记保护级以上安全标准的数据库管理系统，以确保数据库的完整性、可靠性、有效性、机密性、可审计性及存取控制与用户身份识别等。

13. 安全操作系统

安全操作系统是指在自主访问控制、强制访问控制、身份鉴别、审计、数据完整性、隐蔽信道分析、可信路径、可信恢复等方面满足相应的安全技术要求的操作系统，它给网络系统中的关键服务器提供安全运行平台，构成安全网络服务，并作为各类网络安全产品的坚实底座，确保这些安全产品的自身安全。

## 2.6.3　数据加密技术

信息在传输过程中会受到各种安全威胁，如被非法监听、被篡改及被伪造等。对数据信息进行加密，可以有效地提高数据传输的安全性。数据加密的基本思想就是伪装信息，使非法接入者无法理解信息的真正含义，见表 2-15。

表 2-15　数据加密技术常用术语

| 名　称 | 定　义 |
| --- | --- |
| 明文 | 需要传输的原文 |
| 密文 | 对原文加密后的信息 |
| 加密算法 | 将明文加密为密文的变换方法 |
| 密钥 | 是在加密或解密的算法中输入的参数 |

借助加密手段，信息以密文的方式归档存储在计算机中，或通过网络进行传输，即使发生非法截获数据或数据泄漏的事件，非授权者也不能理解数据的真正含义，从而达到信息保密的目的。同理，非授权者也不能伪造有效的密文数据达到篡改信息的目的，进而确保了数据的真实性。信息加密传输的过程如图 2-37 所示。

图2-37 信息加密传输的过程

根据加密和解密使用的密钥是否相同，可将加密技术分为对称加密技术和非对称加密技术。

### 1. 对称加密技术

在对称加密技术中，加密和解密使用相同的密钥。一般采用的算法比较简单，对系统性能的影响较小，因此它主要用于大量数据的加密工作。

按照加密时选取信息方式的不同，可将对称密码算法分为分组密码算法和序列密码算法。分组密码算法先将信息分成若干个等长的分组，然后将每一个分组作为一个整体进行加密。典型的分组密码算法有 DES、IDEA 和 AES 等。而序列密码算法是将信息的每一位进行加密，且大多数情况下算法不公开。

### 2. 非对称加密技术

非对称加密技术采用一对密钥，即公开密钥（简称公钥）和私有密钥（简称私钥）。其中公钥是公开的，任何人都可以获取其他人的公钥，而私钥由密钥所有人保存，公钥与私钥互为加密、解密的密钥。非对称加密算法主要有 Diffie-Hellman、RSA 和 ECC 等。目前，RSA 算法被广泛用于数字签名和保密通信。

非对称加密技术的优点是通信双方不需要交换密钥，缺点是加密和解密速度慢。

## 2.6.4　网络道德与规范

在信息技术日新月异发展的今天，人们无时无刻不在享受着信息技术给人们带来的便利与好处。然而，随着信息技术的深入发展和广泛应用，网络中已出现许多不容回避的道德与法律的问题。当代青年上网时应该遵守哪些网络道德标准呢？

遵守网络道德法规，做文明上网人

首先要加强思想道德修养，自觉按照社会主义道德的原则和要求规范自己的行为，要依法律己，遵守如图 2-38 所示的《全国青少年网络文明公约》。法律禁止的事坚决不做，法律提倡的积极去做。其次，要净化网络语言，坚决抵制网络有害信息和低俗之风，健康合理科学上网。

在充分利用网络提供的历史机遇的同时，应抵御其负面效应。大力进行网络道德建设已刻不容缓。表 2-16 是有关网络道德规范的要求，希望大家遵照执行。

图2-38 《全国青少年网络文明公约》

表 2-16　网络道德规范

| 不要这样做 | 应该这样做 |
| --- | --- |
| 不应该用计算机去伤害他人 | 应该考虑你所编的程序的社会后果 |
| 不应干扰别人的计算机工作 | 应该以深思熟虑和慎重的方式来使用计算机 |
| 不应窥探别人的文件 | 应该为社会和人类作出贡献 |
| 不应用计算机进行偷窃 | 应该要诚实可靠，避免伤害他人 |
| 不应用计算机作伪证 | 应该要公正，并且不采取歧视性行为 |
| 不应盗用别人的智力成果 | 应该尊重包括版权和专利在内的财产权 |
| 不应使用或拷贝没有付钱的软件 | 应该尊重知识产权 |
| 不应未经许可而使用别人的计算机资源 | 应该尊重他人的隐私 |

## 本章小结

　　一个完整的网络系统是由网络硬件和网络软件所组成的。常见的网络硬件有计算机、网卡、网线、路由器、交换机、中继器、网桥等。网络的基本拓扑结构有总线、星状、环状、树状和网状五大类。世界著名的两大网络体系结构是 OSI 参考模型和 TCP/IP 体系结构。接入 TCP/IP 网络中的任何一台计算机，都被指定了唯一的 IP 地址。IP 地址可以和硬件 MAC 地址绑定起来以定位网络上的计算机。域名是为了替代不好记忆的 IP 地址而起的别名，域名需通过域名服务器 DNS 转换为 IP 地址后才能访问对应网站。身处互联网时代，应该要掌握多种信息搜索技巧，提高信息筛选能力；熟练掌握电子邮件的收发方法和邮件礼仪；了解一定的信息安全防护知识，遵守网络道德规范，健康合理科学上网。

## 工匠精神

### 华为5G自主创新的坚韧之路

　　从 21 世纪初的通信行业新星，到 2024 年稳居全球通信设备供应商之首，华为 5G 技术的领导地位日益巩固。据 2024 年全球通信设备市场份额报告，华为以 31.3% 的市场份额，连续五年蝉联榜首，其在全球范围内拥有超过 3000 项 5G 专利。中国信息通信研究院发布《全球 5G 标准必要专利及标准提案研究报告（2023 年）》显示，华为 5G 标准必要专利全球排名第一。

　　华为对 5G 技术的探索始于 2009 年，正值全球

2023年全球5G标准必要专利前十名占比

通信行业正处在从 3G 向 4G 过渡的关键期。华为敏锐地洞察到未来通信技术的发展趋势，即更高速率、更低延迟，于是，华为投入巨资研发 5G 技术。

然而，华为的 5G 之路并非一帆风顺。自 2018 年起，华为在全球范围内遭遇了一系列压力。美国政府以国家安全为由，对华为实施了一系列制裁和禁令，包括禁止美国企业向华为出售关键零部件，将华为列入"实体清单"，以及在全球范围内施压盟友，限制华为参与 5G 网络建设。这些举措对华为的全球业务造成了重大影响。2018 年 12 月，澳大利亚政府公开宣布禁止华为参与其 5G 网络建设，成为首个公开宣布此类禁令的西方国家。2019 年，华为的海外销售收入下降了 20%，而华为在美国的市场份额几乎归零。2020 年，英国政府宣布将华为排除出 5G 网络的核心部分，这一决策对华为在英国的市场前景造成了重大打击。

面对前所未有的挑战，华为展现出了强大的韧性和创新能力。加大了在芯片、操作系统、云服务等领域的投入，力求实现供应链的安全和自主。在操作系统领域，2019 年华为发布了自研的鸿蒙操作系统（HarmonyOS），主要用于手机、平板、智能手表等设备，这是华为在操作系统领域的重大突破，也是对美国制裁的一种有力回应。2021 年华为面向数字基础设施发布了开源操作系统欧拉（openEuler），主要用于服务器、云平台等场景。

此外，华为还加大了对云计算、AI、物联网等新兴领域的投入，以实现业务的多元化和增长点的转换，尤其在汽车产业的应用取得了显著成效，特别是在智能驾驶和车联网领域。华为与国内多家汽车制造商展开合作，通过 5G 网络的高速传输，智能驾驶系统在复杂路况下的反应时间缩短了 30%，显著提升了行车安全。同时，5G 技术还支持车辆与基础设施、其他车辆的实时通信，实现了交通流的优化，减少了城市交通拥堵。在车联网方面，华为 5G 技术让车辆成为移动的数字中心，为乘客提供了无缝的互联网体验。例如，乘客在车内可以通过 5G 网络高速下载电影，或进行高清视频会议，享受与家庭或办公室相同的网络速度。此外，5G 技术还支持车辆健康监测，能够提前预警潜在的机械故障，为车主提供及时的维修建议。2022 年 11 月，华为云发布"1+3+M+N"的全球汽车产业云基础设施布局，加速汽车产业智能化和网联化。同时华为云与多家汽车产业客户及伙伴发起《共创自动驾驶开放产业链行动》倡议，共同构筑具有全球竞争力的开放创新生态。

2023 年 8 月 29 日，华为 Mate 60 系列"突袭"上市，搭载自研麒麟 9000S 芯片，尽管官方没有明确说是 5G 手机，但其网络速度表现已达到了 5G 的下载水平，宣告了美国对华为 5G 芯片封锁的失败。更令人瞩目的是，它还融入了卫星通信功能，实现了前所未有的通信边界拓展。彭博社与美国科技分析机构 TechInsight 开展联合调查，通过后者对华为 Mate 60 Pro 智能手机的深度拆解与检测，得出了一项引人注目的结论：该设备所搭载的芯片，确系中国本土芯片产业的产物。彭博新闻社在其报道中感叹道："中国在构建本土芯片生态系统方面正展现出显著的进展。"这是对华为及中国芯片产业的一次重要肯定，它表明中国在面对全球科技竞争和供应链挑战时，正通过持续的创新与投资，逐步构建起一个更加独立、自主的科技生态，是中国科技自立自强战略的又一例证，预示着中国在高科技领域正稳步迈向新的高度。

在 5G 领域，华为展现出了强大的市场开拓能力。尽管在部分国家和地区遭遇了限制，但华为依然在全球范围内获得了超过 120 份 5G 商用合同，覆盖了欧洲、亚太、中东等地区。华为的 5G 设备和服务，以其卓越的性能、合理的价格、快速的部署等优点，赢得了全球运营商和用户的广泛认可。华为 5G 的自主创新之路，是一条充满挑战和机遇的坚韧之旅，也是一次科技自强的胜利篇章，反映了中国科技产业在全球竞争中逐步增强的自给自足能力，以及对供应链安全的重视。

# 第 3 章　Python 程序设计入门

内容提要

◎ Python 语言的基本语法
◎ 数据的表示
◎ 基本 I/O 语句
◎ 程序控制结构
◎ 函数的运用
◎ 文件的读写

　　程序设计是培养计算思维能力的一种重要而有效的手段，通过对程序设计知识的学习和实践，使读者能够充分理解在程序控制下的计算机基本运行流程，对计算机处理问题的"思维"有更明确的认识。本章将从基础和实践两个层面深入浅出地引导读者学习 Python 这门编程语言。从 Python 安装和 Hello world 程序谈起，依次介绍 Python 开发环境、基础语法与编码风格，再通过 turtle 模块画图的实例，快速带领读者进入编程状态，进而掌握 Python 语言的基本语法，学会三种基本程序控制结构、函数声明和调用以及文件的读 / 写操作等知识。

## 3.1　Python 语言简介

　　Python 是一种面向对象的、解释型的编程语言。据 2023 年 TIOBE 编程语言排行榜统计，Python 全球使用率位居榜首，遥遥领先于 C、C++、Java 等其他对手。Python 语言是一种跨平台的语言，所编写程序无须修改就可以在 Windows、Linux、UNIX、Mac 等主流操作系统上使用。许多操作系统中，Python 已经是标准的系统组件之一，比如 Linux、Mac 操作系统均自带 Python 的解释环境，可以直接运行 Python 程序。

　　Python 具有丰富和强大的库。由于能够把用其他语言制作的各种模块（尤其是 C/C++）很轻松地连接在一起，它常被昵称为胶水语言。Python 目前已成为人工智能领域最佳编程语言之一，它含有优质的文档、丰富的 AI 库、机器学习库、自然语言和文本处理库。尤其是 Python 中的机器学习库，实现了人工智能领域中大量的需求。

　　Python 具有易学、易用、应用广等特点。它在科学计算上的优势使其成为美国麻省理工学院（MIT）、斯坦福大学（Stanford）等世界名校计算机程序设计的必修课程。

　　易学：Python 语言最初创建的主要目标之一就是便于学习使用。它的语法规则简洁，更接近自然语言，使人们不需要前继知识就可以快速进行编程的学习，同时，Python 还专门提供了一些辅助学习的功能，比如它自带的 turtle（海龟）模块就是一个专门用作教学目的的模块，通过 turtle 模块可以把一些简单的动画放在一起来制作小游戏。

易用：Python 是一种代表简单主义思想的语言，用它可以快速地写出简单有效的程序；而阅读一个良好的 Python 程序就感觉像是在读英语一样，使你能够专注于解决问题而不是去纠结语言本身。Python 跟 C、C++、Java 等编程语言相比，可以用较少的代码，写出实现同样功能的程序。

应用广：从脚本到 Web 开发，科学计算、嵌入应用、大数据、云计算、人工智能，Python 几乎无所不能。世界上最大的视频网站 YouTube 就是用 Python 语言开发的，3D 动画制作软件 Maya 通过嵌入 Python 来制作特效，著名的 ERP 软件 OpenERP 也全部是用 Python 来制作。Python 还被 Google 云计算平台、Google App Engine 奉为首选的云计算语言，百度·易云办公平台也全部由 Python 语言实现。

### 3.1.1　安装 Python

Python 的集成编程环境可以在 Windows、Mac、Linux、Ubuntu 等多种操作系统上运行。Python 从 2008 年 12 月发布的 3.0 版本开始，有意采取了与以前版本不兼容的方式对语言进行了很多卓越的改进。但是选择版本，有时候并非越新越好，有些第三方库不一定支持最新版本的 Python，因此建议初学者下载 3.0 以上，已稳定运行一年以上的成熟版本。

安装 Python

Python 的安装很简单，可登录 Python 官方网站 www.python.org，从 Downloads 菜单下找到对应操作系统的安装程序版本进行下载安装。安装后，从 Windows "开始" 菜单找到 Python 选项，如图 3-1 所示；选择其中的 IDLE 即可进入 Python 的编程与调试环境，如图 3-2 所示。

图3-1　从"开始"菜单找到Python选项

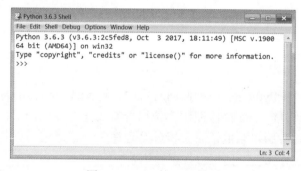

图3-2　Python的IDLE界面

### 3.1.2　Hello world 程序

通常新手入门学编程语言的第一个简单小程序是 "Hello world 程序"，即在计算机屏幕上输出 "Hello world!" 这行字符串的计算机程序。下面通过 "Hello world" 程序例子，学习如何建立 Python 程序文件和调试程序。

Hello World
程序的编写

【例 3-1】建立一个 Python 程序文件并调试运行，功能是在屏幕上显示 "Hello world!"。

① 选择 "开始" → "所有程序" → "Python 3.x" → "IDLE" 命令，打开 "Python 3.x Shell" 窗口。

② 选择菜单中的 "File" → "New File" 命令新建一个程序窗口。

③ 在新建的程序窗口中输入图 3-3 所示的程序代码。

④ 选择 "File" → "Save" 命令，保存为 C:\hello.py 文件（Python 要求在调试运行程序前先保存程序文件）。

⑤ 在 "Python 3.6.5 Shell" 窗口中选择 "Run" → "Run Module" 命令（或按【F5】键）调试运行，浏览程序运行结果，如图 3-4 所示。

如果有出错提示或运行结果不符设想，则可对相应程序代码进行适当修改并重新调试。

图3-3　在程序窗口中输入程序代码

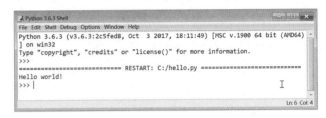

图3-4　运行程序显示 "Hello world"

【程序分析与说明】

print() 是 Python 语言中向屏幕打印输出的命令函数，其输出的文本内容需用英文单引号或双引号括起来。

Python 程序文件的默认扩展名为 .py。在安装了 Python 语言解释器的计算机上，可以直接双击运行 Python 程序文件，例如双击 hello.py 文件，此时，会看到一个短暂出现又马上消失的黑色窗口，这是因为 Python 命令行控制台启动后马上执行完程序就立即退出了。为了避免此状况，可右击 hello.py，在弹出的快捷菜单中选择 "Edit With IDLE" 命令来打开它并调试运行，或者通过已打开的 Python IDLE 中的 "File" → "Open" 命令去打开 hello.py 并运行它。

上述例子是先建立 .py 程序文件，然后运行文件。需要指出的是，Python 提供了交互式运行方式，对于代码简单的小程序，也可直接在 IDLE 的 Shell 中解释运行，无须建立 .py 程序文件，如图 3-5 所示，直接在 ">>>" 后输入 print("Hello world!")，按回车键即可出现运行结果。

### 3.1.3　Python 的开发环境

不论是在 Windows、Linux 还是 Mac 操作系统环境中开发 Python，其开发方式和逻辑都是相通的。在此以 Windows 操作系统环境为例，介绍三种常用的 Python 开发环境。

Python 开发环境介绍

#### 1. 利用 Python 自带的集成开发环境 IDLE

每个程序设计语言都有一个供开发者编写程序、调试程序的界面，称为集成开发环境（integrated development environment，IDE），Python 的 IDLE 就是 Python 的集成开发环境，也被称为 Python Shell。IDLE 提供了一个交互环境，可以直接在其中输入 Python 命令进行快捷的数据处理，也可以在 IDLE 中看到程序的运行结果或错误提示。

IDLE 的运行界面如图 3-6 所示，其中 ">>>" 是 Python 的提示符，在此提示符后输入的程序代码可以实现交互式开发，直接执行 Python 代码。

图3-5　直接在Shell中解释运行

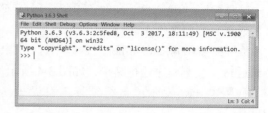

图3-6　Python IDLE的运行界面

在 IDLE 中能够输入一般的数学表达式直接进行简单的数学计算。

【例 3-2】在 IDLE 中进行数学计算。

```
>>> 3*6+4/2
20.0
>>> x=5
>>> 7*x-x**2-x
5
>>> r=3
>>> print(' 半径为 r 的圆周长 :',2*3.14*r)
半径为 r 的圆周长 :18.84
```

【程序分析与说明】

Python 有一定的语法规则，当违反规则时将出现错误提示。可以按【Alt+P】组合键重复输入上一条指令，修改错误语句后再调试运行。

【例 3-3】命令使用错误，IDLE 给出语法出错的提示。

```
>>> print 'Hello Python!'
SyntaxError: Missing parentheses in call to'print'. Did you mean print('Hello Python!')?
```

在上述案例中，IDLE 并没有显示出 "Hello Python!" 的结果，而是出现红色字体的错误提示（不同 Python 版本的错误提示文字略有不同），其中的 SyntaxError 是指语法出错，是程序调试时经常遇到的错误提示。此时，可根据提示信息，对相应的程序代码进行适当修改并重新运行，直到正确为止，这个过程就称为程序调试。

2. 利用 Windows 的命令提示符 cmd

为了能直接在 cmd 中使用 Python 命令，建议先设置环境变量，把 Python 的安装目录（例如 C:\Python36）添加到 Path 系统变量中，添加步骤如图 3-7 所示。

设置环境变量后，在"开始"菜单的搜索框中输入 cmd 命令，再按【Enter】键，即可启动 cmd.exe，输入 Python，进入 Python 环境（此时会出现 ">>>" 符号），就可以输入 Python 代码了。当输入 quit() 函数时可退出 Python 回到 cmd 环境。如果要执行 Python 程序（如 C:\hello.py），则可直接在 cmd 中输入 Python C:\hello.py，执行 py 文件，如图 3-8 所示。

3. 使用各种代码编辑器编写 py 文件

俗话说工欲善其事必先利其器。选择一款强大的 Python 编程工具，能帮助开发者加快速度、提高效率。常见的 Python 开发环境有 Notepad++、PyCharm、Sublime 和 Spyder 等。图 3-9 所示为 PyCharm 的开发界面。

图3-7　设置Python环境变量

图3-8　通过cmd使用Python

图3-9　PyCharm界面

## 3.1.4　Python 基础语法与编码风格

任何一门编程语言都有一定的语法和语义规范，要掌握一门语言就必须先学习其最基本的语法和语义规范。

### 1. Python 的缩进

要求严格的代码缩进是 Python 语法的一大特色，就像 C 语言家族（C、C++、C# 等）中的花括号一样重要。对 Python 解释器而言，每行代码前的缩进都有语法和逻辑上的意义，必须严格执行。代码块用缩进块的方式体现，不同缩进深度分隔不同的代码块。建议缩进四个空格宽度，避免使用制表符。

### 2. Python 中的注释

注释可以起到一个备注的作用，程序在运行时会自动忽略注释的内容。团队合作的时候，个人编写的代码经常会被多人调用，为了让别人能更容易理解代码的用途，使用注释是非常有效的。Python 中的注释有多种，有单行注释和多行注释。单行注释以 # 开头；多行注释用三个单引号 ''' 或者三个双引号 """ 将注释括起来。

【例 3-4】注释的使用。

```
'''
这是一个猜心小游戏
程序中设定一个自己最喜欢的数字（0 ~ 9），
用户运行程序时输入猜测的数字，根据用户是否猜对给出对应的提示。
'''
MyNum=9                              # 设定自己喜欢的数字
n=input('你猜我最喜欢 0 ~ 9 的哪个数字：')
n=int(n)
if n==MyNum:                         # 判断两个数是否相等，即是否猜中
    print('你真是我的知音啊！')
else:                                # 猜不中的情况
    print('唉，相识遍天下，知心能几人？')
print('游戏结束')
```

3. 【Alt+P】组合键

在 IDLE 提示符 ">>>" 下，可以按【Alt+P】组合键来重复输入上一条指令，这个操作能方便程序员在 IDLE 中对错误语句进行修改和重复调试，每按一次【Alt+P】组合键可以调出前一次的输入指令。

4. 空行和分行

空行并不是 Python 语法的一部分。空行的作用在于分隔两段不同功能或含义的代码，便于日后代码的维护或重构。书写时不插入空行，Python 解释器运行也不会出错。可以在函数之间或类的方法之间用空行分隔，表示一段新的代码的开始。类和函数入口之间也用一行空行分隔，以突出函数入口的开始。

"\\" 是继续上一行，将过长语句分开。";" 分号分隔，可使一行中包含多条语句。

【例 3-5】分行的用法。

```
>>> print('天涯有个朋友, \
心就会飞翔；心中 \
有个希望, 笑就会清爽！')
天涯有个朋友, 心就会飞翔；心中有个希望, 笑就会清爽！
>>> print('你好！');print('朋友')
你好！
朋友
```

5. Python 的字符编码

默认情况下，Python 3 源码文件以 UTF-8 编码，所有字符串都是 Unicode 字符串。当然也可以为源码文件指定不同的编码。为此，可在文件头插入一行特殊的注释行来定义源文件的编码：如：# -*- coding: cp-1252 -*-，表示采用 cp-1252 编码。

6. PEP8 编码规范

对于代码而言，相比于写，它更多是被用来读的。统一且设计良好的代码规范，是一种优良的编程习惯。针对 Python 的开发有一套编码风格标准，称为 PEP8（Python Enhancement Proposal #8），这个标准旨在使 Python 代码更易读，且具有更强的协调性。下面罗列其中一些常见的规则：

- 缩进：建议 4 个空格的缩进，不使用【Tab】键，更不提倡混合使用【Tab】键和空格。
- 代码长度：每行最大长度 79，换行可以使用反斜杠。
- 不要在一句 import 中导入多个库，比如 import os, sys 的写法不推荐。
- 避免不必要的空格。各种逗号、冒号、分号、右括号前不要加空格；函数和序列的左括号前不要加空格，如 Func(1) 和 list[2]；函数默认参数使用的赋值符左右省略空格。
- 错误的注释不如没有注释。所以当一段代码发生变化时，第一件事就是要修改注释！
- 尽量不要将多句语句写在同一行，尽管允许使用 "；"。
- if/for/while 语句中，如果执行语句只有一句，也尽量另起一行。

### 7. PEP8 命名规范

一个正确的命名可以让用户更容易地理解程序的代码，好的命名可以消除二义性，消除误解，并且说明真实的意图。所以遵守命名规范、保持代码的一致性很重要。PEP8 列出了许多关于命名的细节，以下罗列常见的部分规范：

- Python 是区分大小写的，尽量避免单独使用大写字母 "I"、小写字母 "l"、字母 "O" 等容易和数字 0 和 1 混淆的字母。
- 普通变量命名尽量全部用小写字母，全局变量尽量全部用大写字母，单词之间用下划线分隔。
- 模块和包的命名尽量短小，使用全部小写的方式，可以使用下划线。
- 类的方法第一个参数必须是 self，而静态方法第一个参数必须是 cls。
- 类的命名使用 CapWords 的方式（每个单词首字母大写）；模块内部使用的类采用 _CapWords 的方式。
- 异常命名使用 CapWords+Error 后缀的方式。
- 全局变量尽量只在模块内有效，类似 C 语言中的 static。实现方法有两种，一是 __all__ 机制；二是前缀一个下划线。
- 函数命名、类的属性（方法和变量）命名尽量使用全部小写的方式，可以使用下划线。

## 3.1.5　用 turtle 模块画图

下面将在 IDLE 交互环境下，尝试用 Python 自带的 turtle 作图模块来画出一些简单的图形，以此对计算机如何接受编程语言的命令，并执行该命令完成指定任务的过程有直观的认识。

turtle 模块本身设计的主要目的就是用于教学，是 Python 语言中一个很流行的绘制图像的函数库。想象一下，在一个横轴为 x、纵轴为 y 的坐标系，一个小海龟从原点 (0,0) 位置开始，根据一组函数指令的控制，在这个平面坐标系中移动，并在它爬行的路径上绘制了图形。导入 turtle 模块全部函数的语句为：

```
>>> from turtle import *
```

注意：Python 语言的语法是大小写敏感的，即严格区分所使用的命令、变量名、模块名等的大小写。因此，如果上述导入 turtle 模块的 import 语句写成：From turtle Import *，Python 将无法识别并给出错误提示。

turtle 模块包含了一系列用来进行简单绘图的函数，常见函数见表 3-1。turtle 模块更多函数和功能可参阅第 4 章。这些函数也可以看成是实现某个功能的命令。

表 3-1　turtle 模块常用函数

| 函　数 | 功 能 说 明 | 使 用 示 例 |
|---|---|---|
| forward(N) | 画笔沿当前方向前进 N 个像素 | forward(220) |
| left(N) | 将画笔方向左转 N 度 | left(90) |
| right(N) | 将画笔方向右转 N 度 | right(90) |
| up() | 提起画笔 | up() |
| down() | 使画笔向下 | down() |
| clear() | 清除画布图案（画笔的位置和方向不变） | clear() |
| reset() | 重置画布（画笔回到默认初始状态） | reset() |
| circle(N) | 画一个半径为 N 像素的圆 | circle(100) |
| color(R,G,B) | 按包含红色（Red）、绿色（Green）、蓝色（Blue）的量设置画笔颜色，其中 R、G、B 的值为 0 ~ 1 之间的小数或整数 | color(1,0.7,0.3) |
| begin_fill() | 开始填色，到 end_fill() 处为止 | begin_fill() |
| end_fill() | 结束填色，从 begin_fill() 处开始 | end_fill() |

【例 3-6】使用 turtle 模块画一个正方形。

```
from turtle import*        # 导入 turtle 模块中的全部函数
forward(200)               # 向前画 200 像素
left(90)                   # 画笔方向左转 90°，注意观察此时画笔箭头的方向变化
forward(200)
left(90)
forward(200)
left(90)
forward(200)
```

【程序分析与说明】

① 运行程序后，屏幕上会新增加一个画布窗口。画布中央的箭头符号➤代表了画笔及当前画笔的方向，而这就是 Python 中那只会画画的海龟（turtle）。

② 逐条完成以上指令后，将得到如图 3-10 所示的正方形。

turtle 的画笔模仿实际运笔作画，在作画过程中，可以通过使用 up() 函数将画笔提起，此时移动画笔将不会画出线条；通过使用 down() 函数将画笔向下，此时移动画笔则可画出线条，画笔向下的状态也是系统默认的画笔初始状态。

【例 3-7】使用 turtle 模块画出两条平行线和一个有色圆。

```
from turtle import *
forward(200)
up()                      # 将画笔提起以便移动画笔时不画出线条
left(90)
forward(50)               # 将画笔移动距线条 50 像素的距离准备画第二条线
left(90)
down()                    # 使画笔向下准备画线
forward(200)
up()
forward(100)
color(1,0.7,0.3)          # 通过设置 R、G、B 颜色的量来设置画笔颜色为黄色
begin_fill()              # 从此语句以下的作图命令将按指定的颜色进行填色
```

```
circle(50)                    # 画一个半径为 50 像素的圆
end_fill()                    # 完成对 begin_fill() 以下语句的填色
```

【程序分析与说明】

逐条完成以上指令后，将得到图 3-11 所示的图形。

turtle 模块功能非常丰富，提供大量作图相关的函数。

图3-10　用turtle模块画正方形

图3-11　用Python turtle模块画平行线

##  3.2　程序中数据的表示

计算机程序可以处理各种数据，不同的数据需要定义不同的数据类型。Python 支持整型、浮点型、布尔型、字符型等多种数据类型，还提供了列表、元组、字典、集合等结构数据类型，并允许创建自定义数据类型。Python 内置的 type() 函数可以用来查询对象的数据类型。

### 3.2.1　常量和变量

编程中涉及的数据在程序中以常量或变量的形式出现，有的数据是在程序运行过程中一直保持不变的，这类数据称为常量；而有的数据则可能根据程序的运行而发生变化，这类数据就称为变量。

#### 1. 常量

实际上，Python 不像其他大部分编程语言那样有专门定义常量的规则，若在程序中想使用一个不变的数据，只需直接在程序代码中写出这个数据即可，如前面画正方形的例子中线段的长度。

在 Python 程序中常见的两类常量分别是具体的数字和明确的文字，一般称前者为数值常量，后者则称为字符串常量。

【例 3-8】在 IDLE 中练习数值常量和字符串常量的使用。

```
>>>print(50*3)
150                           # 表达式计算结果
>>>print (2>3)
False                         # 比较运算结果
>>>not((1>2 or 2<3) and 4==5)
```

```
True                                    # 逻辑运算结果
>>>print('游戏结束！'*3)
游戏结束！游戏结束！游戏结束！              # 重复输出 3 次字符串常量
>>>print('重要的事情说三遍：'+'游戏结束！'*3)
重要的事情说三遍：游戏结束！游戏结束！游戏结束！
```

### 2. 变量

与直接使用固定的常量相比，变量是编程中用得更多的数据表示方式。

每个变量都要有一个名字，称为变量名。Python 规定变量名可由字母（可以是汉字）、数字或下划线组成，但是不能由数字开头，变量名中也不能包含空格。在严谨的程序设计中，一般建议给变量命名时应见名知义。另外，Python 语言自身用到的一些单词被称为关键字，如 if、for、while 等，用户不能以这些关键字作为自定义变量的变量名。

定义变量的标准语句：

变量名 = 常量或另一变量名

这个定义变量的过程，也称为给这个变量赋值。在其他大部分程序设计语言中，变量是有类型的，变量的值和输入长度等都会在定义变量后有一定的限制，而 Python 则没有这些规定，这使得变量在程序中使用起来更加自由。

【例 3-9】在 IDLE 中练习变量的定义和使用。

```
>>>prompt='我的计算机成绩：'
>>>score=80
>>>score+=5                          # 相当于 score=score+5
>>>print(score)
85                                   # 输出 score 这个变量的值
>>>print(prompt,score,'，成绩良好')    # 先后输出两个变量和一个字符串常量，中间用逗号分隔
我的计算机成绩：85，成绩良好
```

【程序分析与说明】

对于字符串变量，还可以通过下面的方法引用字符串中的一个字符：

```
变量名[n]
```

其中，n 为要引用的字符在该字符串变量中的位置序号。需要注意的是，Python 中字符串变量的第一个字符的位置序号是从 0 开始的。以上对字符串变量的语法规则描述同样也适用于后续讲解的列表、元组等序列型变量。

【例 3-10】在 IDLE 中练习字符串变量中单个字符的引用。

```
>>>str01='abcdef'
>>>print(str01[3])
d
>>>print(str01[1:3])              # 取出字符串索引 1~3 的内容（顾头不顾尾，不包含索引 3 的对象）
bc
>>>print(str01[:2],str01[4:])     # [:2] 表示从头元素到 2 元素之前，[4:] 表示从 4 元素到尾元素
ab ef
```

【程序分析与说明】

变量的使用使程序具有更大的灵活性和可维护性。例如，前面画正方形的例子中，用了常量来规定正方形每条边的长度，如果需要画其他大小的正方形，就必须对程序中每处

有关边长的语句进行修改。程序修改复杂度较大，而且还容易出现错漏。如果用变量来定义此程序中正方形的边长，则可以很好地解决这个问题。

【例 3-11】修改例 3-6 画正方形的程序，将正方形边长和角度改为用变量定义。

```
from turtle import *
length=200              # 定义边长的变量
angle=90                # 定义角度的变量
forward(length)
left(angle)
forward(length)
left(angle)
forward(length)
left(angle)
forward(length)
```

【程序分析与说明】

当需要画不同边长的正方形时，只需要修改程序中 length 的值即可。修改 angle 的值可画出不同的几何形状。

## 3.2.2　整型、浮点型和布尔型

在 Python 中，整型、浮点型、布尔型是能够直接处理的数据类型。

### 1. 整型（int）

在不超出当前机器所支持的数值范围的前提下，Python 可以处理任意大小的整数，当然包括负整数。在 Python 程序中，整数的表示方法和数学上的写法一样，例如：1，100，–8080，0。

整型有以下四种进制表现形式，各进制数间的转换函数见表 3-2。

- 二进制：以 '0b' 开头。例如，'0b11011' 表示十进制的 27。
- 八进制：以 '0o' 开头。例如，'0o33' 表示十进制的 27。
- 十进制：正常表示。
- 十六进制：以 '0x' 开头。例如，'0x1b' 表示十进制的 27。

表 3-2　各进制数间的转换函数

| 函　数 | 功 能 说 明 |
|---|---|
| bin(i) | 将 i 转换为二进制，以 "0b" 开头 |
| oct(i) | 将 i 转换为八进制，以 "0o" 开头 |
| int(i) | 将 i 转换为十进制，正常显示 |
| hex(i) | 转 i 转换为十六进制，以 "0x" 开头 |

通过转换函数可描述不同进制形式的数值，例如：>>>print (hex(0b11001)) 表示输出二进制数 11001 的十六进制形式，输出结果为 0x19。

### 2. 浮点型（float）

浮点数也就是小数，可以用数学写法，如 1.23、3.14、–9.01。但是对于很大或很小的浮点数，就必须用科学计数法表示，把 10 用 e 替代，$1.23 \times 10^9$ 就是 1.23e9，或者 12.3e8，0.000012 可以写成 1.2e–5。

整数和浮点数在计算机内部存储的方式是不同的，整数运算是精确的，而浮点数运算则可能会有四舍五入的误差。

### 3. 布尔型（bool）

在 Python 3 中，可以直接用 True、False 表示布尔值（请注意大小写），也可以通过布尔运算计算出来。在 Python 中，可以用 and、or 和 not 进行逻辑运算，也可以进行数值型运算，在进行数值运算时，True=1，False=0。例如：>>>print(5+(3>2 and 2>1)) 的输出结果为 6。

所有标准对象均可用于布尔测试，同类型的对象之间可以比较大小。每个对象天生具有布尔 True 或 False 值。下列对象的布尔值是 False：

None；False；0（整型），0.0（浮点型）；0L（长整型）；0.0+0.0j（复数）；""（空字符串）；[]（空列表）；()（空元组）；{}（空字典）。

值不为上述值的对象的布尔值都是 True。

## 3.2.3 字符串型（str）

在 3.1.2 节的第一个 Python 程序 "Hello world!" 中就已经使用过一次字符串。字符串主要用于存储和表示文本，由纯英文的单引号、双引号、三个单引号或三个双引号包围的一串字符组成。字符串型在 Python 中是能够直接处理的数据类型。字符串中的字符包括数字、字母、中文字符、特殊符号，以及换行符、制表符等一些不可见的控制字符。例如：

'abc'、'123'、" 大学生 "、"' 开始 GO'"、"""abc*123"""、' 上一段 \n 下一段 '

### 1. 转义字符的使用

Python 中字符串是由 " 或者 "" 括起来的。如果所表示的字符串中含有引号，那怎么办呢？需要换行怎么办？此种情况可以使用转义字符。

【例 3-12】使用转义字符输出单引号和换行符。

```
>>> print(' 他问 :' 能借支笔吗 ?' 我答 :' 没问题 '')
SyntaxError: invalid character in identifier
>>> print(' 他问 :\' 能借支笔吗 ?\'\n 我答 :\' 没问题 \'')
他问 :' 能借支笔吗 ?'
我答 :' 没问题 '
```

【程序分析与说明】

上述语句中，\' 表示单引号，\n 表示换行。在 Python 中使用反斜杠（\）表示转义字符。常见的转义字符见表 3-3。

表 3-3　常见的转义字符

| 转义字符 | 描 述 | 转义字符 | 描 述 |
|---|---|---|---|
| \(在行尾时) | 续行符 | \n | 换行 |
| \\ | 反斜杠符号 | \v | 纵向制表符 |
| \' | 单引号 | \t | 横向制表符 |
| \" | 双引号 | \r | 回车 |
| \a | 响铃 | \f | 换页 |
| \b | 退格（Backspace） | \yyy | yyy是某字符的八进制ASCII码值，例如：\012代表换行 |
| \000 | 空 | \xyy | yy是某字符的十六进制ASCII码值，例如：\x0a代表换行 |

有时并不想让转义字符生效，只想显示字符串原来的意思，这就要用 r 或 R 来定义原

始字符串。如：

```
>>> print (r' 上文 \n 下文 ')
上文 \n 下文
```

### 2. 字符串的运算和切片

字符串可以连接、重复输出，也可以进行切片（slice）操作。切片是指从某个序列对象中抽取部分值的情况，如抽取字符串中指定的子串或者某个字符。例如 'abc'[1] 取出的值为 'b'。表 3-4 描述了部分字符串的运算和切片操作，表中假设 a='Hello'，b='Python'。

表 3-4　字符串的运算和切片

| 操作符或函数名 | 描　　述 | 实　　例 |
|---|---|---|
| + | 字符串连接 | a＋b 输出结果：HelloPython |
| * | 重复输出字符串 | a*2 输出结果：HelloHello |
| [] | 通过索引获取字符串中字符 | a[1] 输出结果 e |
| [ : ] | 截取字符串中的一部分 | a[1:4] 输出结果 ell |
| in | 成员运算符，如果字符串中包含给定的字符则返回True | 'H' in a 输出结果True |
| not in | 成员运算符，如果字符串中不包含给定的字符则返回 True | 'M' not in a 输出结果True |
| len(a) | 求字符变量 a 的长度（即字符个数） | len(b)输出结果6 |
| r/R | 原始字符串，所有的字符串都是直接按照字面的意思来使用 | print( r'\n' )<br>print( R'\n' ) |
| str.center(width, fillchar) | 返回一个指定的宽度 width 居中的字符串，fillchar 为填充的字符，默认为空格 | >>> a.center(9,'*')<br>'**Hello**' |
| str.join(seq) | 可以连接字符串、元组和列表，但要求列表或元组元素是字符串。如果seq是字符串，则以指定str字符串作为分隔符，将 seq 中所有的字符串元素合并为一个新的字符串 | >>> a.join('大学生')<br>'大Hello学Hello生'<br>>>> list01=['2030','10','1']<br>>>> print('-'.join(list01))<br>2030-10-1 |
| str.split(str="", num=string.count(str)) | str 表示分隔符，默认为所有的空字符，包括空格、换行(\n)、制表符(\t)等。<br>num 表示分割次数。默认为 -1，即分隔所有 | >>> c='1 2 3 4'<br>>>> print(c.split())<br>['1', '2', '3', '4']<br>>>> s='a,b,c,d,e'<br>>>> print(s.split(',',2))<br>['a', 'b', 'c,d,e'] |
| str.splitlines([keepends]) | 按照行('\r', '\r\n', \n)分隔，返回一个包含各行作为元素的列表，如果参数 keepends 为 False，不包含换行符，如果为 True，则保留换行符 | >>> s = '111\n\n222\r333\r\n'<br>>>> s.splitlines()<br>['111', '', '222', '333'] |
| str.replace(old, new [, max]) | 将字符串中的 old 替换成 new，如果 max 指定，则替换不超过 max 次。 | >>> s='abcdefgabcab'<br>>>> s.replace('ab','AB')<br>'ABcdefgABcAB' |

借助切片技术，可以十分灵活地处理序列类型的对象。理论上，只要条件表达式得当，可以通过单次或多次切片操作实现任意目标值切取。

### 3. 字符串判断

在网络注册个人信息时，常遇到账户和密码需指定字符类型的提醒。有的只能输入字母类型，有的不支持输入中文字符等，这些措施虽然烦琐但都是出于安全和保密需要。Python 中提供了一些针对字符串进行判断的方法，方便程序员编程设计使用，例如判断指定字符串是否只包含数字。

```
>>>print('123abc'.isdigit())
False
```

编程时，通过字符串判断得出的布尔值可引导程序选择不同的执行路径。字符串判断的其他相关函数功能说明见表 3-5。

表 3-5　字符串的判断

| 函　数　名 | 描　　述 |
| --- | --- |
| isalnum() | 如果字符串至少有一个字符并且所有字符都是字母或数字则返回 True，否则返回 False |
| isalpha() | 如果字符串至少有一个字符并且所有字符都是字母则返回 True，否则返回 False |
| isdigit() | 如果字符串只包含数字则返回 True 否则返回 False |
| islower() | 如果字符串中包含至少一个区分大小写的字符，并且所有这些（区分大小写的）字符都是小写，则返回 True，否则返回 False |
| isnumeric() | 如果字符串中只包含数字字符，则返回 True，否则返回 False |
| isspace() | 如果字符串中只包含空格，则返回 True，否则返回 False |
| isupper() | 如果字符串中包含至少一个区分大小写的字符，并且所有这些（区分大小写的）字符都是大写，则返回 True，否则返回 False |
| isdecimal() | 检查字符串是否只包含十进制字符，如果是返回 true，否则返回 false |
| find(str, beg=0, end=len(string)) | 检测 str 是否包含在字符串中，如果指定范围 beg 和 end，则检查是否包含在指定范围内，如果包含返回开始的索引值，否则返回−1 |
| index(str, beg=0, end=len(string)) | 跟find()方法一样，只不过如果str不在字符串中会报一个异常 |

### 4. 字符串大小写转换

Python 提供了多种函数实现将字符串转换为小写、大写字符串、将字符串首字母变为大写、将每个首字母变为大写以及大小写互换等，这些方法都是生成新字符串，并不对原字符串做任何修改，部分函数功能说明见表 3-6。例如转换字符串中的小写字母为大写。

```
>>>print('123abc'.upper())
123ABC
```

表 3-6　字符串大小写转换

| 函　数　名 | 描　　述 |
| --- | --- |
| capitalize() | 将字符串的第一个字符转换为大写 |
| lower() | 转换字符串中所有大写字符为小写 |
| upper() | 转换字符串中的小写字母为大写 |
| swapcase() | 将字符串中大写转换为小写，小写转换为大写 |

### 5. 字符串类型转换

编程中经常需要对变量进行数据类型的转化。而 Python 的变量不像其他编程语言那样需有变量类型的事先声明。若 Python 中的一个变量初始定义时赋值为某个类型数据，之后在程序运行中，可根据需要再赋值为其他类型的数据。不同类型的数据可以进行的运算是不同的。如数值型数据可以进行除法操作，字符型数据则不可以。Python 中数据类型转换与数据处理常用的函数见表 3-7。

表 3-7　Python 数据类型转换常用函数

| 符　号 | 功　能 | 使 用 示 例 |
|---|---|---|
| int(s) | 将字符变量s转换成整数；如果s实数值型，则执行取整操作 | s='10'　n=int(s)<br>s=10.8　int(s)输出结果为10 |
| float(s) | 将字符变量s转换成浮点数（含小数） | s='10.3'　float(s)+2输出结果为12.3 |
| str(n) | 将数字变量n转换成字符串 | n=25　s=str(n) |
| eval(str) | 计算在字符串中的有效表达式并返回结果 | eval("12+23")输出结果为35 |
| tuple(s) | 将序列 s 转换为一个元组 | s='abc'　tuple(s)输出结果为('a', 'b', 'c') |
| list(s) | 将序列 s 转换为一个列表 | s='abc'　list(s)输出结果为['a', 'b', 'c'] |
| set(s) | 转换为可变集合 | s='abc'　set(s)输出结果为{'a', 'b', 'c'} |
| map(int,s) | 将序列s转换为整数型。map也可应用于其他类型转换 | >>> list(map(int,'1234'))<br>[1, 2, 3, 4]<br>>>> list(map(str,[1,2,3]))<br>['1', '2', '3']<br>>>> tuple(map(int,[1.6,2.1,0.3]))<br>(1, 2, 0) |

### 3.2.4　列表（list）

在编程进行数据处理时，有时候需要处理一组相关的数据，比如一个班所有同学的成绩单、商店所有销售商品的名称和价格等，如果只用普通的变量来存储和处理这些数据，会使程序编写起来非常困难和复杂。此时可使用 Python 的列表结构简化处理。列表中可以存储各种数据元素，包括数字、字符串，或者是数字与字符串的混合列表。

Python 创建一个列表的标准语法有如下两种方式：

① 定义列表时，初始化列表：

列表变量＝[ 列表元素 0, 列表元素 1, 列表元素 2, …, 列表元素 N ]

例如：

```
>>>list1=[' 电视机 ',' 电冰箱 ',' 空调 ',' 洗衣机 ']
>>>list2=[' 语文 ',80,' 数学 ',90]
```

② 定义空列表，留待以后添加元素：

列表变量＝[]

例如：

```
>>>list2=[]
```

列表中的每个元素都有个序号，代表了元素在列表中的位置，称之为索引位置。在对列表数据进行处理时，就可以像下面这样去引用列表中的元素：

列表变量 [N]

例如：

```
>>>list1[1]
```

需要特别注意的是，列表元素的序号是从 0 开始编号的。列表的第一个元素的序号是 0，第二个元素的序号是 1，依此类推。列表元素的序号也可以是逆序，即最后一个元素的序号是 -1，倒数第二个元素的序号是 -2，依次类推。

【例 3-13】列表的定义、引用与更新。

```
>>>list01=['高数','英语','计算机','体育']   # 定义一个名为 list01 的列表
>>>print(list01[2])                        # 输出 list01 列表中索引位置为 2 的那个元素
计算机
>>>list01[1]='心理学'                       # 可以随时通过赋值语句改变列表元素的值
>>>print(list01)                           # 输出整个列表
['高数','心理学','计算机','体育']
```

【程序分析与说明】

如果程序中需要一次引用列表中的多个连续的元素，可以使用下面的语法来实现：

```
列表变量[起始索引位置：终止索引位置+1]
```

其中，"终止索引位置+1"这个规则与其他编程语言有较大区别，使用的时候要特别注意，具体理解可参见例 3-14。

【例 3-14】引用列表多个元素举例。

```
>>>list01=['高数','英语','计算机','体育']
>>>print(list01[1:2])           # 输出列表中索引位置 1 开始,2 之前的列表元素
['英语']
>>>print(list01[1:3])           # 输出列表中索引位置 1 开始,3 之前的两个元素
['英语','计算机']
>>>print(list01[:2])            # 输出列表中索引位置 0 开始,2 之前元素
['高数','英语']
```

【程序分析与说明】

在实际应用中，可能需要对事先定义好的列表进行一系列操作，如列表元素的增减、两个列表连接等。Python 提供了 append、insert、remove、pop 等多种方法，使用的语法见下例。

【例 3-15】在 IDLE 中进行列表元素增减、列表相加等操作举例。

```
>>>list1=['高数','英语','计算机','体育']
>>>list1.append('美术')         # 在列表末尾增加元素,使用列表的 append 方法
>>>print(list1)
['高数','英语','计算机','体育','美术']
>>>list1.insert(2,'物理')       # 用 insert 方法在列表指定的索引位置插入元素
>>>print(list1)
['高数','英语','物理','计算机','体育','美术']
>>>del list1[3]                 # 用 del 命令删除列表中指定的元素
>>>print(list1)
['高数','英语','物理','体育','美术']
>>>list2=['政治','心理学']
>>>list3=list1+list2            # 两个列表相加就是把两个列表的元素合并生成新列表
>>>print(list3)
['高数','英语','物理','体育','美术','政治','心理学']
>>>list4=list2*3                # 列表乘以一个数字 n,就是把该列表的值重复 n 次
>>>print(list4)
['政治','心理学','政治','心理学','政治','心理学']
```

```
>>> list4.remove('政治')              #删除指定元素，如有多个，则仅删除第一个
>>> list4
['心理学', '政治', '心理学', '政治', '心理学']
>>> list4.pop() #删除最后一个列表元素'心理学'
>>> list4
['心理学', '政治', '心理学', '政治']
>>> list5=list('acdbe')              #将字符串转换为列表
>>> print(list5)
['a', 'c', 'd', 'b', 'e']
>>> list5.sort()                     #列表排序
>>> print(list5)
['a', 'b', 'c', 'd', 'e']
```

### 3.2.5　元组（tuple）

Python 的元组与列表类似，不同之处在于元组的元素不能修改。表达形式上，元组使用小括号，列表使用方括号。元组的不可变性，使元组能做列表不能完成的事情，例如，元组可作为字典的键。

**1. 创建元组**

元组创建很简单，只需要在括号中添加元素，并使用逗号隔开即可。当元组中只包含一个元素时，需要在元素后面添加逗号，否则括号会被当作运算符使用。

【例 3-16】元组创建举例。

```
>>>tup1=('初中', '高中', 1997, 2000)
>>>tup2=(1, 2, 3, 4, 5 )
>>>tup3=("a", "b", "c", "d")
>>>tup4=()                #创建空元组
>>>tup5=(50,)             #只包含一个元素时，需要在元素后面添加逗号
>>>tup6=tuple('1234')#生成新元组('1', '2', '3', '4')
```

**2. 访问元组**

元组与列表类似，下标索引从 0 开始，可以进行截取、组合等。可以使用下标索引来访问元组中的值。

【例 3-17】元组访问举例。

```
>>>tup1=('初中', '高中', 1997, 2000)
>>>tup2=(1, 2, 3, 4, 5, 6, 7 )
>>>print("tup1[0]: ", tup1[0])
tup1[0]: 初中
>>>print ("tup2[1:5]: ", tup2[1:5])
tup2[1:5]:(2, 3, 4, 5)
```

**3. 其他操作**

元组中的元素值是不允许修改的，但可以对元组进行连接生成新元组，如例 3-18。

【例 3-18】元组连接举例。

```
>>>tup1=(12, 34.56)
>>>tup2=('abc', 'xyz')
>>>tup1[0]=100              # 此处修改元组元素操作是非法的，出现错误提示
```

```
Traceback (most recent call last):
    File "<pyshell#9>", line 1, in <module>
        tup1[0]=100
TypeError: 'tuple' object does not support item assignment
>>>tup3=tup1+tup2          # 创建一个新的元组
>>>print(tup3)
 (12, 34.56, 'abc', 'xyz')
```

【程序分析与说明】

元组中的元素值是不允许删除的，但可以使用 del 语句来删除整个元组，如下实例：

```
>>>tup01=(False, 'a', 5)
>>>del tup01
```

由于元组和列表非常相似，用在列表上的所有操作几乎都可以不变地用在元组上。例如连接操作、重复操作、成员关系操作、使用标准内置函数操作等的做法与列表相同，只有一点，有改变元组元素企图的操作是不可行的。

### 3.2.6  字典（dict）

字典是键值对的无序集合，所谓键值对是指字典中的每个元素由键和值两部分组成，键是关键字，值是与关键字有关的数据。通过键可以找到与其有关的值，反过来不行，不能通过值找键。

在 Python 中，字典的定义是：在一对花括弧 { } 之间添加 0 个或多个元素，元素之间用逗号（,）分隔；元素是键值对，键与值之间用冒号（：）分隔；键必须是不可变对象，键在字典中必须是唯一的，值可以是不可变对象或可变对象。

#### 1. 创建字典

值可以取任何数据类型，但键必须是不可变的数据类型，如字符串、数值或元组。整个字典包括在花括号 {} 中，格式为：

```
d={key1:value1,key2:value2}
```

【例 3-19】字典创建举例。

```
>>>d1={}    # 空字典
>>>d2={' 苹果 ': '20元 ', ' 西瓜 ': '30元 ', ' 樱桃 ': '50元'}
>>>d3={'abc': 456, 98.6: 37}
>>>d4={'a': 12, 'b': 34, 'c': 56, 'a': 78}
>>>print(d4)
{'a': 78, 'b': 34, 'c': 56}
```

【程序分析与说明】

在字典 d4 中，由于键具有唯一性，当系统遇到两个 'a' 键时，后面的键值 78 取代了前面的 12。

#### 2. 字典基本操作

（1）访问字典里的值

【例 3-20】字典访问举例。

```
>>>dict01={'Name': 'Mary', 'Age': 7, 'Class': 'First'}
>>>print ("Name 对应的值为 :", dict01['Name'])
```

```
Name 对应的值为： Mary
```

（2）更新字典

【例 3-21】更新字典举例。

```
>>>dict01={'Name': 'Mary', 'Age': 7, 'Class': 'First'}
>>>dict01['Age']=8                    # 更新 Age
>>>dict01['School']=" 第二小学 "        # 添加信息
>>>del dict01['Name']                 # 删除键 'Name'
>>>print(dict01)
{'Age':8,'Class':'First','School':' 第二小学 '}
>>>dict01.clear()                     # 清空字典
```

（3）元组转字典

【例 3-22】元组转字典举例。

```
>>>t=(('a',1),('b',2),('c',3))    # 定义有三个元素的嵌套元组 t，每个元素也是子元组
>>>d=dict(t)                      # 元组转字典
>>>type(d)
<class 'dict'>
>>>print(d)
{'a': 1, 'b': 2, 'c': 3}
```

## 3.2.7　集合（set）

集合由一组无序排列的元素组成，集合的创建方法与字典类似，可以用一对花括号 {} 来创建集合。需要注意的是，集合中不允许重复元素的出现，因此使用集合可以很方便地消除重复元素。

### 1. 创建集合

可以用一对花括号 {} 来创建集合，也可以使用 set() 函数创建集合。语法：

```
集合变量 = { 集合元素 0，集合元素 1，集合元素 2，……，集合元素 n }
```

注意：创建一个空集合必须用 set() 而不是 {}，因为 {} 是用来创建一个空字典。

【例 3-23】创建集合举例。

```
>>>s1={'a','b','b','a',1,2,3,1,4,}
>>>print(s1)
{1, 2, 3, 4, 'a', 'b'}
>>>list1=[' 红 ',' 绿 ',' 蓝 ',' 黄 ',' 黑 ',' 绿 ',' 蓝 ']
>>>s2=set(list1)                    # 列表转集合，并去除重复元素
>>>print(s2)
{' 红 ',' 黄 ',' 蓝 ',' 绿 ',' 黑 '}
>>>s3=set('hello')                  # 字符串转集合，并去除重复字符
>>>print(s3)
{'h', 'o', 'l', 'e'}
>>>s4=set()                         # 创建空集合
>>>print(s4)
set()
```

【程序分析与说明】

由于集合是无序的，所以程序的运行结果中元素的位置是随机的，与创建的顺序是无关的。事实上，集合的每次打印输出所呈现的元素顺序都可能不同。

## 2. 添加和删除集合元素

【例 3-24】添加和删除集合元素举例。

```
>>>s={1,2,3,'a','b'}
>>>s.add(4)                              # 添加集合元素
>>>print(s)
{1, 2, 3, 4, 'a', 'b'}
>>>m={'c','d'}
>>>s.update(m)                           # 添加子集合
>>>print(s)
{1, 2, 3, 4, 'a', 'c', 'd', 'b'}
>>>s.remove(1)                           # 删除指定集合元素
>>>print(s)
{2, 3, 4, 'a', 'c', 'd', 'b'}
```

## 3. 集合运算

【例 3-25】集合运算举例。

```
>>>a={1,2,3,4,5,6,7,8}
>>>b={0,2,4,6,8,10,12}
>>>a-b                         # 求差集，即集合 a 中包含而集合 b 中不包含的元素
{1, 3, 5, 7}
>>>a|b                         # 求并集，即集合 a 或 b 中包含的所有元素
{0, 1, 2, 3, 4, 5, 6, 7, 8, 10, 12}
>>>a&b                         # 求交集，即集合 a 和 b 中都包含了的元素
{8, 2, 4, 6}
>>>a^b                         # 求对称差集，即不同时包含于 a 和 b 的元素
{0, 1, 3, 5, 7, 10, 12}
```

# 3.3 基本 I/O 语句

I/O 是 Input/Output 的缩写，即输入 / 输出接口。I/O 语句是一个程序设计语言最基本的编程语句。本节重点介绍 Python 内置的输入函数 input() 和输出函数 print()。

## 3.3.1 输入函数 input ()

在许多应用中，需要处理的数据是由用户从键盘输入的，这时，程序中就要有能接收用户键盘输入的功能，这就要用到 Python 专门用来接收键盘输入的函数 input()。该函数的语法为：

```
input(' 输入提示字符串 ')
```

input() 函数运行时，通过"输入提示字符串"给用户明确的输入提示，并等待接收用户输入直到用户按下【Enter】键为止。需要注意的是，input() 函数对于用户从键盘输入的任何数据都看成是一个字符串。

【例 3-26】在 IDLE 中使用 input() 函数接收用户输入。

```
>>>n=input(' 请输入一个整数 :')     # 将键盘接收到的信息保存到变量 n 中
请输入一个整数 :
```

【程序分析与说明】

此例中，如果按要求输入一个整数 10，实际上 n 这个变量存储的是字符串 '10'，而不

是数字 10，因为 input() 函数将所有用户输入均按字符串处理。

当需要对键盘接收到的数据进行数学计算或引用时，需将 input() 接收到的由阿拉伯数字组成的字符串通过 int() 函数或其他函数转换为数值。例如：

```
>>>n=input('请输入一个整数:')
请输入一个整数:5
>>>n=int(n)                    # 字符串通过 int() 函数转换为数值
>>>print(n+6)
11
```

## 3.3.2　输出函数 print()

print() 函数是 Python 3.x 版本的数据输出形式。语句格式：

```
print(对象1,对象2,……,sep="",end="\n",file=sys.stdout,flush=False)
```

【说明】

各项参数说明见表 3-8。当参数省略时，默认分隔符为空格，结束标志为换行，输出目标是控制台，如：

```
>>>print(1,2,3,end='OK',sep='##')
1##2##3OK
```

表 3-8　print() 函数参数说明

| 参　数 | 说　明 | 使 用 示 例 |
|---|---|---|
| 对象1, 对象2,…… | 输出多个对象时需要用逗号分隔 | a1="aaa"<br>a2="bbb"<br>print(a1,a2,end="")<br>print(a2,a1)<br>print(a1,end="hello\n")<br>print(a1,a2,sep="hello",end="hello")<br>程序运行结果：<br>aaa bbbbbb aaa<br>aaahello<br>aaahellobbbhello |
| sep=" " | 指定分隔符，省略时为空格 | |
| end=" " | 输出结束时补充该参数所指定的字符串，省略时为换行符 | |
| file=sys.stdout | 定义流输出的文件，默认为标准的系统输出sys.stdout，可以重定义为别的文件 | #新建一个对象newfile，对应的是new.txt文件，属性可写<br>newfile=open("new.txt","w")<br>#输出参数file指向该对象，不能指向txt文本文件<br>print("Python,",end="hello\n",file=newfile)<br>newfile.close() #关闭打开的文件<br>程序运行结果：<br>在new.txt文本中成功写入字符串Python,hello |
| flush=False | 是否立即把内容输出到流文件，不需要缓存，默认为False，True表示强制清除缓存 | |

## 3.3.3　eval() 函数

eval() 是 Python 的一个内置函数，作用是返回传入字符串的表达式的结果。

### 1. 简单表达式

```
>>> print('2+3 的计算结果是：',eval('2+3'))
```

```
2+3 的计算结果是： 5
>>> n=15
>>> eval("n + 4")
19
```

#### 2. 用于字符串类型转换

eval() 函数中用于转换的字符串的格式必须符合目标对象，如列表、元组、字典等格式，才能进行转换。

```
>>> a="[1,2,3,4]"
>>> print(eval(a))                          # 字符串转换为列表
[1, 2, 3, 4]
>>> print(eval("(1,2,3,4)"))                # 字符串转换为元组
(1, 2, 3, 4)
>>> print(eval("{'name':' 小红 ','age':20}"))   # 字符串转换为字典
{'name': ' 小红 ', 'age': 20}
```

### 3.3.4　格式符 % 的使用

Python 支持格式化字符串（简称格式串）的输出。其最基本的用法是将一个值插入到一个有字符串格式化操作符 % 的字符串中，其语法为：

```
'% 字符 '%exp
```

格式串中既可以包含普通字符，也可以包含字符串格式符。不同类型的对象采用不同的格式。各种字符串格式符定义见表 3-9。

表 3-9　字符串格式符定义

| 符　号 | 功　　能 | 符　号 | 功　　能 |
|---|---|---|---|
| %s | 输出字符串 | %E | 作用同%e，用科学计数法格式化浮点数 |
| %u | 格式化无符号整型 | %d | 输出整数 |
| %o | 格式化无符号八进制数 | %f | 输出浮点数 |
| %x | 格式化无符号十六进制数（小写） | %10s，%10d，%10f | 指定10位占位宽度 |
| %X | 格式化无符号十六进制数（大写） | %10.3f | 指定小数位数3位，占位宽度10位 |
| %e | 用科学计数法格式化浮点数 | %-10s，%-10.3f | 负号表示左对齐 |

【例 3-27】占位符 %s、%f、%d、%e 的使用。

```
>>>score=85
>>>message=' 我的计算机成绩是 %s 分 '  # 在字符串变量中加入占位符 %s
>>>print(message %score)            # 用 score 变量的值代替 message 变量中占位符的值
我的计算机成绩是 85 分
>>>print('%f'%1,'%s'%2,'%e'%300,sep='#')
1.000000#2#3.000000e+02
>>>print(' 前两季度销售额分别为 %8d%12d, 增长 %10.2f' %(12345678,87654321,16.1234))
前两季度销售额分别为 12345678    87654321, 增长     16.12
```

注意：如果要插入的项有多个，则必须通过元组的形式进行指定。

### 3.3.5　format() 的使用

尽管格式符 % 在 Python 2.x 中使用广泛，但 Python 3.x 更提倡使用 format() 函数以取

代 % 格式符。因为 str.format() 拥有更多的功能，操作起来更加方便，可读性也更强。基本语法是通过 {} 和 : 来代替以前的 %。下面通过具体例子描述 format() 的使用方法。

### 1. 按位置使用

```
>>> n=2
>>> m=3
>>> input(' 请输入第 {} 排左起第 {} 位学生的姓名 :'.format(n,m))
 请输入第 2 排左起第 3 位学生的姓名 :
>>>print("{} {}".format("hello", "Python"))        # 不设置指定位置，按默认顺序
hello Python
>>> print("{0} {1}".format("hello", "Python"))   # 设置指定位置，从 0 开始编位置
hello Python
>>> print("{1} {0} {1}".format("hello", " Python "))   # 设置指定位置
Python hello Python
```

### 2. 通过关键字参数使用

```
>>> print(' 我是 {name},{age} 岁 '.format(age=18,name=' 小明 '))
我是小明,18 岁
```

### 3. 通过索引号或字典的键使用

```
>>> mylist=[' 一季度 ',20]
>>> print(' 今年 {list[0]},销售额环比增长 {list[1]} 万 '.format(list=mylist))
今年一季度 , 销售额环比增长 20 万
>>> faming=[" 造纸术 "," 指南针 "," 火药 "," 印刷术 "]
>>> guocui=[" 中国武术 "," 中国医学 "," 中国书法 "," 中国京剧 "]
>>> print('{0[3]}, 我国四大发明之一 ;{1[1]}, 我国四大国粹之一 .format(faming,guocui))
印刷术 , 我国四大发明之一 ; 中国医学 , 我国四大国粹之一
>>> topclass={'name':' 姚期智院士 ','class01':' 姚班 ','class02':' 智班 '}
>>> print(' 清华大学 {name} 开办了 {class01} 和 {class02}'.format(**topclass))
清华大学姚期智院士开办了姚班和智班
```

说明：**topclass 前面的两个星号表示对字典进行拆包操作。

### 4. 数字格式化

```
>>> print('{:,}'.format(1234567890))            # 以逗号分隔的数字格式
1,234,567,890
>>> print('{:.3%}'.format(123.45678))        # 保留小数点后 3 位的百分比格式
12345.678%
>>> print('{:.2f}'.format(3.1415926))      # f 表示浮点格式，2 表示小数位数
3.14
>>> print('{:.4e}'.format(123.45678))      # e 表示指数形式的浮点格式
1.2346e+02
```

表 3-10 展示了 str.format() 格式化数字的多种方法。

表 3-10　format() 格式化数字的方法

| 数　字 | 格　式 | 输　出 | 描　述 |
|---|---|---|---|
| 3.1415926 | {:.2f} | 3.14 | 保留小数点后两位 |
| 3.1415926 | {:+.2f} | +3.14 | 带符号保留小数点后两位 |
| −1 | {:+.2f} | −1.00 | 带符号保留小数点后两位 |

续表

| 数　字 | 格　式 | 输　出 | 描　述 |
|---|---|---|---|
| 2.71828 | {:.0f} | 3 | 不带小数 |
| 5 | {:0>2d} | 05 | 数字补零（填充左边，宽度为2） |
| 5 | {:x<4d} | 5xxx | 数字补x（填充右边，宽度为4） |
| 10 | {:x<4d} | 10xx | 数字补x（填充右边，宽度为4） |
| 1000000 | {:,} | 1,000,000 | 以逗号分隔的数字格式 |
| 0.25 | {:.2%} | 25.00% | 百分比格式 |
| 1000000000 | {:.2e} | 1.00e+09 | 指数记法 |
| 13 | {:>10d} | 13 | 右对齐（默认，宽度为10） |
| 13 | {:<10d} | 13 | 左对齐（宽度为10） |
| 13 | {:^10d} | 13 | 中间对齐（宽度为10） |
| 11 | '{:b}'.format(11)<br>'{:d}'.format(11)<br>'{:o}'.format(11)<br>'{:x}'.format(11)<br>'{:#x}'.format(11)<br>'{:#X}'.format(11) | 1011<br>11<br>13<br>b<br>0xb<br>0XB | b、d、o、x 分别表示二进制、十进制、八进制、十六进制 |

表3-10说明：

①　^、<、>分别是居中、左对齐、右对齐，后面带宽度，：号后面带填充的字符，只能是一个字符，不指定则默认是用空格填充。

②　+表示在正数前显示+，负数前显示−；（空格）表示在正数前加空格。

#  3.4　Python 程序控制结构

　　程序控制结构是指以某种顺序执行的一系列动作，用于解决某个问题。理论和实践证明，无论多复杂的算法均可通过顺序、选择、循环三种基本控制结构构造出来。每种结构仅有一个入口和出口。由这三种基本结构组成的多层嵌套程序称为结构化程序。

　　顺序结构就是指按语句出现的先后顺序执行的程序结构，是结构化程序中最简单的结构，如图 3-12 所示。现实世界中这种顺序处理的情况是非常普遍的，例如我们接受学校教育一般都是先上小学，再上中学，后上大学；又如我们烧菜一般都是先热油锅，再将蔬菜入锅翻炒，再加盐加佐料，最后装盘。

图3-12　顺序结构执行流程

## 3.4.1　选择结构

　　在程序中常常需要根据一些条件去决定让程序执行哪些操作，这可以使用选择结构（或分支结构）。程序中的选择结构常用 if 条件语句去实现。

分支结构

　　1. 简单 if 语句

　　if 语句通过判断条件表达式是否成立，决定是否执行相应的操作。简单 if 语句的语法结构如下：

```
if 条件表达式:
    语句块
```

图3-13  简单if语句的执行
流程

【说明】

当条件表达式成立（称为"真"，True）时，执行语句块，否则，即条件表达式不成立（称为"假"，False），跳过该语句块。程序执行流程如图 3-13 所示。

if 语句中的条件表达式是由变量、常量、比较运算符或逻辑运算符组成，形式如 a>5、性别 ==' 男 ' 等。Python 条件表达式中常用的比较运算符和逻辑运算符见表 3-11。

表 3-11  表达式常用运算符

| 符 号 | 功 能 | 使 用 示 例 |
|---|---|---|
| ==、!= | 判断两个值是否相等 | if a==b: |
| >、<、>=、<= | 判断两个值的大小 | if a>b: |
| and、or 、not | 逻辑与、或、非 | if a>60 and a<80: |
| +、-、*、/ | 四则运算加、减、乘、除 | if a+5==2*b-1: |
| % | 取模运算，返回两者相除的余数 | print(8%3)输出2 |
| ** | 幂赋值运算 | print(2**3) 输出8 |
| // | 整除运算，向下取整 | print(7//2) 输出3<br>print(-7//2) 输出-4 |
| =、%=、 /=、 //=、 -=、<br>+=、 *=、 **= | 赋值运算，a+=1相当于a=a+1 | a,b=5,6 #同时对a和b赋值<br>a%=3 #相当于a=a%3 |
| in | 成员运算 | if a in [1,2,3]: |
| is | 身份运算符，判断两个标识符是否引用自同一个存储单元 | a is b,类似id(a) == id(b)，如果引用的是同一个对象则返回True |
| &、\|、~ | 按位运算与、或、非 | 0b1011&0b0011输出3<br>0b1011\|0b0011输出11<br>~0b1011输出-12 |
| <<、>> | 按位进行左移、右移运算 | 0b0011<<2输出12<br>0b0011>>2输出0 |

Python 的语句块是指连续执行的多行代码，与其他编程语言普遍采用的诸如 { } 等符号将语句块明确括起来不同，Python 是用代码的缩进来划分语句块的，同一语句块的代码缩进空格数必须是相同的。程序中的缩进空格数可以通过输入同样数目的空格来生成（Python 推荐 4 个纯英文半角空格）。Python 的 IDLE 交互窗口和程序窗口，会自动根据输入的程序代码给出默认的代码缩进格式。

【例 3-28】编写猜心小游戏：程序中设定两个自己喜欢的数字（0 ~ 9），用户运行程序时输入猜测的数字，如果猜对了，程序就给出现相应提示。

```
MyNum1=9                              # 设定第一个自己喜欢的数字
MyNum2=5                              # 设定第二个自己喜欢的数字
n=input('你猜我喜欢 0 ~ 9 的哪个数字 ?:')
n=int(n)
if (n==MyNum1) or (n==MyNum2):        # 两个条件中有一个为真，表达式就成立
    print('你真是我的知音啊 !')
print('游戏结束 ')
```

【程序分析与说明】

上述程序的 if 条件语句中，逻辑运算符 or 两边的条件表达式可以省略括号，但加了括号能使这行程序更明确更易读。编写程序时，易读性也是需要考虑的一个问题。

在这个例子的代码中，如果 if 语句的语句块缩进不合理将会导致程序出错，例如 if 语句块程序代码输入情况如下：

```
if (n==MyNum1) or (n==MyNum2):
print('你真是我的知音啊！')
```

【说明】

调试运行时，Python 会给出图 3-14 所示的错误提示。

### 2. if...else 语句

上面的猜心游戏程序中，如果用户没有猜对在程序中设置的数字，程序就直接提示"游戏结束"并退出，这并不是一个友好的结果。对于没有猜对的情况，应该给出提示。类似这样的问题，可以用 if...else 语句去实现。

if...else 语句的语法结构如下：

图3-14　因代码缩进错误而出现的代码块错误提示

```
if 条件表达式：
    语句块 1
else：
    语句块 2
```

当 if 语句的条件表达式成立时，程序执行语句块 1，否则执行语句块 2，其程序执行流程图如图 3-15 所示。

 小知识

Python 允许一行语句实现 if...else，例如语句 max_n=a if a>b else b，表示若 a > b，则 max_n = a，否则 max_n = b。语句简单精练但可读性不强且有局限性。

【例 3-29】改进的猜心小游戏：程序中设定一个自己最喜欢的数字（0 ~ 9），用户运行程序时输入猜测的数字，根据用户是否猜对给出对应的提示。

```
MyNum1=9
MyNum2=5
n=input('你猜我喜欢 0 ~ 9 的哪个数字？:')
n=int(n)
if(n==MyNum1) or (n==MyNum2):
    print('你真是我的知音啊！')
else:
    print('唉，相识遍天下，知心能几人？')
print('游戏结束')
```

【程序分析与说明】

上面这个改进的猜心小游戏，使用户可以根据提示明白自己是否猜对，这使程序的逻辑显得更严谨更周密，且提供了良好的用户体验。

### 3. if...elif 语句

以上 if 语句的例子都是只需要判断一个条件表达式，而在处理复杂的实际问题时，可能会有多个条件要逐一判断，这可以用 if...elif 语句去实现。

if...elif 语句的语法结构如下：

```
if 条件表达式1:
    语句块1
elif 条件表达式2:
    语句块2
...
elif 条件表达式N:
    语句块N
else:
    语句块N+1
```

if...elif 语句结构的意思：当条件表达式 1 成立时，程序执行语句块 1，否则，判断条件表达式 2 是否成立，如果成立则执行语句块 2，否则继续按此往下判断后面的条件表达式，如果条件表达式都不为真，则执行 else 后的语句块。其程序执行流程图如图 3-16 所示。

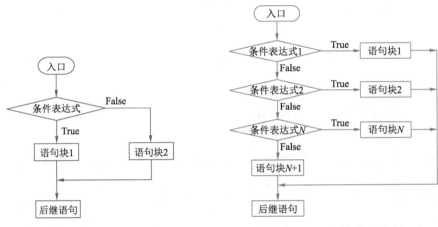

图3-15　if...else语句执行流程　　　图3-16　if...elif语句执行流程

【例 3-30】编写一个成绩分级程序：输入一个整数成绩，按以下规则输出该成绩的相应等级：90 分以上（含 90，下同）为"优秀"，80 ~ 89 分为"良好"，70 ~ 79 分为"中等"，60 ~ 69 分为"及格"，60 分以下为"不及格"。

```
score=input('请输入你的成绩:')
score=int(score)                  # 将 input() 函数接收到的文本字符转为整数
if score>=90:
    print('你的成绩等级为:优秀')
elif score>=80:                   # 程序能执行到这里，说明成绩小于90
    print('你的成绩等级为:良好')
elif score>=70:                   # 程序能执行到这里，说明成绩小于80
    print('你的成绩等级为:中等')
elif score>=60:                   # 程序能执行到这里，说明成绩小于70
    print('你的成绩等级为:及格')
else:
    print('你的成绩等级为:不及格')
```

【程序分析与说明】

从此例的程序可以看出，看起来有些复杂的问题，只要用正确的逻辑和正确的语句设计程序流程，就可以很简单地解决问题。另外，在输入像上面那样有点复杂的程序代码时，要注意语句缩进的控制。

### 3.4.2 循环结构

在处理数据时，常遇到有很多操作需要重复进行，这时就需要用到循环语句。程序中的循环结构常用来重复运行一行或多行代码，直到重复执行循环的条件不成立为止。循环语句的执行流程如图 3-17 所示。

程序执行循环操作时一般有两种情况：一种是循环次数事先是确定的；另一种情况则是事先并不知道或不需要关注循环要执行多少次。据此，图 3-17 中判断"循环条件为真？"的循环语句就有两种：for 循环和 while 循环。

图3-17 循环语句执行流程

注意：在 Python 中没有 do...while 循环。

1. for 循环

for 循环主要用于执行循环语句块前已经确定循环执行次数的情况，其语法结构如下：

```
for 循环变量 in range(起始值,结束值)或序列：
    循环语句块
```

【说明】

其中的"循环变量"其实是一个普通的变量，用于遍历任何序列中的每一个元素。序列可以是列表、元组或者字符串等。for 循环语法结构的意义：开始循环时，循环变量被赋予range 函数指定的起始值（或序列的第一个元素），每循环一次循环变量的值自动加 1（或被赋予序列的下一个元素），直到循环变量的值遇到结束值（或序列的最后一个元素）为止，结束循环。

【例 3-31】在 IDLE 中进行 for 循环练习，理解 for 循环的语法意义。

```
for i in range(1,6):
    print('test %s' %i)
```

程序运行结果：

```
test 1
test 2
test 3
test 4
test 5
```

注意：上例循环结束之后的 i 值为 5，而不是 6。因为 range(1,6) 表示的范围是 1，2，3，4，5，不包括 6。range() 是 Python 内置函数，它能返回一系列连续增加的整数，生成一个可迭代对象。range 函数大多数时常出现在 for 循环中，在 for 循环中可做为索引使用。下面是列表充当循环计数器的例子。

```
class_list=[' 高数 ',' 英语 ',' 计算机 ',' 体育 ']
for x in class_list:
    print(x)
```

程序运行结果：

```
高数
英语
计算机
体育
```

【例 3-32】用 for 循环改写通过 turtle 模块画正方形的程序。

思路分析：每次画正方形的一条边时，都是沿当前画笔方向往前画出一定的长度，然后将画笔左转 90° 以准备下一次画线，正方形共有 4 条边，也就是这样的操作总共重复执行 4 次。程序代码如下：

```
from turtle import *
for i in range(1,5):        # 设定循环变量，使循环执行 4 次
    forward(200)
    left(90)
```

【程序分析与说明】

将这个用 for 循环完成的程序与原来的程序对比，可以看出：合理使用循环语句，可以减少重复写程序代码的数量，使程序更简洁、更合理。

2. while 循环

从 for 循环的循环条件可以明确看出，循环次数在 for 循环开始时就已经确定下来了，如果遇到事先并不确定或无须关注将要执行几次循环的时候，就不宜用 for 循环去实现程序，此时，就需要使用 while 循环。while 循环的语法结构如下：

```
while 条件表达式 :
    循环语句块
```

while 循环语法结构的意义：当条件表达式成立时，就重复执行语句块，直到条件表达式不成立为止。

【例 3-33】while 循环的使用：输出数字 15 之前的所有偶数。

```
n=0
while n<15:
    print(n)
    n=n+2                   # 每输出一个偶数，就使 n 的值加 2 变成下一个偶数
```

程序运行结果：

```
0
2
4
6
8
10
12
14
```

【程序分析与说明】

在使用 while 循环时，因为没有限制循环次数，所以特别要注意通过循环执行的语句块去改变条件表达式的成立与否，以防止出现类似下列的死循环语句：

```
i=0
while i<5:
    print(i)
```

运行上述代码后，因为在循环语句块执行过程中，i 的值一直没变，所以这个 while 循环的条件表达式永远成立，形成了死循环。死循环时，可将程序的输出窗口关闭，阻止程序继续运行，或者使用【Ctrl+C】组合键来中断循环。

【例 3-34】修改例 3-30 的成绩分级程序，实现循环从键盘接收成绩并判断对应等级，直到输入 q 或 Q 为止。

```
score=''
while score!='q':
    score=input('请输入你的成绩（输入 q 表示退出）: ')
    if score=='q' or score=='Q':
        score='q'
    else:
        score=int(score)
        if score>=90:
            print('你的成绩等级为：优秀')
        elif score>=80:
            print('你的成绩等级为：良好')
        elif score>=70:
            print('你的成绩等级为：中等')
        elif score>=60:
            print('你的成绩等级为：及格')
        else:
            print('你的成绩等级为：不及格')
```

程序运行结果如图 3-18 所示。

3. 多重循环

多重循环也称嵌套循环。Python 允许在一个循环内嵌套另一个循环，且不限定内外循环的类型。可以在 for 循环内放置 while 循环，反之亦然。

【例 3-35】双重循环的使用：接收 2 名学生的 3 门课程成绩并计算平均成绩。

```
for j in range(1,3):
    sum=0
    i=1
    name=input('请输入第 {} 位学生姓名：'.format(j))
    while i<=3:              # 内部循环 3 次，就是接收 3 门课程的成绩
        print ('请输入第 {} 门的考试成绩: '.format(i),end='')
        sum=sum+int(input())
        i+=1
    avg=sum/(i-1)                # 计算每个学生的平均成绩
    print(name,' 的平均成绩是 {:.2f}\n'.format(avg))
print ('2 位同学的成绩已成功输入！')
```

程序运行结果如图 3-19 所示。

图3-18　循环判断成绩等级

图3-19　成绩输出结果

## 3.4.3　break、continue、else 和 pass 语句

### 1. break 语句结束循环

break 语句可以跳出 for 和 while 的循环体。如果从 for 或 while 循环中终止，任何对应的循环 else 块将不执行。如果在嵌套循环中使用 break 语句，将停止执行 break 所处层次的循环，并开始执行外层循环的下一行代码。

### 2. continue 语句跳出本次循环

continue 语句被用来告诉 Python 跳过当前循环块中的剩余语句，然后继续进行下一轮循环。

【例 3-36】从键盘输入十进制整数，输出对应二、八、十六进制数。

```python
while True:
    number=input('请输入一个整数 ( 输入 Q 退出程序 ):')
    if number in ['q','Q']:
        break                    #如果输入的是 q 或 Q, 结束退出
    if not number.isdigit():
        print('您的输入有误！只能输入整数 ( 输入 Q 退出程序 )！请重新输入 ')
        continue                 #如果输入的不是数字组成，结束本轮循环，重新开始
    number=int(number)
    print('十进制 --> 十六进制 :%d -> 0x%x' %(number,number))
    print('十进制 --> 八进制 :%d -> 0o%o' %(number,number))
    print('十进制 --> 二进制 :%d ->' %number,bin(number))
```

程序运行结果如图 3-20 所示。

【程序分析与说明】

isdigit() 函数的功能是检测字符串是否只由数字组成。如果字符串只包含数字则返回 True，否则返回 False。使用语法：str.isdigit()。

### 3. 在循环中使用 else 语句

循环语句可以有 else 子句，它在穷尽列表（for循环）或条件变为 False （while 循环）导致循环终止时被执行，但循环在被 break 终止时不执行 else 子句。

图3-20　十进制转化程序运行结果

【例 3-37】输入一个数，如果该数不是素数，则输出该数的一个因素分解。

```
num=int(input('请输入一个整数：'))
for i in range(2,num):
    if num%i==0:
        print('%d=%d*%d'%(num,i,num/i))
        break
else:
    print('%d 是素数 '%num)
```

程序运行结果如图 3-21 所示。

图3-21　因素分解运行结果

### 4. pass 语句

pass 是空语句，是为了保持程序结构的完整性。pass 不做任何事情，一般用作占位语句，例如：上文的例 3-35 在编程时还没想好如何往下编，可暂时 pass，先保证程序完整，测试已有代码是否能正确运行。

```
while True:
    number=input('请输入一个整数（输入 Q 退出程序）:')
    if number in ['q','Q']:
        break
    if not number.isdigit():
        pass                        #占位语句，留待日后完善
```

【例 3-38】遍历字符串，在遇到字符为 '4' 时执行 pass 语句块。

```
for s in 'Run448':
    if s=='4':
        pass
        print(' 执行 pass 块 ')
    print(' 当前字符 :', s)
print("Good bye!")
```

程序运行结果如下：

```
当前字符 : R
当前字符 : u
当前字符 : n
执行 pass 块
当前字符 : 4
执行 pass 块
当前字符 : 4
当前字符 : 8
Good bye!
```

## 3.4.4　异常处理 try...except 语句

有些程序对输入数据的类型有限制并给出输入提示，但用户未必遵守提示，例如要求输入成绩时键入了字母、汉字、符号等非数字，与程序预期不匹配，则程序可能会因错误而中断运行并出错。为了保证程序能够稳定运行，编程语言一般都会提供异常处理语句，帮助程序捕获控制与处理异常。可以把需要检测的程序语句放置在 try 块里面，try 语句块的任何一条语句抛出异常时，后面的语句将不再执行，此时的控制权已经移交给 except 语句块。

【例 3-39】用 try...except 语句处理输入的异常数据。当用户输入的不是数字时，程序将会引发 ValueError 异常，程序被终止，执行结果如图 3-22 所示。

```
while True:
    try:
        score= input('请输入整数成绩 :')
        if int(score)>60:
            print('您已通过考核! ')
        else:
            print('您考核未通过。')
        break
    except ValueError:              #此处也可去掉 ValueError，表示不指定异常类型
        print("您输入的不是整数，请再次尝试输入! ")
```

【程序分析与说明】

如要区分不同类型的异常，可利用一个 try 语句对应多个 except 语句。Python 异常处理还有其他语句形式，功能如图 3-23 所示，读者有兴趣可进一步深入学习。

图3-22　运行结果显示

图3-23　Python异常处理语句

① try/except...else 语句。

如果使用这个 else 子句，那么必须放在所有的 except 子句之后。else 子句将在 try 子句没有发生任何异常的时候执行。

② try...finally 语句。

finally 子句的作用是不管异常有没有发生，该语句块的代码都会被执行。这样就可以把一些不管异常有没有发生，都必须要执行的代码放置到 finally 子句块中。

## 3.5 函 数

Python 语言中内置了很多函数，例如前面介绍的 input()、print() 等函数。用户也可以自己创建函数，称为用户自定义函数。函数是组织好的、可重复使用的、用来实现单一或相关联功能的代码段。函数能提高应用的模块性和代码的重复利用率。

在 Python 中，函数必须先声明，然后才能调用。使用函数时，只要按照函数定义的形式，向函数传递必须的参数，就可以调用函数完成相应的功能或者获得函数返回的结果。

### 3.5.1 函数声明和调用

1. 函数声明

可用 def 关键词声明一个函数，后接函数标识符名称和圆括号 ()。一般格式如下：

```
def 函数名(参数表)：
    函数体
    return 返回值
```

【说明】

- 参数表可由多个形式参数（简称形参）构成，用英文逗号分隔。
- 函数内容以冒号起始，内容符合缩进格式。
- 有些函数可能既不需要传递参数，也没有 return。
- 不带返回值的 return 相当于返回 None。

2. 函数调用

函数定义好后，是不能自动执行的，必须经过调用才会执行函数中的相关代码。函数调用格式：

```
函数名(参数表)
```

【说明】

- 函数名是事先定义好的函数名称。
- 参数表可由多个实际参数（简称实参）构成，用逗号分隔。
- 实参要有确定的值，实参个数一般情况下和形参个数相等，某些情况下可以少于形参的个数，这是由于形参有默认值。

【例 3-40】利用函数计算面积。

```
def area(width, height):
    return width*height
def print_welcome(name):
    print("欢迎您！", name)
print_welcome("朋友")
w=4
h=5
print("您预定的房间面积为 ", area(w, h),"平方米 ")
```

以上实例运行结果：

```
欢迎您！  朋友
您预定的房间面积为 20 平方米
```

【程序分析与说明】

函数需调用才会执行，未经调用是不会擅自执行的。因此，上例的执行起点是 print_welcome(" 朋友 ") 语句。

【例 3–41】从键盘接收 m 和 n 的值，利用函数编程求解 $C_m^n = \dfrac{m!}{n!(m-n)!}$。

```
def fac(x):
    s = 1
    for i in range(1, x+1):
        s=s * i
    return (s)
m = int(input('请输入 m 的值：'))
n = int(input ('请输入 n 的值：'))
c = fac(m)/(fac(n) * fac(m-n))
print('C=',c)
```

3. 内置函数

没有导入任何模块或包时，Python 也能提供给程序使用的函数称为内置函数。Python 3.x 的内置函数有数十个之多，常见的内置函数功能及举例见表 3-12 ~ 表 3-14。它区别于自定义函数，是 Python 自带的函数，可直接使用。例如：

```
>>>x=int(3.5)          # 直接调用内置函数 int()
>>>print(x)            # 直接调用内置函数 print()
```

表 3-12　数学相关内置函数

| 函 数 名 | 功　能 | 举　例 |
|---|---|---|
| abs(a) | 求取绝对值 | abs(-1) |
| max(iterable) | 求取序列中元素的最大值 | max([1,2,3]) |
| min(iterable) | 求取序列中元素的最小值 | min([1,2,3]) |
| sum(iterable) | 求取序列中元素的和 | sum([1,2,3]) 输出 6 |
| sorted(iterable) | 将序列中的元素升序排序，可以通过设置参数reverse = True实现降序排序 | 返回排序后的list |
| len(iterable) | 求序列中元素的个数 | len([1,2,3]) |
| divmod(a,b) | 获取商和余数 | divmod(5,2) 输出 (2,1) |
| pow(a,b) | 获取a的b次方 | pow(2,3) 输出 8 |
| round(a,b) | 获取指定位数的小数。a代表浮点数，b代表要保留的位数 | round(3.1415926,2) 输出 3.14 |
| range(a,b[,step]) | 返回一个范围从a到b的可迭代现象。可利用list使之转换为列表类型；step表示步长，默认为1 | list(range(1,5)) 输出 [1, 2, 3, 4]<br>list(range(0,5,2)) 输出 [0, 2, 4]<br>range(5) 等价于 range(0,5) |

表 3-13　类型转换内置函数

| 函 数 名 | 功　能 | 举　例 |
|---|---|---|
| int(str) | 转换为 int 型 | int('1') 输出结果 1 |
| float(int/str) | 将 int 型或字符型转换为浮点型 | float('1') 输出 1.0 |
| str(int) | 转换为字符型 | str(1) 输出 '1' |
| bool([x]) | 将 x 转换为布尔类型，如果没有参数，返回 False | bool(0) 输出 False<br>bool('hello') 输出 True |

续表

| 函 数 名 | 功 能 | 举 例 |
|---|---|---|
| bytes(str,code) | 接收一个字符串，与所要编码的格式，返回一个字节流类型 | bytes('abc', 'utf-8') 输出 b'abc' |
| list(iterable) | 转换为列表 | list((1,2,3)) 输出 [1,2,3] |
| dict(iterable) | 转换为字典 | dict([('a', 1), ('b', 2), ('c', 3)]) 输出 {'a':1, 'b':2, 'c':3} |
| tuple(iterable) | 转换为元组 | tuple([1,2,3]) 输出 (1,2,3) |
| set(iterable) | 转换为集合 | set([1,4,2,4,3,5]) 输出 {1,2,3,4,5}<br>set({1:'a',2:'b',3:'c'}) 输出 {1,2,3} |
| chr(int) | 转换数字为相应 ASCII 码字符 | chr(65) 输出 'A' |
| ord(str) | 转换 ASCII 字符为相应的数字 | ord('A') 输出 65 |

表 3-14  相关操作内置函数

| 函 数 名 | 功 能 | 举 例 |
|---|---|---|
| eval() | 将字符串当成有效的表达式来求值并返回计算结果 | eval('1+1') 输出 2 |
| exec() | 执行 Python 语句 | exec('print("Python")') 输出 Python |
| type() | 返回一个对象的类型 | type('abc') 输出 <class 'str'><br>type(100) 输出 <class 'int'> |
| id() | 返回一个对象的内存地址 | print(id(3))<br>输出该数当前地址 1711898800 |
| hash(object) | 返回一个对象的哈希值，具有相同值的 object 具有相同的哈希值 | hash('Python') 输出该数当前哈希值<br>7070808359261009780 |
| help() | 调用系统内置的帮助系统 | |
| isinstance() | 判断一个对象是否为该类的一个实例 | |
| issubclass() | 判断一个类是否为另一个类的子类 | |
| globals() | 以字典类型返回当前位置的全部全局变量 | |

## 3.5.2  参数的传递

在 Python 中，对象和变量是分开的，变量是对象的引用。类型属于对象，和变量无关，变量是没有类型的。变量有局部和全局一说，对象没有。对象由引用计数管理。例如：

【例 3-42】变量和对象类型的关系。

```
>>>a=[1,2,3]
>>>type(a)              # 显示变量所指对象的类型
<class 'list'>
>>>a="abc"
>>>type(a)
<class 'str'>
```

【程序分析与说明】

以上代码中，[1,2,3] 是 list 类型，"abc" 是 str 类型，而变量 a 是没有类型，它仅仅是一个对象的引用，可以引用 list 类型对象，也可以引用 str 类型对象。Python 以数据为本，变量也可以理解为标签。

在函数内部新建一个对象，它的销毁和函数作用域无关，由引用计数决定。可以认为

Python 中的变量类似于 C 语言中的指针变量，指向一个对象。在 Python 函数传递参数时，实际上是变量赋值。

### 1. 可变对象与不可变对象

在 Python 中，字符串 str、元组 tuple、布尔值和数值是不可更改的对象，而列表 list、字典 dict、集合 set 等则是可以修改的对象。

【例 3-43】可变对象赋值和不可变对象赋值。

```
# 不可变对象赋值，编辑时属于新建对象
a=5
b=a
print(id(a),id(b))          # 输出 1711898864 1711898864
a=10
print(a,b) # 输出 10 5
print(id(a),id(b))                        # 输出 1711899024 1711898864
# 可变对象赋值，编辑时属于原地操作
list01=[6,7,8]
list02=list01
print(id(list01),id(list02))             # 输出 2085279071752 2085279071752
list01[2]=5
print(list01,list02)                      # 输出 [6, 7, 5] [6, 7, 5]
print(id(list01),id(list02))             # 输出 2085279071752 2085279071752
```

【程序分析与说明】

不可变类型：变量赋值 a=5 后再赋值 a=10，这里实际是新生成一个 int 值对象 10，再让 a 指向它，而 5 被丢弃，因此 a 前后内存地址不一样。

可变类型：变量赋值 list01=[6,7,8] 后再赋值 list02=list01，则 list02 和 list01 指向同一个内存空间。此时执行 list01[2]=5，则同时将列表 list02 和 list01 的第三个元素值更改。

### 2. Python 函数的参数传递

不可变类型：如整数、字符串、元组。假设 a 是整数参数，则传递给 fun(a) 函数时，可以理解为传递的只是 a 的值，没有影响 a 对象本身，相当于值传递。

可变类型：如列表、字典。假设 list01 是列表参数，则传递给 fun(list01) 函数时，可以理解为是将 list01 真正地传过去，在函数内修改 list01 的值，fun 外部的 list01 也会受影响，相当于引用传递。

在传递可变对象参数时，一旦可变对象在函数里修改了值，那么调用该函数后，原始的变量也被改变了。

【例 3-44】传递可变对象实例。

```
def changeme(inlist):
    inlist.append(40)
    print("函数内取值: ", inlist)
outlist=[10,20,30]
changeme(outlist)
print("函数外取值: ", outlist)
```

传入函数的 outlist 变量和函数内的 inlist 变量始终指向相同的列表对象，由于列表对象是可变的，所以 append 方法是在原列表的末尾添加了一个新数据。故输出结果如下：

```
函数内取值:  [10, 20, 30, 40]
```

```
函数外取值：  [10, 20, 30, 40]
```

### 3. 传递参数的多种方法

Python 中函数根据是否有参数和返回值可以分为四种：无参数无返回值，无参数有返回值，有参数无返回值，有参数有返回值。

【例 3-45】从键盘接收字符串，并计算字符串长度，当用户输入 q 或 Q 时退出程序

```
def mylen(s):                      # 此函数有参数有返回值
    length=0
    for i in s:
        length+=1
    return length
def welcome():                     # 此函数无参数无返回值
    print("请输入字符串后回车，退出请输入 q 或 Q：")
def output(mystr):                 # 此函数有参数无返回值
    print("字符串 %s 的长度为：" %mystr,end=' ')
def bye():                         # 此函数无参数有返回值
    meg='程序退出，欢迎下次使用！'
    return meg
def strquit(s):                    # 判断用户是否想退出的函数，有参数有返回值
    if(s=='q' or s=='Q'):
        return  '退出程序'
    else:
        return                     # 不带返回值的 return 相当于返回 None
while True:
    welcome()
    mystr=input()
    if strquit(mystr)=='退出程序':   # 判断用户是否想退出
        print(bye())
        break
    output(mystr)
    strlen= mylen(mystr)
    print(strlen)
```

程序运行结果如图 3-24 所示。

Python 中函数传递参数的形式可以分为五种：位置传递，关键字传递，默认值传递，不定参数传递（包裹传递）和解包裹传递。

（1）位置传递

【例 3-46】位置传递。

```
def fun(a,b,c):
    return a+b+c
print(fun(1,2,3))                  # 输出 6
```

图3-24　程序运行结果

（2）关键字传递

关键字（keyword）传递是根据每个参数的名字传递参数。关键字并不用遵守位置的对应关系（注意，一旦某个参数是关键字传递，那么后面每个参数都需要关键字传递，否则会出现语法错误）。

【例 3-47】关键字传递。

```
def fun(a,b,c):
```

```
        print(a,b,c)                        # 输出 1 2 3
        return a+b+c
print(fun(1,c=3,b=2))                       # 输出 6
```

（3）默认值传递

在定义函数的时候，使用形如下例中 c=10 的方式，可以给参数赋予默认值（default）。如果该参数最终没有被传递值，将使用该默认值。

【例 3-48】默认值传递。

```
def fun(a,b,c=10):
        return a+b+c
print(fun(3,2))                             # 输出 15
print(fun(3,2,1))                           # 输出 6
```

【程序分析与说明】

在第一次调用函数 fun 时，没有传入足够的参数，c 没有被赋值，c 将使用默认值 10。第二次调用函数的时候，c 被赋值为 1，不再使用默认值。

（4）包裹传递

在定义函数时，有时候并不知道调用的时候会传递多少个参数。这时候，包裹（packing）位置参数，或者包裹关键字参数，来进行参数传递会非常有用。包裹传递的关键在于定义函数时，在相应参数名前加 * 或者 **，如果是 *，则所有传入的参数按照位置合并成一个元组，如果是 **，则合并成字典，下面以元组为例：

【例 3-49】包裹传递。

```
def fun(*name):
        print(type(name))
        print(name)
fun(1,4,6)
fun(5,6,7,1,2,3)
```

程序运行结果：

```
<class 'tuple'>
(1, 4, 6)
<class 'tuple'>
(5, 6, 7, 1, 2, 3)
```

【程序分析与说明】

两次调用，尽管参数个数不同，都基于同一个 fun 定义。在 fun 的参数表中，所有的参数被 name 收集，根据位置合并成一个元组（tuple），这就是包裹位置传递。

（5）解包裹传递

星号 * 和 ** 也可以在调用的时候使用，即解包裹（unpacking）。

【例 3-50】解包裹传递。

```
def fun(a,b,c):
        print(a,b,c)
args=(1,3,4)
fun(*args)
dict={'a':1,'b':2,'c':3}
fun(**dict)
```

程序运行结果：

```
1 3 4
1 2 3
```

【程序分析与说明】

该例是对元组的解包裹，就是在传递 tuple 时，让 tuple 的每一个元素对应一个位置参数。在调用 fun 时使用 *，是为了提醒 Python：我想要把 args 拆成分散的三个元素，分别传递给 a,b,c。

相应的，也存在对词典的解包裹，使用相同的 fun 定义，然后，在传递词典 dict 时，让词典的每个键值对作为一个关键字传递给 fun。

### 3.5.3　变量的作用域

#### 1. 什么是作用域

在 Python 程序中创建、改变、查找变量名时，都是在一个保存变量名的空间中进行，称之为命名空间，也被称为作用域。Python 的作用域是静态的，在源代码中变量名被赋值的位置决定了该变量能被访问的范围，即 Python 变量的作用域由变量所在源代码中的位置决定。

就作用域而言，在 Python 中并不是所有的语句块中都会产生作用域。只有当变量在 Module（模块）、Class（类）、def（函数）中定义的时候，才会有作用域的概念。在作用域中定义的变量，一般只在作用域中有效。

【例 3-51】变量的作用域。

```
def func():
    variable=100
    print(variable)
func()
print(variable)
```

程序运行结果：

```
100
NameError: name 'variable' is not defined
```

【程序分析与说明】

上例的执行起点是第四行的 func() 语句，函数变量 variable 的作用域仅限于 func() 函数内部，在函数外无效，所以输出错误信息。

#### 2. 作用域的类型

Python 的作用域一共有四种，分别是：

- L（local）局部作用域，即函数中定义的变量。
- E（enclosing）嵌套作用域，即包含此函数的上级函数的局部作用域，但不是全局的。
- G（global）全局作用域，就是模块级别定义的变量。
- B（built-in）内置作用域，系统固定模块里面的变量。

按照 local → enclosing → global → built-in 的优先级别顺序查找，也就是 LEGB 规则。即：在局部找不到，便会去局部外的局部找，再找不到就会去全局找，再者去内置中找。

按这个查找原则，在第一处找到的地方停止。如果没有找到，
Python 会报错的。四个作用域的关系如图 3-25 所示。

（1）局部作用域

图3-25　四个作用域的关系

函数中定义的变量即局部变量，注意，函数的参数也属
于局部变量。每当函数被调用时都会创建一个新的局部作用
域。局部变量域就像一个栈，仅仅是暂时的存在，依赖创建
该局部作用域的函数是否处于活动的状态，在函数执行完毕
后，这块临时存储空间随即会被释放并回收，该空间中存储
的变量自然也就无法再被使用。所以，一般建议尽量少定义
全局变量，因为全局变量在模块文件运行的过程中会一直存在，占用内存空间。

【例 3-52】变量的局部作用域。

```
num=100            # 全局变量
def func():
    num=123        # 局部变量
    print(num)
func()
print(num)
```

输出结果是：

```
123
100
```

【程序分析与说明】

函数中定义的变量名 num 是一个局部变量，在函数内部覆盖全局变量。一旦跳出函数
范围就失效了。

（2）嵌套作用域

E（Enclosing）也包含在 def 关键字中，E 和 L（Local）是相对的，E 相对于更上层的
函数而言也是 L。与 L 的区别在于，对一个函数而言，L 是定义在此函数内部的局部作用域，
而 E 是定义在此函数的上一层父级函数的局部作用域。

（3）全局作用域

即在模块层次中定义的变量，每一个模块都是一个全局作用域。也就是说，在模块文
件顶层声明的变量具有全局作用域，从外部看来，模块的全局变量就是一个模块对象的属性。

注意：全局作用域的作用范围仅限于单个模块文件内。

（4）内置作用域

系统内固定模块里定义的变量，如预定义在 builtins 模块内的变量，其名称通常两边都
带有两个下划线，比如 __file__、__doc__、__name__ 等。需要说明的是，Python 解释器
第一次启动的时候 builtins 就已经在命名空间了，所以 Python 可以直接使用一些内置变量
和内置函数，不用显式地导入它们，比如内置函数 str()、int()、dir()。

【例 3-53】变量的作用域。

```
print(__file__)          # __file__ 是内置变量，作用是输出当前文件的路径信息
a=1                      # 全局作用域
def fun():
    a=2                  # 嵌套作用域
    def fun2():
```

```
        a=3                     #局部作用域
    fun2()
    print(a)
print(a)                        # 输出 1
fun()                           # 输出 2
```

输出结果：

```
C:\Users\Administrator\Desktop\test.py
1
2
```

### 3. global 与 nonlocal 语句

可以在函数内部直接引用全局变量，但是不能直接修改全局变量。如果需要在函数内部定义或修改全局变量，这时可以使用 global 关键字来声明变量的作用域为全局。nonlocal 关键字用来在函数或其他作用域中使用外层（非全局）变量。

【例 3-54】利用 global 在函数内部修改全局变量。

```
g=0
def global_test():
    global  g                   #声明全局变量，如果删除此语句，将出错
    g+=1
    print(g)
global_test()                   # 输出  1
```

【程序分析与说明】

如果在局部要对全局变量修改，需要在局部先声明该变量为全局，否则不允许修改。

如果在局部不修改全局变量，则允许不声明全局变量，而直接使用全局变量。

【例 3-55】nonlocal 的使用。

```
def outside():
    b=20
    def inside():
        nonlocal  b             #声明外层变量
        b=10
        print(b)
    inside()
    print(b)
outside()
```

输出：

```
    10
    10
```

【程序分析与说明】

如果删除语句 nonlocal b，则结果将是 10 和 20。

如果在程序末尾增加语句 print(b)，则会报错，因为 b 不是全局变量。nonlocal 适用于嵌套函数中内部函数修改外部变量的值。

### 3.5.4  递归函数

#### 1. 递归的定义

一个函数直接或者间接调用自己，那么这个函数就称为递归函数。为了杜绝出现死循环现象，Python 强制将递归层数控制在 997 层以内。

2. 简单的递归函数

【例 3-56】利用递归函数计算阶乘 $n! = 1 \times 2 \times 3 \times \cdots \times n$。

```
def func(n):
    if n==1:
        return n
    else:
        return n*func(n-1)
print(func(5))                          # 运行结果是 120
```

3. 递归特性

递归具有以下特性：

- 必须有一个明确的结束条件。
- 每次进入更深一层递归时，问题规模相比上次递归都应有所减少。
- 递归层次过多可能会导致栈溢出。

在计算机中，函数调用是通过栈这种数据结构实现的，每当进入一个函数调用，栈就会加一层栈帧。只有走到最后的结束点后函数才能依次返回，每当函数返回，栈就会减一层栈帧。由于栈的大小不是无限的，所以，递归调用的次数过多，可能会导致栈溢出。

## 3.6　文　　件

Python 提供了默认操作文件所必需的基本功能和方法。可以使用文件对象执行大部分文件操作。从存储格式上说，文件分为文本文件和二进制文件。两种文件的读写方式略有不同，本节主要讨论能用文字编辑器编辑的文本文件。

### 3.6.1　文件操作

Python 的 os 模块提供了许多用于执行文件和目录处理操作的方法，在使用这些方法之前，应事先导入 os 模块。

假设已经执行了语句 import os，则可直接执行下列文件操作方法。

1. getcwd() 方法

显示当前目录名，无参数。语法格式：

```
os.getcwd()
```

举例：

```
os.getcwd()
```

2. chdir() 方法

改变当前目录，待设为当前目录的目录名以字符串形式作为方法的参数。语法格式：

```
os.chdir(path)
```

参数说明：

path：待设为当前目录的目录名。

举例：

```
os.chdir('c:\windows')
```

### 3. mkdir() 方法

创建新的目录，新目录名以字符串形式作为方法的参数。语法格式：

```
os.mkdir(path)
```

参数说明：

path：要创建的目录，可以是相对或绝对路径。

举例：

```
os.mkdir('c:\myfolder')
```

### 4. rmdir() 方法

用于删除指定路径的目录。仅当这文件夹是空的才可以删除，否则抛出 OSError。语法格式：

```
os.rmdir(path)
```

参数说明：

path：要删除的目录路径。

举例：

```
os.rmdir('c:\myfolder')
```

### 5. rename() 方法

用于命名文件或目录，从原名 src 到新名 dst，如果 dst 是一个存在的目录，将抛出 OSError。语法格式：

```
os.rename(src, dst)
```

参数说明：

src：要修改的文件名或目录名。

dst：修改后的文件名或目录名。

举例：

```
os.rename("test","test2")
```

### 6. remove() 方法

用于删除指定路径的文件。如果指定的路径是一个目录，将抛出 OSError。语法格式：

```
os.remove(file)
```

参数说明：

file：要移除的指定路径的文件

举例：

```
os.remove(r'd:/test.txt')
```

## 3.6.2 文件的打开和关闭

### 1. 打开文件 open() 方法

在读取或写入文件之前，必须使用 Python 的内置 open() 方法打开文件。此函数创建一个文件对象，使用该对象来调用与其相关联的其他支持方法。open() 方法语句格式如下：

```
文件变量名 =open（文件名，打开方式）
```

参数说明：

- 文件名：参数是一个字符串类型，指定要访问的文件名称。
- 打开方式：确定文件打开的模式，见表 3-15，默认是只读模式，允许省略 "mode="。

举例：f=open('test.txt', mode='r+')

表 3-15　文件的打开方式

| 打开方式 | 说　　明 |
| --- | --- |
| r | 只读 |
| r+ | 可读可写，不会创建不存在的文件，从顶部开始写，会覆盖之前此位置的内容 |
| w+ | 可读可写，如果文件存在，则覆盖整个文件，不存在则创建 |
| w | 只写，覆盖整个文件，文件不存在则创建 |
| a | 只写，从文件底部添加内容，不存在则创建 |
| a+ | 可读可写，从文件底部添加内容，不存在则创建 |

### 2. 关闭文件 close() 方法

对于一个已打开的文件，无论是否进行了读写操作，当不需要对文件操作时，应该关闭文件。Python 提供了 close() 方法关闭文件对象。当文件的引用对象重新分配给另一个文件时，Python 也会自动关闭一个文件。但使用 close() 方法关闭文件是个好习惯。close() 方法语句格式如下：

```
文件名 .close()
```

举例：

```
f.close()
```

### 3. 使用 with open() as 自动关闭文件

由于文件读写时有可能产生 IOError，一旦出错，后面的 f.close() 方法就不会调用。所以，为了保证无论是否出错都能正确地关闭文件，可以使用 try ... finally 来补救：

```
try:
    f = open('test.txt', 'r')
    print(f.read())      # 读取文件内容，并输出到屏幕
finally:
    if f:
        f.close()
```

但上述代码实在是有些烦琐，因此 Python 引入了 with 语句来自动调用 close() 方法：

```
with open('test.txt', 'r') as f:
    print(f.read())      # 读取文件内容，并输出到屏幕
```

## 3.6.3　读写文件

文件对象提供了一组访问方法，使代码编写更方便。read() 和 write() 方法分别用来读取和写入文件。

### 1. 用 write() 或 writelines() 方法写入文件

关于写入文件的语句格式有两种：

```
write(字符串 )
```

文件的读写
方法

writelines ( 由字符串组成的列表 )

【例 3-57】生成 test.txt 文件，并写入如图 3-26 所示的文字。

```
f=open('test.txt', mode='w',encoding='utf-8')
s=' 第一中学 '+'\n'+' 本学期开设课程 '
list1=[' 高数 ',' 英语 ',' 计算机 ',' 体育 ']
f.write(s)
f.write('\n')                    # 添加换行符
f.writelines(list1)
f.close()
print(" 关闭文件成功 !!")
```

图3-26  程序运行后生成test.txt文件

程序运行结果如图 3-26 所示。参数 encoding='utf-8' 表示采用 utf-8 编码，防止出现编码错乱问题，确保中英文能正常显示。

【例 3-58】从键盘接收内容写入指定文件。

```
filename = input(' 输入文件名 :')
fp = open(filename,mode='a',encoding='utf-8')
ch = ''
while '#' not in ch:
    fp.write(ch)
    ch = input(' 请输入字符串，换行请回车，结束时请回车后输入 # 键 :\n')
    fp.write('\n')
fp.close()
```

程序运行结果如图 3-27 所示。

2. 用 read()、readline() 或 readlines() 方法读取文件

图3-27  运行结果和生成的txt文件内容

关于读取文件的语句格式有三种：

read( 字节数 )：从文件当前位置读取指定的字节数，如果未给定或为负则读取所有。

readline()：从当前位置读取一整行，包括 "\n" 字符，该方法返回一个字符串对象。

readlines()：从当前位置读取整个文件所有行，返回一个列表变量，每行作为一个列表元素。

【例 3-59】读取上例的 test.txt 文件内容。

```
f=open('test.txt', mode='r')
s1=f.read(1)
s2=f.readline()
list1=f.readlines()
f.close()
print(s1)
print(s2)
print(list1)
```

程序运行结果：

第

一中学

```
[' 本学期开设课程 \n', ' 高数英语计算机体育 ']
```

实际上，文件对象本身就是可遍历的，文件的每一行可看成是一个序列元素，如果有需要，可使用 list() 函数将文件转换成列表输出，也可以使用 for 循环来遍历文件内容。

```
>>> f.close()
>>> f=open ('myfile.txt','r',encoding='utf-8')
>>> print(list(f))
['\n', ' 床前明月光 \n', ' 疑是地上霜 \n', ' 举头望明月 \n', ' 低头思故乡 \n']
>>> f.close()
```

【例 3-60】用循环方法读文件。

```
sum01=0
with open ('myfile.txt','r',encoding='utf-8') as f:
    for line in f:                  # 每一行 line 都是一个字符串
        print(line)
        sum01+=1
        sum02=0
        list01=[]
        for s in line:              # 一行中的每个字符 s
            list01.append(s)
            sum02+=1
        print(' 第 {} 行有 {} 个字符 '.format(sum01,sum02),list01)
print(' 该文件包括空行一共有 {} 行 '.format(sum01))
```

程序说明：通过 for line in f 方式可对文件每一行进行循环处理，每行 line 就是一个字符串，空行也算一行。通过循环可进一步对每行 line 拆成一个一个的字符单独处理，包括回车符。

程序运行结果如图 3-28 所示。

图 3-28　运行结果

## 本章小结

Python 是一种面向对象的、解释型的编程语言。建议读者登录 Python 官方网站下载 3.0 以后的稳定版本进行安装。Python 自带的 IDLE 集成开发环境，允许在 ">>>" 提示符后直接输入的程序代码实现交互式开发，也可在 IDLE 中新建程序文件并调试运行。

本章主要介绍了顺序、选择、循环三种控制结构，包括 if 选择语句、for 循环、while 循环、跳转语句和异常处理 try-except 语句。同时还介绍了函数和文件的相关知识。Python 中内置了很多函数，例如 input()、print() 等函数，用户也可以自定义函数。函数必须先声明，然后才能调用。Python 拥有操作文件所必需的基本功能和方法。用户可以针对文件对象执行复制、粘贴、删除和重命名等常见的文件操作。

"我应该怎么学习编程？"是初学者常见的一个问题。学习编程最重要的是要有持之以恒的心，在模仿他人代码的同时要学会自己思考。要多上机练习，切忌三天打鱼两天晒网，记住：

眼过千遍不如手过一遍！书看千行不如手敲一行！

### 🌐 工匠精神

## 信创助推国产软件崛起

在信息技术的浪潮中，中国信创产业的兴起成为国产软件崛起的关键推手。信创产业，即信息技术应用创新产业，旨在通过自主创新推动信息技术领域软硬件的国产化替代，保障国家信息安全，促进数字经济高质量发展。国产软件作为信创产业的核心组成部分，正以不可阻挡之势崛起，从早期的探索与尝试，到如今的全面开花，经历了从无到有、从弱到强的蜕变。

20 世纪 90 年代初，中国软件产业尚处于起步阶段，市场几乎被国外软件垄断。2000 年，国务院发布《鼓励软件产业和集成电路产业发展的若干政策》，为国产软件提供了政策与财政支持，加速了产业的发展。2006 年，国家启动"核高基"重大专项，重点支持操作系统、数据库、中间件等基础软件的研发，国产软件迎来了新的发展机遇。2010 年后，随着云计算、大数据、人工智能等新兴技术的兴起，国产软件企业开始在云计算平台、大数据分析、智能应用等领域取得突破。2019 年我国提出发展信创产业，随后出台了一系列支持政策，重点提及"数字经济""数字政府"和国家信息化。政策扶持对于信创产业发展推进的意义重大，我国信创产业竞争力不断突破，国产化进程稳步推进。

一、基础软件领域：信创产业的基石

在操作系统、数据库等基础软件领域，国产软件取得了显著进展，成为信创产业的基石。银河麒麟、红旗 Linux、统信 UOS、鸿蒙 HarmonyOS、欧拉 openEuler、深度 Deepin、中兴新支点等操作系统，不仅在国内市场占据重要地位，还在国际开源社区中发挥积极作用，提升了中国软件的国际影响力。国产数据库如 PolarDB、OceanBase、OceanBase、达梦、人大金仓等，通过技术创新，在金融、电信等行业实现了规模化应用，打破了国外数据库的垄断地位，为信创产业的推进提供了坚实支撑。

二、工业软件领域：信创产业的创新引擎

国产工业软件正逐步打破国际垄断，成为推动制造业转型升级的重要力量。如武汉开目信息研发的 PLM 系统，助力中石化石油机械三机分公司实现数字化转型，产能提升两倍以上，展示了工业软件在提升制造业效率和竞争力方面的作用。中望 CAD，通过技术创新，实现了与 AutoCAD 的兼容，满足了国内工业设计领域的迫切需求，推动了中国工业软件的自主可控和产业升级，为信创产业的深入发展提供了技术保障。其他如卡奥斯 COSMOPlat、华大九天集成电路 EDA、柏楚激光切割系统等国产工业软件正抓住新型工业化和工业人工智能的历史性机遇，通过技术创新和市场拓展，努力提升自主创新能力和国际竞争力。

三、应用软件领域：信创产业的广泛应用

在应用软件领域，国产软件以其高性价比、本地化服务等优势赢得了市场认可，成为信创产业广泛应用的体现。金山软件的 WPS Office，从单一的文字处理软件发展成为集文字处理、电子表格、演示文稿于一体的办公软件套件，不仅在国内市场取得了显著成绩，还成功拓展至海外，成为全球知名的办公软件品牌，与微软 Office 形成有效竞争。在财务管理领域，用友网络、金蝶软件、浪潮等企业，凭借其在财务管理、供应链管理等方面的深厚积累，为众多企业提供了高效、便捷的信息化解决方案，展现了信创产业在应用软件领域的广泛应用和市场潜力。

在需求端自主化及供给端技术创新的共同推动下，我国软件产业近年来处于高速发展态势。根据工业和信息化部统计，2023 年我国软件业收入达到 12 万亿，近十年复合增速达到 15%。阿里云、腾讯云、华为云等国产云计算服务商，在全球市场份额中排名前十，展现出中国软件企业的国际影响力。随着信创产业持续增长，以国产软件为代表的中国企业正以技术创新加速破局，成为助力中国信创产业发展的重要引擎。

# 第 4 章 Python 计算生态和数据智能分析

**内容提要**

◎ 模块、包和库
◎ Python 第三方库的获取和安装
◎ Python 智能数据分析

现代编程已无必要再进行刀耕火种、一砖一瓦式的开发，Python 拥有庞大的计算生态，用户可以在任何计算机上免费安装 Python 及其绝大多数扩展库。众多开源的科学计算软件包都提供了 Python 的调用接口，例如著名的计算机视觉库 OpenCV、三维可视化库 VTK、医学图像处理库 ITK。而 Python 专用的科学计算扩展库就更多了，例如 NumPy、SciPy 和 Matplotlib，它们分别为 Python 提供了快速数组处理、数值运算以及绘图功能。在大数据处理上，Sklearn 是基于 Python 语言的机器学习工具，它对常用的机器学习方法进行了封装，开发者只要几行代码就可以用 Sklearn 实现不同的算法。

## 4.1 Python 模块、包和库

Python 内置了很多实现各种功能的函数、类定义等编程接口，并且引入了模块的概念。实际上，模块就是一些函数、类和变量的组合，是扩展名为 .py 的文件。它封装了一个或者多个功能的代码集合，以便于重用。模块可以是一个文件也可以是一个目录，目录的形式称作包（Package）。模块可以被别的程序引入，以使用该模块中的函数等功能。这也是使用 Python 标准库的方法。一个模块往往针对某个方面的应用而设计，表 4-1 罗列了一些常用的模块。

表 4-1　Python 的常用模块

| 模 块 名 称 | 功 能 简 介 |
|---|---|
| time | 提供各种操作时间的函数 |
| math | 提供了大量常见数学计算函数 |
| random | 提供了生成随机数的工具 |
| turtle | 提供简单的绘图工具 |
| os | 提供对操作系统进行调用的接口 |
| sys | 提供系统相关的路径、版本等信息 |
| tkinter | 图形用户界面开发模块 |
| platform | 获取操作系统的详细信息和与 Python 有关的信息 |
| shutil | 高级的文件、文件夹、压缩包处理模块 |
| SQLLite | 一个轻型的嵌入式SQL数据库引擎 |
| socket | 提供建立网络连接，实现主机间的数据传输的 socket 编程工具 |

## 4.1.1　模块、包和库的关系

### 1. 模块的概念

模块就是程序，任何 Python 程序都可作为模块导入。可以在 .py 文件里面定义一些函数和变量，需要的时候就可以通过这个文件的名称（不包括扩展名 .py）将该模块导入。

### 2. 包的概念

为组织模块，方便管理，可将文件进行打包。包是一个目录，包目录下必须包含文件 \_\_init\_\_.py，然后是一些模块文件和子目录。假如子目录中也有 \_\_init\_\_.py，那么它就是这个包的子包。如果包中不包含 \_\_init\_\_.py 文件，则 Python 就把这个目录当成普通文件夹，而不是一个包。\_\_init\_\_.py 可以是空文件，也可以有 Python 代码，因为 \_\_init\_\_.py 本身就是一个模块。要将模块加入包中，只需将模块文件放在包目录中即可。常见的包结构如图 4-1 所示。

```
package_a
├── __init__.py
├── module_a1.py
└── module_a2.py
```

图4-1　包结构示例

### 3. 库的概念

库是具有相关功能模块的集合。这也是 Python 的一大特色之一，即具有强大的标准库、第三方库以及自定义模块。

- 标准库：就是下载安装的 Python 中那些自带的模块，要注意的是，里面有一些模块是看不到的比如像 sys 模块，这和在 Linux 下的 cd 命令看不到是一样的情况。
- 第三方库：就是由其他的第三方机构，发布的具有特定功能的模块。
- 自定义模块：用户可以自行编写模块，然后使用。

需要说明的是，模块、包、库这三个概念本质上都是模块，只不过是个体和集合的区别，因此在实际使用中人们有时会混为一谈。

（1）模块的使用

有些 Python 模块是本身自带的，安装了 Python 就可以直接用命令对该模块进行引用，有些模块则需要另行上网下载安装。Python 用 import 或者 from...import 来导入相应的模块，下面介绍相应语法。

将整个模块导入，语法格式为：

```
import 模块名 [as 别名 ]
```

从某个模块中导入某个函数，语法格式为：

```
from 模块名 import 函数名 [as 别名 ]
```

从某个模块中导入多个函数，语法格式为：

```
from 模块名 import 函数名 1, 函数名 2,……
```

将某个模块中的全部函数导入，语法格式为：

```
from 模块名 import *
```

（2）包的调用

有时模块的名字过长导致引用不便，可通过 as 指定模块别名，引用时使用"别名.对象名"的方式使用其中的对象。

如果当前目录下能够找到要调用的包，则从某个包中导入某个模块的语法格式为：

130 / 大学计算机（第五版）

```
from 包名 import 模块名
```
或：
```
import 包名.模块名
```

如果当前目录找不到要调用的包，则事先要向 sys.path 添加包的所在绝对路径。import 一个包名，就等于执行了这个包下的 __init__.py 文件。

## 4.1.2 进一步学习 turtle 库

上一章简单介绍了 turtle 库，turtle 库是 Python 语言中一个很流行的绘制图像的函数库。这一节将进一步学习 turtle 库的基础知识。

### 1. 画布

画布就是 turtle 库用于绘图的区域，可以通过函数设置它的大小和初始位置。

通过 turtle.setup 定义窗体的大小和相对位置，其语法如下：
```
turtle.setup(width=0.5, height=0.75, startx=None, starty=None)
```

其中参数 width 和 height 为整数时，表示像素值；为小数时，表示占据计算机屏幕的比例；(startx, starty) 这一坐标表示矩形窗口左上角顶点的位置，如果为空，则窗口位于屏幕中心。

通过 turtle.screensize 设置画布大小，其语法如下：
```
turtle.screensize(canvwidth=None, canvheight=None, bg=None)
```

参数分别为画布的宽（单位为像素）、高、背景颜色。

注意：窗体和画布不是一个概念，如果画布大于窗体，会出现滚动条，反之画布填充窗体。

### 2. 画笔

在画布上，描述画笔使用了两个词语：坐标原点（位置）和面朝 x 轴正方向（方向）。turtle 绘图中，就是使用位置和方向描述画笔的状态。

（1）设置画笔属性

常用的属性包括画笔的颜色宽度和画笔移动速度等，见表 4-2。

表 4-2 turtle 库常用的设置画笔属性的函数

| 函 数 | 功能说明 | 使用示例 |
|---|---|---|
| pensize(N) | 设置画笔的宽度为 N 个像素 | pensize(20) |
| pencolor(RGB) | 如果没有参数传入，返回当前画笔颜色；传入参数则设置画笔颜色，可以是字符串如"green"、"red"，也可以是RGB 3元组 | pencolor("blue") |
| speed(N) | 设置画笔移动速度为N，画笔绘制的速度范围为[0,10]整数，除了0的速度最快，1~10随着值的变大速度也变大 | speed(5) |

（2）绘图命令

操纵海龟绘图有许多命令，可以划分为三种：一种为运动命令，如 forward()；一种为画笔控制命令，如 color(R,G,B)；还有一种是全局控制命令，如 clear()。在上一章中已经介绍了常用的命令，这一节主要详细介绍一下 circle 命令，其语法为：
```
circle(radius, extent=None, steps=None)
```

其中三个参数的说明见表 4-3。

表 4-3　circle 函数参数说明

| 参　　数 | 设　置　说　明 |
| --- | --- |
| radius | 圆的半径，半径为正（负），表示圆心在画笔的左边（右边）画圆 |
| extent | 弧度，可选，比如180表示画180°的弧，即半圆 |
| steps | 可选，做半径为radius的圆的内切正多边形，多边形边数为steps |

比如，画半径为 100 的半圆的内切 8 边形，其运行结果如图 4-2 所示。

```
>>>circle(100,180,8)
```

【例 4-1】使用 turtle 绘制黄色的五角星，程序运行结果如图 4-3 所示。

图4-2　半径为100的半圆的内切8边形

图4-3　用turtle绘制黄色的五角星图

```
from turtle import *
setup(1000,800,100,100)
screensize(canvwidth=1000, canvheight=800,bg='red')
speed(10)
up()
goto(-170,145)
down()
fillcolor('yellow')
pencolor('yellow')
begin_fill()
for x in range(5):
    forward(500)
    right(144)
end_fill()
```

【程序分析与说明】

① 使用 begin_fill() 和 end_fill() 为五角星填色。

② 由于五角星有 5 个角，所以使用 for 循环绘制 5 条线，每个角的度数是 36°，所以每绘制完一条线之后，让其向右偏转 144°，如图 4-4 所示。

图4-4　五角星一角

### 4.1.3 random 库与随机数

Python 为用户提供了非常完善的内置标准代码库，涵盖了超过 200 个核心模块，覆盖了网络、文件、GUI、数据库、文本等大量内容。用 Python 开发软件，许多功能不必从零编写，直接使用现成的即可。下面介绍常用的 random 库。

一般计算机的随机数都是伪随机数，以一个真随机数（种子）作为初始条件，然后用一定的算法不停迭代产生随机数。Python 通过 random 库提供各种伪随机数，基本可以用于除加密解密算法外的大多数工程应用。随机数种子一旦确定，产生的随机数序列也就确定了。random 库相关函数见表 4-4。

表 4-4 random 库相关函数

| 函　数　名 | 功　　能 |
|---|---|
| random() | 生成一个[0,1)之间的随机浮点数 |
| seed() | 用来初始化随机数种子，默认值为当前系统时间。随机数种子多为一个整数，而且相同的种子所生成的随机数序列也相同 |
| uniform(a, b) | 生成一个a到b之间的随机浮点数 |
| randint(a, b) | 生成一个[a,b]之间的随机整数 |
| choice(<list>) | 从指定序列中随机返回一个元素 |
| shuffle(<list>) | 将序列中元素随机打乱 |
| sample(<list>, k) | 从指定序列中随机获取k个元素 |
| randrange() | 返回指定递增基数集合中的一个随机数，基数默认值为1 |

【例 4-2】生成各种随机数。

```
>>> import random
>>> print(random.random())              # 返回一个 [0,1) 之间的随机浮点数
0.5199942571330846
>>> print(random.randint(1,10))         # 返回一个 [1,10] 之间的随机整数
8
>>> random.seed(5)     # 给定随机数种子5。当种子不指定时，默认生成的种子是当前系统时间。
>>> print(random.random())
0.6229016948897019
>>> print(random.choice('abcdefg'))     # 从字符串中随机返回一个字符
d
>>> list1=[1,2,3,'a','b']
>>> random.shuffle(list1)               # 将序列中元素随机打乱
>>> print(list1)
['a', 'b', 2, 3, 1]
```

### 4.1.4 time 库与程序计时

在 Python 中包含了若干个能够处理时间的库，而 time 库是其中最基本的一个标准库。time 库能够表达计算机时间，提供获取系统时间并格式化输出的方法，提供系统级精确计时功能，用于程序性能分析。time 库相关函数见表 4-5。

表 4-5　time 库相关函数

| 函　数 | 描　述 |
|---|---|
| time() | 获取当前时间戳，即当前系统内表示时间的一个浮点数。时间戳是从1970年1月1日0:00开始，到当前为止的一个以秒为单位的数值 |
| ctime() | 获取当前时间，并返回一个以人类可读方式的字符串 |
| gmtime() | 获取当前时间，并返回计算机可处理的时间格式 |
| strftime(tpl,ts) | 按照特定的时间格式tpl显示时间ts |
| strptime(str,tpl) | 按照特定时间格式tpl将字符串str转换为时间类型 |
| perf_counter() | 返回一个CPU级别的精确时间计数值，单位为秒。由于这个计数值起点不确定，连续调用求差值才有意义 |
| sleep(s) | s为休眠时间，单位秒，可以是浮点数 |

【例 4-3】time 库的使用。

```
>>> import time
>>> time.time()
1593591630.719298
>>> time.ctime()
'Wed Jul  1 16:20:53 2020'
>>> time.gmtime()
time.struct_time(tm_year=2020, tm_mon=7, tm_mday=1, tm_hour=8, tm_min=21,
tm_sec=16, tm_wday=2, tm_yday=183, tm_isdst=0)
>>> t=time.gmtime()
>>> time.strftime("%Y-%m-%d %H:%M:%S",t)
'2020-07-01 08:21:44'
```

 4.2　Python 第三方库的获取和安装

除了内置的标准库外，Python 还有大量的第三方库，也就是他人开发的供用户下载使用的代码。在 Python 开源社区中，倡导优秀的代码通过封装后作为第三方库共享给他人使用。第三方库与 Python 直接集成的标准库不同，它是需要手动安装的。安装 Python 第三方库有以下三种方法。

1. 使用 pip 命令全自动安装

pip 命令提供了对 Python 包的查找，下载、安装、卸载的功能。Python 3.4+ 以上版本自带 pip 工具。pip 的安装路径在 Python 安装目录下的 Scripts 文件夹下。安装前需要先配置 path 环境变量，添加 Python 的安装路径和 Scripts 的路径，如图 4-5 所示添加第 7、8 行，这样才便于在 Windows 的 cmd 中运行 pip 命令。

一般来说，第三方库都会在 Python 官方的 https://pypi.org/ 网站注册，要安装一个第三方库，必须先知道该库的名称，比如中文分词库的名称叫 jieba，则在 cmd 中安装 jieba 的命令是：

```
pip install jieba
```

耐心等待自动下载并安装后，就可以使用 jieba 库了。

图4-5　配置path环境变量

2. 集成安装方法

在使用 Python 时，经常需要用到很多第三方库，用 pip 一个个安装费时费力，还需要考虑兼容性。推荐直接使用 Anaconda，这是一个基于 Python 的数据处理和科学计算平台，它已经内置了许多非常有用的第三方库，装上 Anaconda，就相当于把数十个第三方库自动安装好了，非常简单易用。

3. 手动安装方法

使用 pip 在线安装的过程容易出现各种各样的错误提示，初学者通常不知道如何应对，下面提供手动离线安装 jieba 库的方法。

①首先需要从官网 https://pypi.org/project/jieba/ 上下载压缩包，比如：jieba-0.42.1.tar.gz 解压到 Python 安装目录下。

②在 cmd 界面输入"pip install 安装包名"即可，如 pip install jieba，如图 4-6 所示。

```
C:\Windows\System32\cmd.exe                                    —    □    ×

C:\Users\hello\Downloads>pip install jieba
Collecting jieba
  Using cached jieba-0.42.1.tar.gz (19.2 MB)
Using legacy 'setup.py install' for jieba, since package 'wheel' is not installed.
Installing collected packages: jieba
    Running setup.py install for jieba ... done
Successfully installed jieba-0.42.1
```

图4-6　手动安装jieba库

## 4.2.1　PyInstaller 库与程序打包

Python 是解释性语言，需要支持 Python 的计算机系统才能执行。但有些计算机系统是没有配置 Python 环境的，这时就需要将 .py 文件转换为 .exe 可执行文件。PyInstaller 库是将 Python 程序文件打包生成可直接运行程序的第三方库。PyInstaller 的安装建议采用手动安装方法，安装成功后就可以通过它对 py 文件进行打包了。

【例 4-4】利用 PyInstaller 库将已有的 aa.py 文件转换为 aa.exe 可执行文件

①将 aa.py 文件复制到安装好的 PyInstaller 目录中。

②打开 cmd 界面，进入 PyInstaller 目录。

③输入 pyinstaller –F aa.py 后按回车键，如图 4-7 所示。

图4-7　在cmd界面输入代码

④出现 completed successfully 字样表示打包成功，如图 4-8 所示。

```
9851 INFO: Building EXE from EXE-00.toc completed successfully.

C:\Users\yy\AppData\Local\Programs\Python\Python37\PyInstaller-3.6>
```

图4-8　打包成功的提示信息

⑤在如图 4-9 所示的 PyInstaller\dist 目录中找到 aa.exe，即可双击执行。

图4-9　dist目录中的aa.exe文件

## 4.2.2　jieba 库与中文分词

如果需要将中文文本通过分词获得单个词语，可以另外安装优秀的中文分词第三方库 jieba。jieba 库分词的原理是利用一个中文词库，确定汉字之间的关联概率。汉字间概率大的组成词组，形成分词结果。除了分词，用户还可以添加自定义的词组。jieba 库常用函数见表 4-6。

jieba 库提供三种分词模式：

- 精确模式：把文本精确的分开，不存在冗余单词。
- 全模式：把文本中所有可能的词语都扫描出来，会有冗余。
- 搜索引擎模式：在精确模式基础上，对长词再次切分，会有冗余。

表 4-6 jieba 库常用函数

| 函　　数 | 描　　述 |
|---|---|
| jieba.cut(s) | 精确模式，返回一个可迭代的数据类型 |
| jieba.cut(s,cut_all=True) | 全模式，输出文本s中所有可能单词 |
| jieba.cut_for_search(s) | 搜索引擎模式，适合搜索引擎建立索引的分词结果 |
| jieba.lcut(s) | 精确模式，返回一个列表类型，建议使用 |
| jieba.lcut(s,cut_all=True) | 全模式，返回一个列表类型，建议使用 |
| jieba.lcut_for_search(s) | 搜索引擎模式，返回一个列表类型，建议使用 |
| jieba.add_word(w) | 向分词词典中增加新词w |
| jieba.del_word(w) | 从分词词典中删除词汇w |

【例 4-5】jieba 库的三种分词模式用法，程序运行结果如图 4-10 所示。

```
import jieba
seg_str=" 垃圾分类，人人有责 "
print(jieba.lcut(seg_str))                    # 精确模式，返回一个列表类型的结果
print(jieba.lcut(seg_str, cut_all=True))      # 全模式，使用 'cut_all=True' 指定
print(jieba.lcut_for_search(seg_str))         # 搜索引擎模式
```

【例 4-6】利用 jieba 库统计 D 盘根目录下的"三国演义 .txt"文件中出现次数最多的十大词语，程序运行结果如图 4-11 所示。

```
import jieba
txt=open("D:\\ 三国演义 .txt","r", encoding='utf-8').read()
words=jieba.lcut(txt)              # 使用精确模式对文本进行分词
counts={}                         # 通过键值对的形式存储词语及其出现的次数
for word in words:
  if len(word)==1:                # 单个词语不计算在内
    continue
  else:
    counts[word]=counts.get(word, 0) + 1     # 遍历所有词语，每出现一次其对应的值加 1
items=list(counts.items())                   # 将键值对转换成列表
items.sort(key=lambda x: x[1], reverse=True) # 根据词语出现的次数进行从大到小排序
for i in range(10):
  word, count=items[i]
  print("{0:<5}{1:>5}".format(word, count))
```

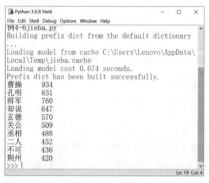

图4-10 三种分词模式程序运行结果　　　图4-11 jieba库统计十大词语程序运行结果

## 4.2.3　利用 wordcloud 库智能生成词云

词云是以词语为基本单位直观和艺术的表现出文章的主题的一种方式。当我们手中有一篇文档，比如书籍、小说、电影剧本，如果想快速了解其主要内容是什么，则可以使用 wordcloud 库绘制词云图，配置相关的属性，显示主要的关键词（高频词）生成个性词云图像，wordcloud 库将从给定的"文本"中按空格读取单词，出现次数越多的单词，生成的图像越大。

（1）在 cmd 中使用 pip 命令安装 wordcloud 库

```
pip install wordcloud
```

（2）生成 WordCloud 对象

```
>>>w=wordcloud.WordCloud()
```

如果想要生成个性词云，则可以设置 wordcloud.WordCloud() 的参数，包括绘制词云的形状、尺寸和颜色等，wordcloud.WordCloud() 的常用参数见表 4-7。

表 4-7　wordcloud.WordCloud() 的常用参数

| 参　　数 | 说　　明 |
| --- | --- |
| font_path | string，字体路径，需要展现什么字体就把该字体路径+后缀名写上，如：font_path='黑体.ttf' |
| width | int，输出的画布宽度，默认为400像素 |
| height | int，输出的画布高度，默认为200像素 |
| prefer_horizontal | float，词语水平方向排版出现的频率，默认为 0.9（所以词语垂直方向排版出现频率为 0.1） |
| min_font_size | in，显示的最小的字体大小，默认为4 |
| max_words | number，要显示的词的最大个数，默认为200 |
| mask | 设置词云的形状 |

注意：由于 wordcloud 库自带的字体 DroidSans Mono.ttf 不支持中文，所以需要使用参数 font_path 指定替代的字体路径。

（3）加载词云文本

generate 函数可以根据文本参数中词语出现的频率等参数绘制词云。

```
>>>w.generate('dog cat fish bird cat cat dog')
```

【例 4-7】利用 wordcloud 库绘制词云图，程序运行结果如图 4-12 所示。

```
from wordcloud import WordCloud
import matplotlib.pyplot as plt
from PIL import Image
import numpy as np
poetry_text=open("围城.txt","r", encoding='utf-8').read()
font=r'ygyxs88.ttf'                          # 设置好中文字体
mask=np.array(Image.open("black_mask.jpg"))  # 设置词云的形状
# 生成对象
wc=WordCloud(mask=mask, font_path=font,
             width=800, height=600, mode='RGBA',
             background_color=None).generate(poetry_text)
# 显示词云
plt.imshow(wc, interpolation='bilinear')
plt.axis('off')
plt.show()
```

```
# 保存到文件
wc.to_file('wordcloud.png')                              # 生成图像是透明的
```

图4-12  绘制词云图程序运行结果

Python 语言有超过 12 万个第三方库，覆盖信息技术几乎所有领域，库是其吸引人的一个出众的优点，通过使用 Python 第三方库可以实现高效率的开发。

## 4.3  Python 数据智能分析

### 4.3.1  在 NumPy 库中加载数据集

Python 并没有提供数组功能。虽然列表可以完成基本的数组功能，但它不是真正的数组，而且在数据量较大时，使用列表的速度就会慢得让人难以接受。为此，NumPy 库提供了真正的数组功能，以及对数据进行快速处理的函数，而且提供了许多高级的数值编程工具，如：矩阵数据类型、矢量处理，以及精密的运算库，其专为进行严格的数字处理而产生，多为很多大型金融公司使用。此外，NumPy 是很多更高级的扩展库的依赖库，比如 SciPy、Matplotlib、Pandas 等库都依赖于它。而且，NumPy 内置函数处理数据的速度是 C 语言级别的，因此在编写程序的时候，应当尽量使用它们内置的函数，避免出现效率瓶颈的现象（尤其是涉及循环的问题）。

在 Windows 中，NumPy 的安装跟普通的第三方库安装一样，可以通过 pip install numpy 安装，也可以自行下载源代码安装。

1. NumPy 的 ndarray：一种多维数组对象

NumPy 最重要的一个特点就是其 $N$ 维数组对象（即 ndarray）。该对象是一个通用的同构数据多维容器，也就是说，其中的所有元素必须是相同类型的。每个数组都有一个 shape（一个表示各维度大小的元组）和一个 dtype，可以利用这种数组对整块数据执行一些数学运算，其语法跟标量元素之间的运算一样。

创建一个 ndarray 只需调用 NumPy 的 array 函数即可：

```
numpy.array(object, dtype=None, copy=True, order=None, subok=False,
ndmin=0)
```

其中参数说明见表 4-8。

表 4-8　array 函数参数说明

| 名称 | 描　　述 |
|------|----------|
| object | 数组或嵌套的数列 |
| dtype | 数组元素的数据类型，可选 |
| copy | 对象是否需要复制，可选 |
| order | 创建数组的样式，C 为行方向，F 为列方向，A 为任意方向（默认） |
| subok | 默认返回一个与基类类型一致的数组 |
| ndmin | 指定生成数组的最小维度 |

【例 4-8】创建数组的方法。

```
>>>import numpy as np
>>>a=np.array([1,2,3])                       # 一维数组
>>>print(a)
[1,2,3]
>>>a=np.array([[1,2], [3,4]])                # 二维数组
>>>print(a)
[[1,2]
 [3,4]]
```

### 2. NumPy 数组属性

NumPy 数组的维数称为秩（rank），秩就是轴的数量，即数组的维度，一维数组的秩为 1，二维数组的秩为 2，以此类推。

在 NumPy 中，每一个线性的数组称为是一个轴（axis），秩其实就是描述轴的数量。比如说，二维数组相当于是两个一维数组，其中第一个一维数组中每个元素又是一个一维数组。所以一维数组就是 NumPy 中的轴，第一个轴相当于是底层数组，第二个轴是底层数组里的数组。而轴的数量——秩，就是数组的维数。

NumPy 的数组中比较重要的 ndarray 对象属性见表 4-9。

表 4-9　ndarray 对象属性

| 属性 | 说　　明 |
|------|----------|
| ndim | 秩，即轴的数量或维度的数量 |
| shape | 数组的维度，对于矩阵，n 行 m 列 |
| size | 数组元素的总个数，相当于 shape 中 n×m 的值 |
| dtype | ndarray 对象的元素类型 |
| itemsize | ndarray 对象中每个元素的大小，以字节为单位 |
| flags | ndarray 对象的内存信息 |
| real | ndarray 元素的实部 |
| imag | ndarray 元素的虚部 |
| data | 包含实际数组元素的缓冲区，由于一般通过数组的索引获取元素，所以通常不需要使用这个属性 |

【例 4-9】ndarray 对象属性的应用。

```
>>>import numpy as np
>>>a=np.arange(15).reshape(3, 5)        #方法 arange(15)，生成 0 到 14 的数组，方法
reshape(3,5)，自动构架一个 3 行 5 列的 array 对象
>>>a
array([[ 0,  1,  2,  3,  4],
       [ 5,  6,  7,  8,  9],
       [10, 11, 12, 13, 14]])
>>>a.shape
(3, 5)
>>>a.ndim                # 数组轴的个数，在 Python 的世界中，轴的个数被称作秩
2
>>>a.dtype.name
'int32'
>>>a.itemsize            # 数组中每个元素的字节大小
4
>>>a.size
15
>>>type(a)
<type 'numpy.ndarray'>
>>>b=np.array([6, 7, 8])
>>>b
array([6, 7, 8])
>>>type(b)
<type 'numpy.ndarray'>
```

## 4.3.2　Pandas 入门

Pandas 是 Python 下最强大的数据分析和探索工具。它包含高级的数据结构和精巧的工具，使得在 Python 中处理数据非常快速和简单。Pandas 构建在 NumPy 之上，它使得以 NumPy 为中心的应用很容易使用。Pandas 的功能非常强大，支持类似于 SQL 的数据增、删、查、改，并且带有丰富的数据处理函数，支持时间序列分析功能，支持灵活处理缺失数据，支持合并及其他出现在常见数据库（例如基于 SQL 的）中的关系型运算等。

Pandas 的安装相对来说比较容易，安装好 Numpy 之后，就可以直接安装了。通过 pip install pandas 或下载源码后运行 python setup.py install 安装均可。

1. Pandas 的数据结构介绍

要使用 Pandas，首先得熟悉它的两个主要数据结构：Series 和 DataFrame。虽然它们并不能解决所有问题，但它们为大多数应用提供了一种可靠的、易于使用的基础。

（1）Series

Series 是一种类似于一维数组的对象，它由一组数据（各种 NumPy 数据类型）以及一组与之相关的数据标签（即索引）组成。Series 的字符串表现形式为：索引在左边，值在右边。如果没有为数据指定索引，它会自动创建一个 0 到 N（N 为数据的长度）的整数型索引。你可以通过 Series 的 values 和 index 属性获取其数组表示形式和索引对象。

【例 4-10】创建一个 Series 对象，并通过索引的方式选取 Series 中的单个或一组值。

```
>>>from pandas import Series
```

```
>>>obj=Series([4, 7, -5, 3])
>>>obj
0    4
1    7
2   -5
3    3
dtype: int64
>>>obj.values
array([ 4,  7, -5,  3], dtype=int64)
>>>obj2=Series([4,7,-5,3],index=['d','b','a','c'])
>>>obj2
d   4
b   7
a  -5
c   3
dtype: int64
>>>obj2['a']
-5
>>>obj2[['c', 'a', 'd']]
c   3
a  -5
d   6
dtype: int64
```

（2）DataFrame

DataFrame 是一个表格型的数据结构，它含有一组有序的列，每列可以是不同的值类型（数值、字符串、布尔值等）。DataFrame 既有行索引也有列索引，它可以被看作由 Series 组成的字典（共用同一个索引）。DataFrame 中面向行和面向列的操作基本上是平衡的，DataFrame 中的数据是以一个或多个二维块存放的（而不是列表、字典或别的一维数据结构）。

构建 DataFrame 的办法有很多，最常用的方法是直接传入一个由等长列表或 NumPy 数组组成的字典，如例 4-11 所示，从运行结果中可以看到，DataFrame 主要由如下三个部分组成。

①数据：位于正中间的 15 个数据就是 DataFrame 的数据部分。

②索引：最左边的 0、1、2、3、4 是索引，代表每一行数据的标识。因为没有显示指定索引，所以会自动生成从 0 开始的数字索引。

③列标签：表头的 pop、state、year 就是标签部分，代表了每一列的名称。

【例 4-11】使用字典创建 DataFrame 对象。

```
>>>from pandas import DataFrame
>>>data={'state': ['Ohio', 'Ohio', 'Ohio', 'Nevada', 'Nevada'],
         'year': [2000, 2001, 2002, 2001, 2002],
         'pop': [1.5, 1.7, 3.6, 2.4, 2.9]}
>>>frame=DataFrame(data)
>>>frame
     pop        state          year
0    1.5        Ohio           2000
1    1.7        Ohio           2001
2    3.6        Ohio           2002
```

| 3 | 2.4 | Nevada | 2001 |
| 4 | 2.9 | Nevada | 2002 |

### 2. DataFrame 的常用属性和方法

DataFrame 提供的是一个类似表的结构，由多个 Series 组成，而 Series 在 DataFrame 中称为 columns，可以使用表 4-10 的常用属性和方法查看数据属性，进行数据操作。

表 4-10　DataFrame 的常用属性和方法

| 属性/方法 | 说　明 |
|---|---|
| columns | 查看有哪些列 |
| index | 查看索引 |
| dtypes | 查看每列的数据类型 |
| info() | 查看各列数据的数据类型 |
| shape | 查看行列的大小 |
| size | 查看总计有多少个单元格 |
| len(dataFrame) | 查看行数 |
| head(n) | 返回前n行数据，若head()中不带参数则会显示前五行数据 |
| tail(n) | 返回倒数n行数据，若tail()中不带参数则也会显示最后五行数据 |
| rename() | 修改列名，参数可以是一个字典或一个函数 |
| replace(to_replace, value) | 将to_replace替换为value。注意，只是返回的DataFrame中的值发生了变化，原始DataFrame的数据不变 |
| value_counts() | 查看某列中不同值的个数 |
| sort_values(by='##',axis=0,ascending=True, inplace=False, na_position='last') | 依据指定列进行排序，默认是升序 |
| loc[] | 按标签或布尔数组访问一组行和列，可以有两个输入参数，第一个指定行名，第二个指定列名。当只有一个参数时，默认是行名（即抽取整行），所有列都选中 |
| iloc[] | 按位置访问一组行和列，有两个输入参数，第一个指定行位置，第二个指定列位置。当只有一个参数时，默认是行位置（即抽取整行），所有列都选中 |

【例 4-12】DataFrame 的常用属性和方法。

```
>>>from pandas import DataFrame
>>>df=DataFrame([1, 2, 3, 5, 4], columns=['cols'], index=['a','b','c','d','e'])
>>>df.head(3)                          # 显示前 3 行数据
    cols
a      1
b      2
c      3
>>>df.size                             # 显示总计有多少个单元格
5
>>> df.columns                         # 查看有哪些列
index(['cols'], dtype='object')
>>> df.replace({4,8})                  # 将 df 中的数据 4 替换为 8
    cols
a      1
b      2
```

```
c      3
d      8
e      5
>>> df.sort_values('cols',ascending=False) #将 'cols' 列降序排序
    cols
e      5
d      4
c      3
b      2
a      1
>>> df['cols'].value_counts()              # 查 'cols' 列中每个值有多少个重复值
5      1
4      1
3      1
2      1
1      1
name: cols, dtype: int64
>>> df.loc['a']                            #单一标签，将行作为 Series 返回
cols    1
name: a, dtype: int64
>>> df.loc[['a','b']]                      #标签列表，注意使用 [[]] 返回一个 DataFrame
    cols
a      1
b      2
>>> df.loc['a']=20                         # 为与标签列表匹配的所有项设置值
>>> df                                     # 原始 DataFrame 中的数据发生了变化
    cols
a      20
b      2
c      3
d      4
e      5
>>> df.iloc[1]                             # 输出第 2 行数据
cols     2
name: b, dtype: int64
>>> df.iloc[:,[0]]                         # 输出第 1 列的所有行数据
    cols
a      20
b      2
c      3
d      4
e      5
```

### 3. 索引对象

Pandas 的索引对象负责管理轴标签和其他元数据（比如轴名称等）。构建 Series 或 DataFrame 时，所用到的任何数组或其他序列的标签都会被转换成一个索引对象。其中，Index 对象是最泛化的索引对象，它将轴标签表示为一个由 Python 对象组成的 NumPy 数组。

```
>>>obj=Series(range(3), index=['a', 'b', 'c'])
>>>index=obj.index
>>>index
```

```
index([a, b, c], dtype=object)
>>>index[1:]
index([b, c], dtype=object)
```

index 对象是不可修改的（immutable），因此用户不能对其进行修改。不可修改性非常重要，因为这样才能使 index 对象在多个数据结构之间安全共享。每个 index 对象都有一些方法和属性，它们可用于设置逻辑并回答有关该索引所包含的数据的常见问题。表 4-11 列出了 index 的常用函数。

表 4-11  index 的常用函数

| 函　　数 | 说　　明 |
|---|---|
| index([x,y,...]) | 创建索引 |
| append(index) | 连接另一个index对象，产生一个新的index |
| diff(index) | 计算差集，产生一个新的index |
| intersection(index) | 计算交集 |
| union(index) | 计算并集 |
| isin(index) | 检查是否存在于参数索引中，返回bool型数组 |
| delete(i) | 删除索引i处元素，得到新的index |
| drop(str) | 删除传入的值，得到新index |
| insert(i,str) | 将元素插入到索引i处，得到新index |
| is_monotonic | 属性：当各元素大于前一个元素时，返回true |
| is_unique | 属性：当index没有重复值时，返回true |
| unique | 属性：计算index中唯一值的数组 |

【例 4-13】index 属性和函数的示例。

```
import pandas as pd
if __name__=='__main__':
    s=pd.Series(['a', 'b', 'c'], index=['No.1', 'No.2', 'No.3'])
    # 将轴标签表示为一个由 Python 对象组成的 NumPy 数组
    ind1=s.index          #index(['No.1', 'No.2', 'No.3'], dtype='object')

    # 查看内容
    print(ind1[0])                    #No.1
    print(ind1[1])                    #No.2
    print(ind1[-1])                   #No.3
    print(s.index is ind1)            #true
    print('No.1' in ind1)             #true
    s2=pd.Series(['a', 'b', 'c', 'd'], index=['No.1', 'No.2', 'No.3', 'No.4'])
    ind2=s2.index         #index(['No.1', 'No.2', 'No.3', 'No.4'], dtype='object')
    #difference 计算索引的差集
    ret=ind1.difference(ind2)         #index([], dtype='object')
    ret=ind2.difference(ind1)         #index(['No.4'], dtype='object')
    #append(indexs) # 连接另一个 index 对象，产生一个新的 index
    ret=ind1.append(ind2)
    #index(['No.1','No.2','No.3','No.1','No.2','No.3','No.4'], type='object')
    #intersection(index) 计算交集
    ret=ind1.intersection(ind2) #index(['No.1', 'No.2', 'No.3'], dtype='object')
```

```
#union(index) 计算并集
ret=ind1.union(ind2)    #index(['No.1','No.2', 'No.3','No.4'], dtype='object')
#isin(index) 检查是否存在与参数索引中，返回bool型数组
print(ind1) #index(['No.1', 'No.2', 'No.3'], dtype='object')
print(ind2) #index(['No.1', 'No.2', 'No.3', 'No.4'], dtype='object')
ret=ind1.isin(ind2)              #[true  true   true]
ret=ind2.isin(ind1)              #[true  true   true false]
#delete(i) 删除索引 i 处元素，得到新的 index，不修改原 index
ret=ind1.delete(0)       #index(['No.2', 'No.3'], dtype='object')
#drop(str) 删除传入的值，得到新 index，不修改原 index
ret=ind1.drop('No.1')       #index(['No.2', 'No.3'], dtype='object')
#insert(i,str) 将元素插入到索引 i 处，得到新 index，不修改原 index
ret=ind1.insert(0, 'XXX')  #index(['XXX', 'No.1', 'No.2', 'No.3'], dtype='object')
#is_monotonic 当各元素大于前一个元素时，返回 true
ret=ind1.is_monotonic       #true
#is_unique 当 index 没有重复值时，返回 true
ret=ind1.is_unique                   #true 说明 ind1 中没有重复值
#unique() 计算 index 中唯一值的数组，即去重后的 index
ret=ind1.unique()
```

4. 汇总和计算描述统计

　　Pandas 对象拥有一组常用的数学和统计方法。它们大部分都属于约简和汇总统计，用于从 Series 中提取单个值（如 sum 或 mean）或从 DataFrame 的行或列中提取一个 Series。跟对应的 NumPy 数组方法相比，它们都是假设没有缺失数据为前提的，常用的汇总和计算函数见表 4-12。

表 4-12　Pandas 常用的汇总和计算函数

| 函　数 | 说　　明 | 函　数 | 说　　明 |
|---|---|---|---|
| idxmin | 最小值的索引值 | argmax | 最大值的索引位置 |
| idxmax | 最大值的索引值 | sum | 总和 |
| describe | 一次性多种维度统计 | mean | 平均数 |
| count | 非NA值（即缺失值）的数量 | median | 算术中位数 |
| min | 最小值 | mad | 根据平均值计算平均绝对离差 |
| max | 最大值 | var | 样本值的方差 |
| argmin | 最小值的索引位置 | std | 样本值的标准差 |

【例 4-14】汇总数组中的成绩，程序运行结果如图 4-13 所示。

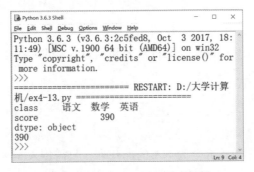

图4-13　DataFrame汇总程序结果

```
from pandas import DataFrame
data={'class':['语文','数学','英语'],'score':[120,130,140]}
frame=DataFrame(data)
print(frame.sum())                  # 汇总统计
sc=frame.score                      # 将DataFrame的列转成一个Series
print(sc.sum())
```

### 5. 处理缺失数据

缺失数据（missing data）在大部分数据分析应用中都很常见。Pandas的设计目标之一就是让缺失数据的处理任务尽量轻松。例如，Pandas对象上的所有描述统计都排除了缺失数据。Pandas使用浮点值NaN（not a number）表示浮点和非浮点数组中的缺失数据。它只是一个便于被检测出来的标记而已。Python内置的None值也会被当作NA（在Python中，NA表示缺省值）处理。

（1）滤除缺失数据

过滤掉缺失数据的办法有很多种。可以使用纯手工操作，也可以使用更实用一些的dropna函数。对于一个Series，dropna返回一个仅含非空数据和索引值的Series。

```
>>>from numpy import nan as NA
>>>data=Series([1, NA, 3.5, NA, 7])
>>>data.dropna()
0    1.0
2    3.5
4    7.0
```

当然，也可以通过布尔型索引达到这个目的。

```
>>>data[data.notnull()]
0    1.0
2    3.5
4    7.0
```

而对于DataFrame对象，dropna默认丢弃任何含有缺失值的行。

```
>>> data=DataFrame([[1., 6.5, 3.], [1., NA, NA],[NA, NA, NA], [NA, 6.5, 3.]])
>>>cleaned=data.dropna()
>>>data
     0    1    2
0    1  6.5    3
1    1  NaN  NaN
2  NaN  NaN  NaN
3  NaN  6.5    3
>>>cleaned
     0    1    2
0    1  6.5    3
```

如果在调用函数时，传入how='all'将只丢弃全为NA的那些行。

```
>>>data.dropna(how='all')
     0    1    2
0    1  6.5    3
1    1  NaN  NaN
3  NaN  6.5    3
```

如果要使用dropna函数丢弃全为NA的那些列，只需传入axis=1即可。

```
>>>data[4]=NA                        # 第4列置为NA
>>>data.dropna(axis=1, how='all')    # 将全为NA的列删除
```

```
        0    1    2
0   1   6.5   3
1   1   NaN  NaN
2  NaN   NaN  NaN
3  NaN   6.5   3
```

（2）填充缺失数据

如果不想滤除缺失数据，可以使用 fillna 函数填补那些"空洞"。调用 fillna 函数时，传入常量参数，就可以使用该常量替换缺失值。

```
>>>data=DataFrame([[1., 6.5, 3.], [1., NA, NA],[NA, NA, NA], [NA, 6.5, 3.]])
>>>data.fillna(0)
        0    1    2
0   1   6.5   3
1   1    0    0
2   0    0    0
3   0   6.5   3
```

## 4.3.3　数据加载、存储与文件格式

输入输出通常可以划分为几个大类：读取文本文件和其他更高效的磁盘存储格式，加载数据库中的数据，利用 Web Api 操作网络资源。如果不能将数据导入导出 Python，则前面介绍的这些工具就没什么大用。

### 1. 读写文本格式的数据

CSV 是一种通用的、相对简单的文件格式，被用户、商业和科学广泛应用。最广泛的应用是在程序之间转移表格数据。但是 CSV 并不是一种单一的、定义明确的格式，因此在实践中，术语"CSV"泛指具有以下特征的任何文件：

● 纯文本，使用某个字符集，比如 ASCII、Unicode、EBCDIC 或 GB 2312。

● 由记录组成（典型的是每行一条记录）。

● 每条记录被分隔符分隔为字段（典型分隔符有逗号、分号或制表符；有时分隔符可以包括可选的空格）。

● 每条记录都有同样的字段序列。

Pandas 提供了一些用于将表格型数据读取为 DataFrame 对象的函数，见表 4-13，其中 read_csv 和 read_table 是最常用的。

表 4-13　常用的文本解析函数

| 函数 | 说　　明 |
| --- | --- |
| read_csv | 从文件、url、文件型对象中加载带分隔符的数据，默认分隔符为逗号 |
| read_table | 从文件、url、文件型对象中加载带分隔符的数据，默认分隔符为制表符（"\t"） |
| read_fwf | 读取定宽列格式数据（也就是没有分隔符） |
| read_clipboard | 读取剪切板中的数据，可以看做read_table的剪切板。在将网页转换为表格时很有用 |

这些函数将文本数据转换为 DataFrame 时常用的技术可以分为以下几个大类：

● 索引：将一个或多个列当做返回的 DataFrame 处理，以及是否从文件、用户获取列名。

● 类型推断和数据转换：包括用户定义值的转换、缺失值标记列表等。

● 日期解析：包括组合功能，比如将分散在多个列中的日期时间信息组合成结果中的单个列。

- 迭代：支持对大文件进行逐块迭代。
- 不规整数据问题：跳过一些行、页脚、注释或其他一些不重要的东西（比如由成千上万个逗号隔开的数值数据）。
- 类型推断（type inference）是这些函数中最重要的功能之一，也就是说，不需要指定列的类型到底是数值、整数、布尔值，还是字符串，但是日期和其他自定义类型的进行另外处理。

首先我们来看一个以逗号分隔的（CSV）文本文件"ex1.csv"，文件的内容为：

```
a,b,c,d,info
1,2,3,4,ok
5,6,7,8,good
9,10,11,12,water
```

由于该文件以逗号分隔，所以可以使用 read_csv 将其读入一个 DataFrame。

```
>>>import pandas as pd
>>>df=pd.read_csv('ch04/ex1.csv')
>>>df
   a   b   c   d   info
0  1   2   3   4   ok
1  5   6   7   8   good
2  9  10  11  12   water
```

如果使用 read_table，则需要通过 sep 属性指定分隔符。

```
>>>pd.read_table('ch04/ex1.csv', sep=',')
```

如果文件没有标题行，则可以让 Pandas 为其分配默认的列名，也可以自己定义列名。

```
>>>pd.read_csv('ch04/ex1.csv', header=None)
>>>pd.read_csv('ch04/ex1.csv', names=['a','b','c','d','message'])
```

如果只想读取几行（避免读取整个文件），通过 nrows 进行指定即可。

```
>>>read_csv('ch04/ex1.csv', nrows=2)
   a   b   c   d   info
0  1   2   3   4   ok
1  5   6   7   8   good
```

2. 将数据写出到文本格式

数据也可以被输出为分隔符格式的文本。利用 DataFrame 的 to_csv 方法（Series 也有一个 to_csv 方法），可以将数据写到一个以逗号分隔的文件中，缺失值在输出结果中会被表示为空字符串。

```
>>>df=pd.read_csv('ch04/ex1.csv')    # 使用 read_csv 将其读入一个 DataFrame
>>>df.to_csv('ch04/out.csv')  # 利用 DataFrame 的 to_csv 方法将数据写到文件中
```

如果希望输出的文件使用其他分隔符，则可以在 to_csv 函数中，通过 sep 参数指定分隔符。

```
>>>df.to_csv('ch04/out.csv', sep='|')
```

注意：对于那些使用复杂分隔符或多字符分隔符的文件，CSV 模块就无能为力了。这种情况下，只能使用字符串的 split 方法或正则表达式方法 re.split 进行行拆分和其他整理工作。

### 3. JSON 数据

JSON（JavaScript object notation，JS 对象简谱）是一种轻量级的数据交换格式。它基于 ECMAScript（欧洲计算机协会制定的 JS 规范）的一个子集，采用完全独立于编程语言的文本格式来存储和表示数据。它层次结构简洁、清晰，易于阅读和编写，同时也易于机器解析和生成，并有效提升网络传输效率。JSON 已经成为通过 HTTP 请求在 Web 浏览器和其他应用程序之间发送数据的标准格式之一，如例 4-15 所示。

【例 4-15】JSON 数据格式。

```
obj="""
{"name": "Mary",
 "address": ["United States", "Spain", "Germany"],
 "pet": null,
 "siblings": [{"name": "John", "age": 25, "pet": "CoCo"},
              {"name": "William", "age": 33, "pet": "David"}]
}
"""
```

JSON 构建于 Python 标准库中，除其空值 null 和一些其他的细微差别（如列表末尾不允许存在多余的逗号）之外，JSON 非常接近于有效的 Python 代码。JSON 的基本类型有对象（字典）、数组（列表）、字符串、数值、布尔值以及 null，对象中所有的键都必须是字符串。许多 Python 库都可以读写 JSON 数据。通过 json.loads 即可将 JSON 字符串转换成 Python 形式。

```
>>>import json
>>>result=json.loads(obj)
>>>result
{u'name': u'Wes',
 u'pet': None,
 u'places_lived': [u'United States', u'Spain', u'Germany'],
 u'siblings': [{u'age': 25, u'name': u'Scott', u'pet': u'Zuko'},
               {u'age': 33, u'name': u'Katie', u'pet': u'Cisco'}]]
```

反之，json.dumps 则将 Python 对象转换成 JSON 格式。

```
>>>asjson=json.dumps(result)
```

### 4. 读取 Microsoft Excel 文件

Pandas 在对 Excel 文件处理时使用了一些已有的 python 库，常用的读取 Excel 文件的两个操作是 read_excel 函数和 ExcelFile 类。其中 read_excel 是用来直接读取 Excel 文件的，ExcelFile 类主要参与上下文管理。

下面简单介绍一下 read_excel 函数。假设当前目录下有 Excel 文件 "data.xlsx"，则可直接用 read_excel 函数读取。

```
>>>import pandas as pd
>>>pd_excel=pd.read_excel("data.xlsx")
```

在默认条件下，该函数只读取 Excel 文件的第一个表格，如果想直接用 read_excel 读出所有的表格，可通过设置 read_excel 函数的参数 sheet_name=None 来实现。

```
>>>pd_excel=pd.read_excel("data.xlsx",sheet_name=None)
```

将 Excel 文件读入后，可以通过 DataFrame 进行筛选和过滤数据。

```
>>>data_excel=pd.DataFrame(pd_excel)
```

处理后的数据可以使用 DataFrame 的方法 to_excel 写入 Excel 文件。

```
>>>data_excel.to_excel("data1.xlsx")
```

### 4.3.4 绘图和可视化

绘图是数据分析工作中最重要的任务之一，是探索过程的一部分，例如，帮助开发者找出异常值、必要的数据转换、得出有关模型的 idea 等。Python 有许多可视化工具，本书主要介绍 Matplotlib。Matplotlib 是一个用于创建出版质量图表的桌面绘图包（主要是 2D 方面），是目前最流行的用于绘制数据图表的 Python 库。它不仅支持各种操作系统上许多不同的 GUI 后端，而且还能将图片导出为各种常见的矢量（vector）和光栅（raster）图：PDF、SVG、JPG、PNG、BMP、GIF 等。通过 Matplotlib，开发者可以仅需要几行代码，便可以生成绘图、直方图、功率谱、条形图、错误图、散点图等。

要使用 Matplotlib 绘图，首先需要安装它。安装 Matplotlib 的命令是：

```
>>>pip install matplotlib
```

在 Matplotlib 库中，集成了大量用于定义图表的类和函数，其绘图的实现主要用到子库 pyplot。本书将介绍最常用的两种图形：折线图和散点图。

#### 1. 折线图

plot 函数是在 pyplot 库中最常用的函数，主要用于绘制折线图。plot 函数的主要语法格式如下：

```
plot(x,y,format_string,**kwargs)
```

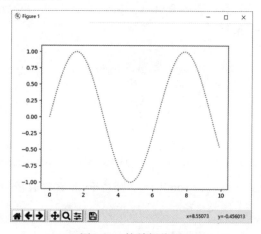

图4-14 简单折线图

其中，x 表示 x 轴数据；y 表示 y 轴数据；format_string 控制曲线的格式字串，由颜色字符、风格字符和标记字符组成；**kwargs 为不定参数，表示第二组或更多。

【例 4-16】显示具有 x 轴信息的折线图，程序运行结果如图 4-14 所示。

```
import matplotlib.pyplot as plt
import numpy as np
import math
x=np.arange(0,10,0.1)                 #使用 arange 函数生成一个数组,数与数之间的间隔为 0.1
y=[math.sin(each) for each in x]       #将数组中的数使用 sin 函数变为正弦值
plt.plot(x,y,'r:')                     #调用 plot 函数画图,字符 r 表示红色,':' 表示虚线
plt.show()                             #将图显示出来
```

#### 2. 散点图

散点图和折线图需要的数组非常相似，区别是折线图会将各数据点连接起来；而散点图则只是描绘各数据点，并不会将这些数据点连接起来。调用 Matplotlib 的 scatter() 函数可以绘制散点图，该函数支持的常用参数见表 4-14。

表 4-14　scatter() 函数常用参数表

| 参　数 | 说　明 |
|---|---|
| x | 指定x轴数据 |
| y | 指定y轴数据 |
| s | 指定散点的大小 |
| c | 指定散点的颜色 |
| alpha | 指定散点的透明度 |
| linewidths | 指定散点边框线的宽度 |
| edgecolors | 指定散点边框的颜色 |
| marker | 指定散点的图形样式 |
| cmap | 指定散点的颜色映射，会使用不同的颜色来区分散点的值 |

【例 4-17】使用 scatter() 函数来绘制按到原点的距离增大点的散点图，程序运行结果如图 4-15 所示。

```
import matplotlib.pyplot as plt
x=[0,2,4,6,8,10]
y=[0]*len(x)
s=[20*4**n for n in range(len(x))]
plt.scatter(x,y,s=s)
plt.show()
```

要使用 Matplotlib 组装一张图表，需要使用它的各种基础组件：数据展示（即图表类型：线型图、柱状图、盒形图、散布图、等值线图等）、图例、标题、刻度标签以及其他注解型信息。

3. Pandas 中的绘图函数

Series 和 DataFrame 都有一个用于生成各类图表的 plot 方法。默认情况下，他们所生成的是线型图。

【例 4-18】使用 pandas 绘制人均 GDP 曲线图，程序运行结果如图 4-16 所示。

```
import pandas as pd
import matplotlib.pyplot as plt
df=pd.read_csv('data.csv',index_col='year')      # 读取数据
df['yuan'].plot(color='r', linestyle='--', marker='*')   # 折线图
plt.show()
```

图4-15　按到原点的距离增大点的散点图

图4-16　人均GDP曲线图

如果需要绘制其他类型的图，可在 plot 函数中增加参数 kind 来指定图的类型，比如 kind='bar' 表示条形图。

## 4.3.5 数据聚类实例——鸢尾花分类

根据训练样本中是否包含标签信息，机器学习可以分为两类：监督学习（supervised learning）和无监督学习（unsupervised learning）。聚类分析是典型的无监督学习，起源于分类学，但不等于分类。聚类与分类的不同在于：聚类所要求划分的类是未知的。聚类分析通过学习没有分类标记的训练样本发现数据的内在性质和规律，其训练样本中只包含样本的特征，不包含样本的标签信息。

"数据聚类"是一种用以寻找紧密相关的事、人或观点，并将其可视化的方法。"物以类聚，人以群分"，这是人类几千年来认识世界和社会的基本能力。在日常生活中，几乎每时每刻都在分类。人们不自觉地用定性方法将人分为"好人""坏人"；按熟悉程度分为"朋友""熟人""陌生人"；收拾屋子，要把"有用"和"不用"的区分开等。

在聚类算法中，分析数据集中的所有数据（即样本），利用样本的特征（即属性），将具有相似属性的样本划分到同一个类别中。也就是说，聚类分析要将数据集划分为若干个互不相交的子集（簇），每个子集中的元素在某种度量之下都与本子集内的元素具有更高的相似度，不同子集之间具有较低的相似性。聚类时常被用于数据量很大（data-intensive）的应用中。比如跟踪消费者购买行为的零售商们，除了利用常规的消费者统计消息外，还可以利用这些信息自动检测出具有相似购买模式的消费者群体。年龄和收入都相仿的人也许会有迥然不同的着装风格，但是通过使用聚类算法，就可以找到"时装岛屿"，并据此开发出相应的零售或市场策略。聚类在计量生物学领域里也有大量的运用，人们用它来寻找具有相似行为的基因组，相应的研究结果可以表明，这些基因组中的基因会以同样的方式响应外界的活动，或者表明它们是相同生化通路中的一部分。

聚类分析内容非常丰富，算法很多。K 均值（K-Means）算法是最常用的聚类算法。本节将使用 K 均值聚类算法分析不同品种的鸢尾花的花萼（sepal）和花瓣（petal）长度和宽度，使用花萼长度（sepal length）、花萼宽度（sepal width）等观测数据作为样本的特征，将鸢尾花划分为不同的子品种。

### 1. K 均值聚类算法

K 均值聚类算法即 K-Means 算法，是一种广泛使用的聚类算法。K 均值聚类算法是基于相似性的无监督的算法，它是一种简单的迭代型聚类算法，采用距离作为相似性指标，通过比较样本之间的相似性，将较为相似的样本划分到同一个类别中，从而发现给定数据集中的 K 个类，每个类有一个聚类中心，即质心。每个类的质心是根据类中所有值的均值得到。由于 K 均值聚类算法简单、易于实现等特点，K 均值聚类算法得到了广泛的应用，如在图像分割方面的应用。

使用 K 均值聚类，首先要确定算法希望生成的聚类数量 K，然后算法会根据数据的结构状况来确定聚类的大小。K-Means 是一个反复迭代的过程，它首先会随机确定 K 个中心位置，然后将各个数据项分配给最临近的中心点。待分配完成之后，聚类中心就会移到分配给该聚类的所有节点的平均位置处，然后整个分配过程重新开始。这一过程会一直重复下去，直到分配过程不再产生变化为止，如图 4-17 所示。

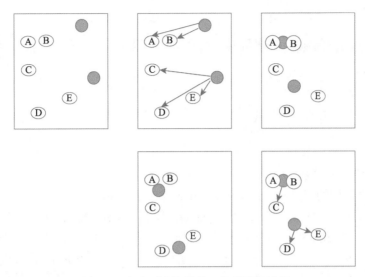

图4-17　包含两个聚类的K-均值聚类过程

在本例中，对于给定的一个包含 $n$ 个 $d$ 维数据点的数据集 $X$ 以及要分得的类别 K，选取欧式距离作为相似度指标。聚类目标是使得各类的聚类平方和最小，即最小化，如公式 4-1 所示。

$$J=\sum_{k=1}^{K}\sum_{i=1}^{n}\|x_i-u_k\|^2 \qquad\text{（公式 4-1）}$$

K 均值聚类算法共分为四个步骤：

①选取数据空间中的 K 个对象作为初始中心，每个对象代表一个聚类中心。

②对于样本中的数据对象，根据它们与这些聚类中心的欧几里得度量（Euclidean Metric，又称欧氏距离），按距离最近的准则将它们分到距离它们最近的聚类中心（最相似）所对应的类。

③更新聚类中心：将每个类别中所有对象所对应的均值作为该类别新的聚类中心，计算目标函数的值。

④判断聚类中心和目标函数的值是否发生改变。若不变，则输出结果；若改变，则返回步骤②。

2. Python 案例实践

（1）案例分析

不同品种的鸢尾花的花萼（sepal）和花瓣（petal）长度和宽度存在明显的差异，如图 4-18 所示。根据花萼、花瓣的长度和宽度可以将鸢尾花划为不同的品种。

本例使用的数据集是一个记录鸢尾属植物品种的样本集。数据集中共包含 150 条记录，每个品种的样本量为 50 条，每个样本包含它的萼片长度和宽度，花瓣的长度和宽度以及这个样本所属的具体品种。表 4-15 中描述了五个样本的特征数据。从数据中可以看出，这五朵花的花瓣宽度都是 0.2 cm，第一朵花的花萼最长，是 5.1 cm。

Setisa（山尾）

Versicolour（杂色鸢尾）

Virginica（维吉尼亚鸢尾）

图4-18　鸢尾花卉

表 4-15　五个鸢尾花样本的特征数据

| 花萼长度 | 花萼宽度 | 花瓣长度 | 花瓣宽度 |
| --- | --- | --- | --- |
| 5.1 | 3.5 | 1.4 | 0.2 |
| 4.9 | 3. | 1.4 | 0.2 |
| 4.7 | 3.2 | 1.3 | 0.2 |
| 4.6 | 3.1 | 1.5 | 0.2 |
| 5. | 3.6 | 1.4 | 0.2 |

（2）案例操作过程

① 导入程序使用的工具包：numpy、pandas 和 matplotlib。

其中 numpy 用于处理多维数组，pandas 用于从 CSV 文件中导入数据并转换为 DataFrame 形式，matplotlib 则用于绘制二维图形。

```
import numpy                            # 用于处理多维数组的库
import pandas as pd                     # 用于导入数据
import matplotlib.pyplot as plt         # 绘制二维图形的库
```

② 载入数据。

③ 数据由 CSV 文本保存，数据格式为四维坐标。

```
def loadDataSet(inFile):
    df=pd.read_csv(inFile)              # 将数据以 DataFrame 的方式读入
    return df
```

④ 获得初始的聚类质心。

```
def initCentroids(dataSet, k):
    return  dataSet.sample(k).values.tolist()   # 从 dataSet 中随机获取 k 个数据项返回
```

⑤ 计算两点之间的欧氏距离，通过欧氏距离来衡量两点之间的相似度。

```
def calcuDistance(vec1, vec2):
    return numpy.sqrt(numpy.sum(numpy.square(vec1-vec2)))
```

⑥ 计算数据集 dataSet 中每点与 centroidList 中每个质心之间的距离，并根据相似度将其标记到对应的簇中。

```
def getCluster(dataSet, centroidList):
    clusterDict=dict()                          # 用 dict 来保存簇类结果
    print(centroidList)
    for item in dataSet:
        vec1=numpy.array(item)                  # 转换成 array 形式
        print(vec1)
        flag=0
        minDis=float("inf")
        for idx in range(len(centroidList)):
            vec2=numpy.array(centroidList[idx])
            print(vec2)
            distance=calcuDistance(vec1, vec2)
            if distance<minDis:
                minDis=distance
                flag=idx
        if flag not in clusterDict.keys():      # 簇标记不存在，进行初始化
```

```
        clusterDict[flag]=list()
        clusterDict[flag].append(vec1.tolist())    # 加入相应的类别中
    print(clusterDict)
    return clusterDict
```

⑦ 计算每次聚类后簇的质心。

```
def getCentroids(clusterDict):
    centroidList=list()
    for key in clusterDict.keys():
        centroid=numpy.mean(numpy.array(clusterDict[key]), axis=0)
        # 计算每列的均值，即找到质心
        centroidList.append(centroid)
    return numpy.array(centroidList).tolist()
```

⑧ 计算簇集合间的均方误差，将簇类中各个向量与质心的距离进行累加求和。

```
def getVar(clusterDict, centroidList):
    sum=0.0
    for key in clusterDict.keys():
        vec1=numpy.array(centroidList[key])
        distance=0.0
        for item in clusterDict[key]:
            vec2=numpy.array(item)
            distance+=calcuDistance(vec1, vec2)
        sum+=distance
    return sum
```

⑨ 展示聚类结果。

```
def showCluster(centroidList, clusterDict):
    colorMark=['or', 'sb', '^g', 'ok', 'oy', 'ow']
    # 不同簇类的标记 'o' 代表圆，'r' 代表 red，'b' 代表 blue，'s' 代表方形，'^' 代表六边形
    centroidMark=['dr', 'sb', '^g', 'dk', 'dy', 'dw']  # 质心标记，同上 'd' 代表棱形
    for key in clusterDict.keys():
        plt.plot(centroidList[key][0],centroidList[key][1],centroidMark[key],
                markersize=12)                            # 画实心质心点
        for item in clusterDict[key]:
            plt.plot(item[0],colorMark[key],markfacecolr='none')  # 画簇类下的点
    plt.show()
```

⑩ 主程序。

```
if __name__=='__main__':
    inFile="iris.csv"                               # 数据集文件
    df=loadDataSet(inFile)                          # 载入数据集

    k=3                                             # 设置群组数为 3
    centroidList=initCentroids(df, k)              # 获得初始化质心
    dataSet=df.values.tolist()                      # 将 DataFrame 转换为 list
    clusterDict=getCluster(dataSet,centroidList)   # 第一次聚类迭代
    # print(clusterDict)
    newVar=getVar(clusterDict, centroidList)
    # 获得均方误差值，通过新旧均方误差来获得迭代终止条件
    oldVar=-0.0001   # 开始时均方误差值初始化为 -0.0001
    print('***** 第 1 次迭代 *****')
```

```
print()
print(' 簇类 ')
for key in clusterDict.keys():
    print(key, ' --> ', clusterDict[key])
print('k 个均值向量 : ',centroidList)
print(' 平均均方误差 : ',newVar)
print(showCluster(centroidList,clusterDict))          # 展示聚类结果
j=2
while abs(newVar-oldVar)>=0.0001:  # 当连续两次聚类结果小于 0.0001时，迭代结束
    centroidList=getCentroids(clusterDict)               # 获得新的质心
    clusterDict=getCluster(dataSet,centroidList)         # 新的聚类结果
    oldVar=newVar
    newVar=getVar(clusterDict,centroidList)
    # 展示聚类结果
    print('***** 第 %d次迭代 *****' %j)
    print()
    print(' 簇类 ')
    for key in clusterDict.keys():
        print(key, ' --> ', clusterDict[key])
    print('k 个均值向量 : ',centroidList)
    print(' 平均均方误差 : ',newVar)
    print(showCluster(centroidList,clusterDict))
    j+=1
```

3. 结果验证和展示

利用上面的程序来计算鸢尾花的簇，设定在计算开始时随机选择三个点作为初始质心，并且要求聚类结束时，两次聚类结果平均均方误差必须小于 0.0001。检查程序运行的最佳方法之一就是将其可视化。一种可视化方法是绘制散点图（scatter plot）。数据散点图将一个特征作为 x 轴，另一个特征作为 y 轴，将每一个数据点绘制为图上的一个点。可惜，计算机屏幕只有两个维度，所以一次只能绘制两个特征（也可能是三个），用这种方法难以对多于三个特征的数据集作图，而鸢尾花有四个特征。解决这个问题的一种方法是绘制散点图矩阵（pair plot），从而可以两两查看所有的特征。这里，只对鸢尾花花萼长度和宽度这两维数据进行可视化，其运行结果如图 4-19 所示。

在图 4-19 中，圆形、方形和三角形分别为每次聚类迭代后的不同簇，空心表示是原始样本数据，实心表示簇的质心。为了验证聚类的有效性，将实际生物数据中鸢尾花的三种类别山鸢尾、杂色鸢尾和维吉尼亚鸢尾也用二维图显示出来，并与聚类的结果相比较，如图 4-20 所示。

观察图 4-20 可以发现，山鸢尾（圆形）和杂色鸢尾（三角形）这两个品种都被准确地识别出来，只有维吉尼亚鸢尾（方形）样本的小部分被错分类为杂色鸢尾。由此可见，通过聚类可以比较准确地将同品种的鸢尾花识别出来。

注意：K-Means 需要输入划分簇的个数，这是比较头疼的问题，为了应用它得先用别的算法或者不断试算得出大致数据可分为几类。而且，它对初始中心点的选取比较敏感，如果中心点选取不恰当，例如随机选取的中心点都较为靠近，那么最后导致的聚类结果可能不理想。为了避免此率发生，通常都要尝试多次，每次选取的中心点不同以此来保证聚

类质量。聚类的目的是把数据分类，但是由于事先不知道如何去分，完全是由算法来判断各条数据之间的相似性，如果相似就放在一起。因此在聚类的结论出来之前，可能完全不知道每一类有什么特点，所以最终一定要根据聚类的结果通过人的经验来分析聚成的这一类的大概特点。

图4-19　鸢尾花聚类过程

（a）聚类结果图　　　　　　　　　　　（b）实际样本图

图4-20　鸢尾花实际样本与聚类结果差别图

## 4.3.6　机器学习库 Sklearn

　　Scikit-Learn 简称 Sklearn，是基于 Python 语言的机器学习工具，是机器学习中常用的第三方模块，它对常用的机器学习方法进行了封装，包括回归（regression）、降维（dimensionality reduction）、分类（classfication）、聚类（clustering）等方法。

Sklearn 具有以下特点：

- 简单高效的数据挖掘和数据分析工具。
- 让每个人能够在复杂环境中重复使用。
- 建立在 NumPy、Scipy、MatPlotLib 之上。
- 开源，可商业使用，BSD 许可证。

### 1. 安装 Sklearn

Sklearn 安装要求 Python（2.7 以上版本）、NumPy（1.8.2 以上版本）、SciPy（0.13.3 以上版本）。如果已经安装 NumPy 和 SciPy，安装 Sklearn 可以使用 pip install sklearn。

### 2. 在机器学习主要步骤中 sklearn 的应用

（1）数据集

如果有现实中的任务，一般都有自己的数据集，但是对于学习者来说，Sklearn 提供了一些数据，主要包括两部分：一部分是通过方法加载网上的一些常用数据集；另一部分可以调用 Sklearn 库中的方法生成所设定的数据，比如 sklearn.datasets.make_blobs 方法常被用来生成聚类算法的测试数据，make_blobs 会根据用户指定的特征数量、中心点数量、范围等来生成几类数据，这些数据可用于测试聚类算法的效果，如例 4-19 所示。

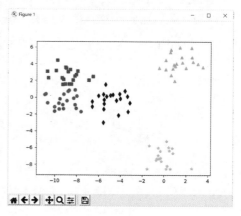

图4-21　模拟聚类数据显示

【例 4-19】使用 make_blobs 方法生成五类数据用于聚类（100 个样本，每个样本 2 个特征），程序运行结果如图 4-21 所示。

```
from sklearn.datasets import make_blobs
from matplotlib import pyplot
data,label=make_blobs(n_samples=100,n_features=2,centers=5)
# 绘制样本显示
colorMark = ['or', 'sb', '^y', '*c', 'dk']
for i in range(0,len(label)):
    pyplot.plot(data[i][0],data[i][1],colorMark[label[i]])
pyplot.show()
```

在 make_blobs 方法调用中，n_samples 表示产生多少个数据，n_features 表示数据是几维的，centers 表示数据点中心，可以输入整数，代表有多少个中心，也可以输入几个坐标。在这个例子中，生成了 100 个 2 维的样本数据，这 100 个数据可分为五类，在图中使用不同的颜色标注出。

（2）数据预处理

Sklearn 库中的数据预处理包括降维、数据归一化、特征提取和特征转换（one-hot）等许多方法。这里简单地介绍归一化方法。归一化方法指通过对原始数据进行变换把数据映射到某个区间（默认为 [0,1]），从而避免在不同列数据的数量级相差过大。

```
>>>from sklearn.preprocessing import MinMaxScaler
>>>mm=MinMaxScaler()
```

```
>>>data=mm.fit_transform([[40, 23, 10, 40],[60, 24, 5, 45],[75, 37, 13, 2]])
>>>print(data)
[[0.         0.         0.625       0.88372093]
 [0.57142857 0.07142857 0.          1.         ]
 [1.         1.         1.          0.         ]]
```

（3）选择模型并训练

Sklearn 里面有很多的机器学习方法，可以查看 Api 找到需要的方法。Sklearn 统一了所有模型调用的 Api，易于调用。这里结合上一节的鸢尾花聚类案例，简单介绍一下如何使用 sklearn.cluster 中的 KMeans 聚类包来实现数据的聚类。

① 首先导入程序使用的工具包：

```
from sklearn.cluster import KMeans
```

② 使用 KMeans 类初始化分类器，根据不同的算法，需要给出不同的参数，一般所有的参数都有一个默认值。

KMeans 类的语法为：

```
Kmeans(n_clusters=8, init='k-means++', n_init=10, max_iter=300,
tol=0.0001, precompute_distances='auto', verbose=0, random_state=None,
copy_x=True, n_jobs=1, algorithm='auto')
```

其中的参数说明见表 4-16。

表 4-16　KMeans 类参数说明

| 参　数 | 含　义 |
| --- | --- |
| n_clsuters | int型，可选，默认值为8。聚类中心的个数，即聚类的簇数 |
| init | 可选值'k-means++'、'random'或一个ndarray。初始化质心的方式，默认是'k-means++', 'random'随机从训练数据中选初始质心，如果传递一个ndarray，应该如(n_clusters, n_features)，并给出初始质心 |
| n_init | int型，默认10，用不同质心初始化运行算法的次数 |
| max_iter | int型，默认300，执行一次K-Means算法的最大迭代次数 |
| tol | float型，默认0.0001，误差容忍度最小值 |
| precompute_ distances | 可选值auto、True、False。是否预先计算距离值（如果预先计算，则更快，但占用更多内存），对一组数据只运行较少次聚类结果时，不需要预选计算 |
| verbose | int型，默认0，是否打印中间过程，0是不打印 |
| random_state | int型，RandomState的实例或None，可选，默认None。如果是一个固定的整数，则确定一个种子，每次可以分割得到同样的训练集和测试集。如果是RandomState实例，random_state是随机数生成器，如果是None，随机数生成器是由np.random的RandomState实例 |
| n_jobs | int型，使用的计算力的数量，通过计算并行运行的每个n_init来实现。如果是–1，则所有CPU全部使用，如果指定为1，则不使用并行代码，方便调试。该值小于–1，则使用 (n_cpus + 1 + n_jobs)．对于n_jobs = –2, 使用n_cpus–1 |
| algorithm | 可选值'auto'、'full'、'elkan'。'full'是传统的K-Means算法, 'elkan'是elkan K-Means算法，默认值'auto'会根据数据值是否稀疏，来决定如何选择'full'和'elkan'。一般，数据稠密选'elkan'，否则就是'full' |

一般而言，用户只需要设置 n_clsuters 值即可，即确定聚类的簇数。

比如，需要将数据集分为三个簇：

```
>>>cluster=KMeans(3)
```

③ 对 KMeans 确定类别以后，就可以对数据集进行聚类，常用的方法见表 4-17。

表 4-17　KMeans 类的常用聚类方法

| 方法 | 描　　述 |
| --- | --- |
| fit(X[,y]) | 训练算法，计算K-Means聚类 |
| fit_predictt(X[,y]) | 计算簇质心并给每个样本预测类别 |
| fit_transform(X[,y]) | fit和transform的组合，既包含了训练，又包含了转换 |

比如，计算簇质心并给每个样本预测类别：

```
>>>s=cluster.fit_predict(dataSet)              #s 为每个样本的预测类别
```

④聚类之后，如果要了解聚类的结果，可以通过聚类的属性进行查看。聚类的常用属性见表 4-18。

表 4-18　KMeans 聚类的常用属性

| 属性 | 含　　义 |
| --- | --- |
| cluster_centers_ | 向量[n_clsuters, n_features]，每个簇中心的坐标 |
| labels_ | 每个数据的分类标签，从0开始 |
| inertia_ | float型，每个数据点到其簇的质心的距离之和，用来评估簇的个数是否合适 |

比如，查看聚类的质心：

```
>>>centroid=cluster.cluster_centers_
>>>centroid                                      # 查看质心
```

【例 4-20】使用 Sklearn 包中的 K-Means 算法实现数据聚类，程序运行结果如图 4-22 所示。

```
from sklearn.cluster import KMeans
import pandas as pd
import matplotlib.pyplot as plt
# 将保存在 csv 文件中的数据导入
dataSet=dpd.read_csv('iris.csv').values.tolist()
# 对 dataSet 数据集中的数据进行聚类
n_clusters=3                          # 设置聚类的个数为 3
cluster=KMeans(n_clusters)            # 初始化分类器
s=cluster.fit_predict(dataSet)        # 计算簇质心并给每个样本预测类别
# 将聚类的结果图示
x1=[x[0] for x in dataSet]
x2=[x[1] for x in dataSet]
colorMark = ['or','sb', '^g']
for i in range(0,len(x1)):
    plt.plot(x1[i],x2[i],colorMark[s[i]],markerfacecolor='none')
    centroid=cluster.cluster_centers_
for i in range(len(centroid)):
    plt.plot(cluster.cluster_centers_[i][0],cluster.cluster_centers_[i][1], colorMark[i])
plt.show()
```

比较图 4-22 和图 4-20，可以发现调用 Sklearn 包中的 K-Means 算法的聚类结果和人工编写算法的结果基本一样，调用 Sklearn 包内的算法来实现大数据分析，代码量大大减少（只需要几行代码即可），使用者只要了解算法的功能以及调用算法的参数，不需要了解算法的细节就可以得到想要的结果。

（4）模型评分

最简单的模型评估方法是调用模型自己的 score 方法。比如在例 4-20 中，可以使用 K-Means 算法的 score 方法进行模型评分。

```
>>>cluster.score(dataSet)
```

Sklearn 库拥有着完善的文档，具有着丰富的 Api，易学易用，在学术界颇受欢迎。开发者只要几行代码就可以用 Sklearn 实验不同的算法。Sklearn 不仅封装了许多知名的机器学习算法的实现，还封装了其他的 Python 库，如自然语言处理的 NLTK 库，同时还内置了大量数据集，可以节省获取和整理数据集的时间。同时，Sklearn 可以

图4-22　调用Sklearn包中的K-Means算法聚类鸢尾花结果

不受任何限制，遵从自由的 BSD 授权。Sklearn 库存稳定性很好，许多 Sklearn 库的算法都可以快速执行而且可扩展，大部分代码都可以通过 Python 的自动化测试。

# 本章小结

Python 在人工智能、大数据、自动化运维、全栈开发方面有着得天独厚的优势，其作为一种科学语言的流行程度正在急剧上升，有许多机器学习库都是用 Python 编写的。在 Python 的安装程序中包含了大量已经定义好的库和模块，称为标准库。除了 Python 的标准库以外，还有很多重要的 Python 库，如 NumPy、Pandas、SciPy 以及 Sklearn 等，它们都在数据分析和人工智能应用中扮演着重要的角色。

# ⊕ 工匠精神

## 数字中国建设助推中国式现代化

在当今数字化时代背景下，数字中国建设已经成为推动中国经济社会发展、加速中国式现代化进程的关键力量。通过融合信息技术与实体经济，构建智能化、网络化的社会管理体系和服务体系，数字中国正在逐步塑造一个更加高效、智慧、绿色的新中国。

一、案例：中兴通讯"用 5G 制造 5G"的智能工厂

步入中兴通讯位于南京滨江基地的"5G 全连接工厂"，你会被其高度自动化与智能化所震撼。在长达百米的 5G 基站生产线上，只有少数几位工程师的身影穿梭其间。黑色货箱装载着芯片和传感器等关键部件，沿着传送带抵达高达 27 层的立体仓库，自动提升机与轨道系统默契配合，将这些物料精准送达指定区域或直接

中兴通讯智能工厂

送入生产线。数辆高速穿梭的小车根据生产指令精确地挑选物料——这一切都由数据指令驱动，无须人工介入。

这座总投资 200 亿元人民币、于 2020 年 3 月正式投入运营的工厂，已成为全球 5G 智能制造的标杆。通过集成 5G、人工智能（AI）、数字孪生以及机器视觉技术的应用，该工厂实现了如同科幻电影中的"全连接"智能场景。5G 技术确保了机器视觉检测和智能机械臂能够高效处理大视频流及超高清图像的传输，使得实时收集的数据能够在智能系统的分析下，指挥机械臂完成高精度的操作，从而实现个性化生产并杜绝漏检现象。智能运营中心扮演着"数字大脑"的角色，能够立即识别设备故障并自动发出预警。通过"5G+ 扩展现实（XR）"远程诊断技术，可以远程指导现场维护工作。5G 小站产品不良率降低了 34%，漏检率更是降到了零。

此外，通过运用物联网技术和数字孪生技术，将人员、设备和环境转化为数字节点，实现了透明化和智能化的管理。无人机和巡逻机器人利用 5G 视频分析技术进行智能巡检，并能自动报告异常情况，确保生产的安全性。能耗监控系统还能实现实时调节风机和空调等设施，使每台产品的生产能耗降低超过 15%，积极响应了国家"双碳"战略目标。

二、案例：海尔上海洗衣机互联工厂——聪明的"虚拟工厂"

踏入海尔上海洗衣机互联工厂的领地，主控室内一幕令人叹为观止。工程师们正凝视着巨大的数字屏幕，指尖轻舞间，整个 12 万平方米的厂区仿佛被魔法般缩小，以三维数字模型的形态，"纤毫毕现"地展现在众人眼前。这不仅仅是虚拟与现实交织的幻想，而是工业智能化进程中的生动实践。2023 年 3 月实现产品下线的海尔上海洗衣机互联工厂，依托元宇宙技术应用，通过卡奥斯 COSMOPlat 工业互联网平台赋能，成功构建了从工厂建设到日常生产运营的全链条数字化镜像世界，在制造中引入了多项尖端制造工艺，如革命性的干衣机平衡性能智能预测系统，它巧妙结合激光传感技术与 AI 深度学习算法，对内筒工艺进行精准检测与诊断，自动调整加工参数，使得产品平衡性显著提升，高达 50% 的飞跃令人瞩目。在产品端，云端孪生技术的运用更是将洗衣机的功

海尔上海洗衣机互联工厂数字化车间

能推向极致，用户可根据个人喜好定制多达 140 种洗涤方案，同时，系统智能分析电价波动与用户习惯，定制节能洗涤策略，每次洗衣均可节省 30% 的电费，环保与经济性并重。

这场数字化转型的浪潮为海尔上海洗衣机互联工厂带来了翻天覆地的变化：生产效率飙升 20%，定制化产品交付周期大幅缩短 50%，生产成本得到有效控制，降幅达 10%，而能耗更是显著降低了 15%，客户满意度达到 98% 的高位，赢得了市场的广泛赞誉。海尔上海洗衣机互联工厂的卓越表现，不仅在国内获得了高度评价，更在全球舞台上大放异彩，荣获 2023 年全球工业 4.0 评奖中唯一的"智能可持续"奖项，彰显了其在全球智能制造领域的领先地位。2024 年，该工厂再次传来喜讯，成功入选我国工信部"工业互联网试点示范名单"，为行业树立了数字化转型的新标杆。

三、案例：杭州城市大脑

杭州城市大脑是一个典型的数字化城市建设案例，它利用大数据、人工智能、物联网等先

进技术，对城市运行状态进行实时感知、智能分析和精准决策，从而提升城市管理效率和服务水平。

杭州城市大脑，自 2016 年起由杭州市政府与阿里巴巴等企业合作开发，旨在通过数字化手段解决城市治理挑战，如交通拥堵、公共安全等。1.0 版本重点优化交通，智能控制 1300 多个路口的信号灯，降低 15% 以上交通拥堵，如中河高架路通行时间从 45 分钟缩短至 25 分钟。同时，通过实时监控和智能分析，城市大脑能够自动检测到交通事故，将响应时间从原来的 15 分钟缩短至 5 分钟以内，有效提升了救援效率。

目前，杭州城市大脑已升级至 2.0 版本，拓展至智慧医疗、智能停车、数据决策支持等多个领域。在浙江一医院，患者等待时间减少 67%，智能停车系统使市民寻找车位时间平均减少 45%。杭州城市大脑 2.0 整合了交通、环保、公共安全等数据，融合 AI 与物联网技术，实现了城市运行状态的实时感知和智能分析，如精准监测城市空气质量。眼下，杭州城市大脑 2.0 正加速推出 AI 原生应用场景，构建"数字人"生态，如杭小忆、亲清小 Q、小灵光等，提升城市服务智能化。

● 杭小忆：城市记忆守护者，拥有历史和文化知识库，生动讲述杭州故事，分享文化遗产，提供互动体验。

● 亲清小 Q：政务服务助手，精通政策法规，提供一站式政务咨询，简化市民与政府的交互流程。

● 小灵光：智慧生活伴侣，专注提升生活质量，提供个性化生活建议，管理日程，控制智能家居，让生活更轻松。

这些 AI"数字人"作为杭州城市大脑 2.0 的创新成果，彰显了数字化转型在提升城市治理和服务水平上的显著成效，不仅优化了城市管理，还显著提升了市民的生活品质。从 1.0 至 2.0 的升级迭代，杭州城市大脑的实践充分验证了数字化转型在现代城市管理中的关键作用，为其他城市迈向智慧化提供了可借鉴的范本。

党的二十大报告中，数字经济被赋予了前所未有的重要地位，强调了其在推动经济社会发展中的核心作用，提出要"加快发展数字经济，促进数字经济和实体经济深度融合"。这一战略导向为数字中国的建设指明了方向。2023 年 2 月，党中央、国务院发布的《数字中国建设整体布局规划》进一步明确了数字中国建设的战略定位和实施路径，指出数字中国建设是推进中国式现代化的重要引擎，是构筑国家竞争新优势的关键支撑。加快数字中国建设，对实现社会主义现代化国家的宏伟目标，推动中华民族伟大复兴，具有深远的战略意义和现实价值。

# 第5章　图像处理 Photoshop

## 内容提要

◎ 工具箱的用途和使用方法
◎ 选区的建立和编辑
◎ 图像的绘制与色彩调整
◎ 滤镜的使用方法
◎ 图层、蒙版、通道与文字路径

随着计算机技术的不断发展，计算机图形图像处理被广泛应用于广告制作、平面设计、网页设计、出版和影视后期制作等领域。在众多的图形图像处理软件中，应用最为广泛的是 Adobe 公司的 Photoshop。Adobe Photoshop 简称"PS"，主要处理以像素所构成的数字图像，可以将摄影图片、绘图和图形编辑等结合起来，并进行处理，产生各种绚丽甚至超越想象的艺术效果。Photoshop 简单易学，功能强大，在平面图形图像设计制作中占据着统治地位。本章将介绍 Adobe Photoshop CC 2018 快速入门的基础知识。

## 5.1　Photoshop 的工作界面

### 5.1.1　认识 Photoshop

启动 Photoshop CC 并打开一个图像文件后，将看到一个如图 5-1 所示的工作界面，它由以下几个部分组成：菜单栏、工具箱、工具选项栏、标题栏、文档窗（图像编辑窗）、状态栏和面板组。

图5-1　Photoshop CC 的工作界面

1. 菜单栏

Photoshop CC 将所有命令分类后，放在 11 个菜单中，单击下拉菜单项，可以完成大部分 Photoshop CC 的图像编辑处理功能。

2. 工具箱

Photoshop CC 的工具箱包含了许多功能强大的工具，这些工具可以完成各种图像的基本操作。单击工具箱中的某个工具图标，就可以选择该工具。在工具图标的右下角的小三角形·上单击并按住不放或在工具图标上右击，就可以打开隐藏的工具子菜单，如图 5-2 所示。按住【Alt】键，同时单击工具图标，可以循环切换同一组的工具子菜单项。

3. 工具选项栏

工具选项栏位于菜单栏的下方。在工具箱中选择一个工具后，工具选项栏就会显示出相应的工具属性，可以对当前所选工具属性进行设置。在工具箱中选择不同的工具，工具选项栏的内容也会随之变化。图 5-3 所示为在工具箱中选择"渐变工具"时的选项栏。

图5-2　工具箱

图5-3　选择"渐变工具"时的选项栏

4. 面板组

面板在默认状态下是以面板组的形式位于 Photoshop CC 工作界面的右侧，用于设置颜色、工具参数以及执行编辑命令等，当需要使用某个面板时，单击其标签即可。单击面板组右上角的双箭头 ，可以将面板折叠为图标，或将图标展开为面板。在面板组标签名称上按住鼠标左键拖动，可以将面板拖到需要的位置上单独显示，或者拖回原来面板组位置。用户可以根据需要自由组合面板。单击"窗口"菜单，可以选择或关闭某个面板。图 5-4 所示为图层面板、通道面板和样式面板。

5. 标题栏

标题栏显示 Photoshop CC 中打开的图像文件名称、颜色模式等信息。

6. 文档窗（图像编辑窗）

在 Photoshop CC 中打开一个图像文件，即可创建一个文档窗（图像编辑窗）。若同时打开了多个图像文件，这些文档窗将以选项卡的形式显示出来。在文档窗的标题栏按住鼠标左键拖动，可以将文档窗拖出成为可移动的浮动窗口。对图像进行的各种编辑的效果都能在浮动窗口中显示。

7. 状态栏

状态栏位于 Photoshop CC 文档窗的最底端，单击状态栏右侧的箭头形按钮 ，可弹出图 5-5 所示的菜单，从中选择不同的选项，状态栏将显示与之相应的内容。

（a）图层面板　　　　　（b）通道面板　　　　　（c）样式面板

图5-4　面板图　　　　　　　　　　　　　　图5-5　状态栏菜单

## 5.1.2　工作界面设置

Photoshop 安装好以后，可以单击菜单栏"编辑"→"首选项"命令，在"首选项"子菜单里进行如工作区、参考线、暂存盘等一些设置，如图 5-6 所示，以方便 PS 更好地运行。例如，在图 5-7 所示的"界面"选项卡中可将默认的黑色界面改为灰色界面。

图5-6　"首选项"子菜单　　　　　　　　　图5-7　"界面"选项卡

Photoshop 的界面默认展示有多种工具、菜单和面板，并允许用户根据需要增添或隐藏，定制个性化界面。按【Tab】键可以显示或隐藏属性栏、工具箱和控制面板；按【Shift+Tab】组合键可以显示或隐藏控制面板，也可以在窗口菜单下选择这些选项。

## 5.2　工具箱的使用

单击菜单栏"窗口"→"工具"命令，可以显示或隐藏工具箱。Photoshop 工具箱中的工具极为丰富，其中许多工具都非常有特点，使用这些工具可以完成绘制图像、编辑图像、修饰图像、制作选区等操作。Photoshop 为了让用户更容易地了解工具功能，专门给出了增强的动态工具提示，当光标置于某个工具上时，会显示一个简单的教学动画以及相应的功能说明，帮助用户快速了解该工具的作用。如图 5-8 所示，将鼠标置于橡皮擦工具上，出现教学小动画。

图5-8　教学小动画

## 5.2.1　选区工具

在使用 Photoshop 处理图像时，需要对图像的局部区域进行编辑，这就必须精确地选取出这些区域来。选区是在图像中创建的选取范围。选区的创建是 Photoshop 中最基本的编辑功能。创建选区后，将选区内的图像内容进行隔离，便可进行图像的复制、移动、填充和颜色校正等基本操作。按【Ctrl+D】组合键可快速取消选区，Photoshop 工具箱有图 5-9 所示的三组选区工具：选框工具、套索工具、快速选择工具。

图5-9　选区工具

● 移动工具：使用频率非常高的工具之一，主要功能是负责图层、选区等的移动、复制操作。

● 矩形（椭圆）选框工具：可以对图像建立一个矩形（椭圆）的选择范围，按住【Alt】键的同时拖动鼠标可绘制一个以当前位置为中心点的矩形（椭圆）选区。按住【Shift】键的同时拖动鼠标可绘制正方形（圆形）选区。

● 单列（行）框选工具：用于创建高（宽）度为 1 像素的选区，一般用于制作网格效果。

● 套索工具：可按住鼠标不放并任意拖动出一个不规则的选择范围。

● 多边形套索工具：用于创建转角比较强烈的选区。可用鼠标在图像上选定一点，然后进行多线段绘制，选中要选择的范围，没有圆弧的图像勾边可以用这个工具，但无法勾出弧度。

● 磁性套索工具：通过颜色上的差异自动识别对象的边界。这个工具模仿磁铁的吸附功能，不须按鼠标左键而直接移动鼠标，在工具头处会出现自动跟踪的线，这条线总是走向颜色与颜色边界处，边界越明显磁力越强，将首尾连接后可完成选择，一般用于颜色差别比较大的图像选择。

● 快速选择工具：依据图像颜色建立选区。选择大小合适的笔，在主体内单击鼠标左键并稍加拖动，选区会自动延伸，查找到主体的边缘。

● 魔棒工具：依据图像颜色建立选区。用鼠标对图像中某颜色单击一下对图像颜色进行选择，在工具选项栏中可调整容差度，数值越大，表示魔棒所选择的颜色差别大，反之，颜色差别小。

## 5.2.2　常用工具一

常用工具一包括如图 5-10 所示的多种工具，它们的具体功能介绍如下。

● 裁剪工具：可以对图像进行剪裁。选择后一般出现八个节点框，用户用鼠标对着节点进行缩放，用鼠标置于框外可以对图像进行旋转，用鼠标对着选择框双击或按回车键即可以结束裁切。

- 橡皮擦工具：使用类似画笔描绘的方式将像素更改为背景色或透明。如果对背景层进行擦除，则擦除部分变为透明色；如果对背景层以上的图层进行擦除，则会将这层颜色擦除，显示出下一层的颜色。

- 画笔工具：用来绘制边缘较柔和的线条。可以绘制出类似于用毛笔画出的线条效果和具有特殊形状的线条效果。选用此工具后，在图像内按住鼠标左键不放并拖动，即可以进行画线。

- 污点修复画笔工具：移去标记或污点。无须设置取样点，自动对所修饰区域的周围进行取样，消除图像中的污点或某个对象。

- 修复画笔工具：先按住【Alt】键单击以定义用于修复图像的源点，然后就可以利用源点的样本像素进行绘画。

- 修补工具：利用样本或图案来修复所选图像区域中不理想的部分。使用方法是先绘制一个自由选区，然后将该区域内的图像拖动到目标位置，从而完成对目标处图像的修复。

- 内容感知移动工具：用于移动选区中的图像时，智能填充物体原来的位置。

- 红眼工具：用于去除闪光灯导致的瞳孔红色反光。

- 仿制图章工具：按住【Alt】键取样，将图像上的一部分绘制到另一个位置上，或者将其绘制到具有相同颜色模式的其他图像中。

- 历史记录画笔工具：恢复图像最近保存或打开图像的原来的面貌，如果对打开的图像操作后没有保存，使用这工具，可以恢复这幅图原打开的面貌；如果对图像保存后再继续操作，则使用这工具则会恢复保存后的面貌。

图5-10　工具箱常用工具一

## 5.2.3　常用工具二

常用工具二包括如图 5-11 所示的多种工具，它们的具体功能介绍如下。

- 渐变工具：创建颜色之间的渐变混合，在其渐变编辑器内可设置渐变模式。与它并列的有：油漆桶工具、3D 材质拖放工具。

- 模糊工具：主要是对图像进行局部加模糊，按住鼠标左键不断拖动即可操作，一般用于颜色与颜色之间比较生硬的地方加以柔和。
- 锐化工具：与模糊工具相反，它是对图像进行清晰化，它使作用范围内的全部像素清晰化，如果作用太强，图像中每一种组成颜色都将显示出来，所以会出现花花绿绿的颜色。使用了模糊工具后，再使用锐化工具，图像不能复原，因为模糊后颜色的组成已经改变。
- 涂抹工具：可以将颜色抹开，好像是一幅图像的颜料未干而用手去抹使颜色走位一样，一般用在颜色与颜色之间边界生硬或颜色与颜色之间衔接不好时使用这个工具，将过渡颜色柔和化，有时也会用在修复图像的操作中。
- 减淡工具：也可以称为加亮工具，主要是对图像进行加光处理以达到对图像的颜色进行减淡。
- 加深工具：与减淡工具相反，也可称为减暗工具，主要是对图像进行变暗以达到对图像的颜色加深。
- 海绵工具：它可以对图像的颜色进行加色或进行减色，可以在右上角的选项中选择加色或减色。实际上也可以是加强颜色对比度或减少颜色的对比度。其加色或减色的强烈程度可以在工具选项栏中设置。
- 钢笔工具：用于绘制形状或路径。绘制开放型路径时，可按【Esc】键终止路径的继续绘制；绘制闭合型路径则需要将钢笔工具移回到路径的起点上并单击，使路径闭合。
- 自由钢笔工具：与套索工具相似，可以在图像中按住鼠标左键不放直接拖动可以在鼠标轨迹下勾画出一条路径。
- 添加锚点工具：将鼠标光标移动到路径上，单击即可添加一个锚点。
- 路径选择工具：选择整个路径。与它并列的是直接选择工具。
- 横排文字工具：用于创建水平文字图层。
- 直排文字蒙版工具：用于创建垂直文字形状的选区。

图5-11　工具箱常用工具二

### 5.2.4　路径的运用——制作禁烟标志

在 Photoshop CC 中，使用"钢笔工具"可以绘制精确的矢量图形，还可以通过创建的路径对图像进行选取，将其转换成选区后，即可对选区进行相应的编辑或创建蒙版。

路径是指在文件中使用路径工具或形状工具创建的贝赛尔曲线轮廓。路径可以是直线、曲线或封闭的形状轮廓，多被用于自行创建矢量图形或对图像的某个区域进行精确抠图。

【例 5-1】使用矩形选框工具和椭圆选框工具，利用钢笔工具创建路径，绘制矢量图形，制作禁烟标志。

① 单击菜单栏"文件"→"新建"命令，弹出"新建文档"对话框，如图 5-12 所示。

PhotoshopCC
创建矢量图

② 设置宽度为 500 像素，高为 400 像素，分辨率为 72 dpi，背景色为白色，文件名为 jybz，单击"创建"按钮。在文档窗出现一个背景为白色的画布。

③ 单击菜单栏"视图"→"标尺"命令，标尺会显示在画布周围，用鼠标左键按住上方的标尺往下拖，拖出一根参考线，再用鼠标左键按住左方的标尺往右拖，也拖出一根参考线，两参考线交于画布中央，建立十字型参考线。

④ 在工具箱中，单击"矩形选框工具" ，鼠标的 光标与参考线交点重合，按住【Alt】键的同时按住鼠标左键，向右拖动鼠标，绘制一个以交点为中心点的长条矩形，如图 5-13 所示。

图5-12 "新建文档"对话框

图5-13 绘制长条矩形

⑤ 在工具箱的"矩形选框工具" 上右击，出现图 5-14 所示的快捷菜单，单击"单列选框工具" ，在选项栏上单击"从选区减去"按钮 ，在矩形选区的右侧合适位置分别单击两次，效果如图 5-15 所示。

图5-14 快捷菜单

图5-15 选区减去效果

⑥ 在矩形选区上右击，从弹出的快捷菜单中选择"填充"命令，在"内容"列表框中选择"颜色"，利用拾色器将选区填充为黑色，按【Ctrl+D】组合键取消选区，如图 5-16 所示。

⑦ 在工具箱的"钢笔工具" 上右击，出现图 5-17 所示的快捷菜单，单击"弯度钢笔工具" ，在烟头处单击 8 次，点出 8 个锚点，调整锚点的位置和路径的弯度，绘制出图案"冒烟"的路径，效果如图 5-18 所示，按下【Ctrl+Enter】组合键建立图 5-19 所示选区，设置前景色为黑色，用"油漆桶工具" 将选区填充为黑色，按组合键【Ctrl+D】取消选区，如图 5-20 所示。

图5-16　填充选区　　　　　　　　　　　图5-17　快捷菜单

图5-18　弯度钢笔绘图　　　　图5-19　建立选区　　　　　　图5-20　填充

⑧ 选择"椭圆选框工具"○,在选项栏上单击"新选区"按钮▢,鼠标的 ┿ 光标与参考线交点重合,按住【Shift+Alt】组合键的同时按住鼠标左键,拖动鼠标,绘制一个以中心点为圆心的正圆选区(提示:绘制完成时,先松开鼠标按键再松开键盘按键便于保留正圆选区),如图 5-21 所示。再次选择"椭圆选框工具"○,在选项栏上单击"从选区减去"按钮▢,在中心点按住鼠标左键,同时按住【Shift+Alt】组合键,在原来的选区内再绘制一个小一些的正圆选区,如图 5-22 所示。选择"矩形选框工具"▢,在选项栏上单击"添加到选区"按钮▢,以中心点为中心绘制一个矩形选区,效果如图 5-23 所示。

图5-21　绘制正圆选区　　　　图5-22　绘制小正圆选区　　　　图5-23　绘制矩形选区

⑨ 单击菜单栏"选择"→"变换选区"命令,在工具选项栏的"设置旋转"输入框中输入"135",按下【Enter】键或单击工具选项栏的"提交变换"按钮✓,效果如图 5-24 所示。在选区上右击,从弹出的快捷菜单中选择"填充"命令,在"内容"列表框中选择"颜色",利用拾色器将选区填充为红色,按【Ctrl+D】组合键取消选区,如图 5-25 所示。

⑩ 在工具箱的"横排文字工具"T.上单击,分别输入文字"禁止吸烟"和"NO SMOKING",设置字体为黑体,居中,黑色48点,如图 5-26 所示。单击菜单栏"视图"→"清除参考线"命令,也可以按【Ctrl+;】或【Ctrl+H】组合键隐藏参考线效果如图 5-27 所示。

⑪ 单击菜单栏"文件"→"存储为"命令,将图像保存为文件 jybz.psd。

PSD 是 Photoshop 的专用文件格式,支持图层、通道、蒙版和不同色彩模式的各种图像特征。由于可以保留原始信息,PSD 文件有时体积很大。对于未制作完成的图像,建议用 PSD 格式保存。

图5-24 设置旋转　　图5-25 填充红色　　图5-26 编辑文字　　图5-27 清除参考线

 小知识

　　Photoshop CC 的"历史记录"面板会将编辑图像的每一步操作都记录下来。通过"历史记录"面板，可以随时回到之前的某一次操作状态中。

## 5.3 图　层

　　图层是 Photoshop CC 中很重要的一部分内容，也是很多图像处理软件的基本概念之一。通过建立图层，可以产生富有层次又彼此关联的艺术效果。

### 5.3.1 图层的概念

　　图层类似于图纸绘图中使用的重叠在一起的一张张透明的图纸，每个图层各自包含不同的文字或图形等元素，透过图层的透明区域可看到下面的图层，一层层按顺序叠放在一起，组合起来形成画面的最终效果，如图 5-28 所示。在编辑处理相应图层中的图像内容时，不会影响其他图层中的图像内容。

　　图层中可以加入文本、图片、表格、插件，也可以在里面再嵌套图层。图层可以复制、移动，也可以调整堆叠顺序，改变图层的顺序和属性可以改变图像的最后效果。

图5-28 图层的概念

### 5.3.2 图层的类型

　　图层被存放在"图层面板"中，根据其功能和用途的不同，主要分为背景图层、调整图层、文字图层、形状图层、填充图层和普通图层等。

　　● 背景图层：用于图像的背景，位于图层的底层，是一种不透明的图层，默认为锁定状态，且不能应用任何类型的混合模式。不可以改变背景层的顺序、不透明度和混合模式。若要改变，则要将背景图层转化为普通图层。

　　● 调整图层：用于控制色调和色彩的调整。

　　● 文字图层：使用文字工具输入、编辑文本时创建的图层，不会改变像素值，而且可以重复编辑。

- 形状图层：使用弯度钢笔工具或自定形状工具时，可以生成形状图层。
- 填充图层：在当前图层中进行纯色、渐变或图案三种类型的填充，并结合图层蒙版的功能产生的一种遮蔽效果。
- 普通图层：用一般方法建立的图层，由于存放和绘制图像。普通图层可以通过图层混合模式实现与其他图层的融合。普通图层可以转化为背景图层。

### 5.3.3　图层面板

在 Photoshop CC 的图层面板中显示了图像的所有图层，列出所有图层、图层组和图层效果，可以通过其中的相关功能来完成图像编辑工作，如对图层进行创建、隐藏、复制和删除等操作。

单击菜单栏"窗口"→"图层"命令，则会打开"图层面板"，如图 5-29 所示。

- 选取图层类型：当图层数量较多时，可在该下拉列表框中选择一种图层类型（包括"类型"、"名称"、"效果"、"模式"、"属性"、"颜色"、"智能对象"、"选定"和"画板"等）。
- 混合模式：用来设置当前图层中的图像与下面图层中的图像之间的混合效果。
- 图层锁定工具栏：包含"锁定透明像素"、"锁定图像像素"、"锁定位置"、"防止在画板内外自动嵌套"和"锁定全部"等。

图5-29　图层面板

- 眼睛图标：显示或隐藏图层。
- 链接图层：将选择的多个图层进行链接。当对某一图层进行移动、旋转和变换操作时，与该图层具有链接属性的图层也会相应发生变化。
- 添加图层样式：单击此按钮，弹出"图层样式"子菜单，可选择需要的图层样式应用到图层中。
- 添加图层蒙版：为当前图层创建一个图层蒙版。
- 创建新的填充或调整图层：单击此按钮，在弹出的子菜单中可以选择相应的填充或调整命令，用来创建填充或调整图层。
- 创建图层组：在图层面板中新建一个用于放置图层的组。
- 创建新图层：在图层面板中新建一个空白图层。

- 删除当前图层：将当前图层从图层面板中删除。
- 当前图层：当前选中的图层。
- 打开/关闭图层过滤：启动或停用图层过滤功能。
- 弹出菜单按钮：单击此按钮，弹出图层面板的编辑菜单，用于在图层中进行编辑操作。

### 5.3.4 实例——梦幻骏马图

【例5-2】利用骏马图像素材，通过设置图层混合模式，制作图像的梦幻效果。

① 单击菜单栏"文件"→"打开"命令，打开骏马图像文件，如图5-30所示。

② 单击菜单栏"窗口"→"图层"命令，在打开的图层面板中，用鼠标左键按住背景图层拖动，拖到图层面板底端的"创建新图层"按钮  上（或

图5-30 骏马

在背景图层上右击鼠标，在快捷菜单中选择"复制图层"），产生"背景拷贝"图层，如图5-31所示。

③ 选择"背景拷贝"图层，单击菜单栏"滤镜"→"模糊"→"高斯模糊"命令，弹出"高斯模糊"对话框，设置半径为6.0像素，如图5-32所示。单击"确定"按钮，图像效果如图5-33所示。

图5-31 "背景拷贝"图层

图5-32 "高斯模糊"对话框

图5-33 "高斯模糊"效果

④ 在图5-34所示的图层面板中设置"背景拷贝"图层的"混合模式"为"柔光"，图像效果如图5-35所示。

图5-34 "背景拷贝"图层

图5-35 "柔光"效果

⑤ 在图层面板的底端单击"创建新图层"按钮 ，新建图层"图层1"，在工具箱中选择"渐

变工具"按钮▣，在选项栏设置"渐变样式"为"径向渐变"▣，单击渐变识别器下拉列表，选择"渐变类型"为"蓝、黄、蓝"，如图 5-36 所示。

⑥ 在图像中心点位置按住鼠标左键，向外任意方向拖动鼠标，产生填充渐变，渐变效果如图 5-37 所示。

图5-36　"渐变识别器"下拉列表　　　　图5-37　"渐变"效果

⑦ 在图层面板上，设置"图层 1"图层的混合模式为"叠加"，单击"不透明度"下拉列表，移动滑块选择一个合适的不透明度，如图 5-38 所示。例如，调整不透明度为 15% 和 35% 的图像渐变效果分别如图 5-39 和图 5-40 所示。

⑧ 将最后的效果图像存储为 PSD 文件。

图5-38　调整不透明度　　图5-39　调整不透明度为15%　　图5-40　调整不透明度为35%

## 5.3.5　实例——你的眼睛有星空

【例 5-3】利用黑白眼睛图像素材，通过设置图层混合模式，制作彩色眼妆描绘效果。

① 单击菜单栏"文件"→"打开"命令，打开眼影图像文件，再打开星空图像文件，并将星空图层拖拽到眼影图层，如图 5-41 所示。

图5-41　眼睛

② 选中图层 1，在工具栏中单击"椭圆选框工具"按钮 ⬭，按住【Shift】键在图层 1 上面画一个眼珠大小的圆，如图 5-42 所示，然后同时按住【Ctrl+Shift+I】组合键进行反选，再按【Delete】键删除，得到一个圆，按【Ctrl+D】组合键取消选择，如图 5-43 所示。

图5-42 星空

图5-43 圆

③ 在工具栏单击"移动工具"按钮 ✛，将图层 1 的圆移动到与图层 0 中眼珠重合的位置，单击菜单栏"编辑"→"自由变换"命令，再按住【Shift】键调整其大小与眼珠大小相同，并在右下方图层面板中调整其混合模式为"正片叠底"，适当调整其不透明度，如图 5-44 所示；用鼠标左键按住图层 1 拖动到图层面板底端的"创建新图层"按钮 ⬚ 上，产生"图层 1 拷贝"图层，并用"移动工具"将其移动到另一眼珠位置，如图 5-45 所示。

图5-44 调整透明度

图5-45 眼睛里有星星

④ 在右下角单击"创建新图层"按钮 ⬚，新建图层 2，在工具栏选择"画笔工具"按钮 ✏，适当调整画笔的大小，硬度为 30% 左右，如图 5-46 所示，将背景色设置为粉色或其他颜色；在图层 2 上画出两只眼睛上眼皮部分，如图 5-47 所示；在图层面板的混合模式中选择"正片叠底"，效果如图 5-48 所示。

图5-46 画笔

图5-47 粉眼影

图5-48 粉眼影正片叠底

⑤ 再新建一个图层 3，同样使用"画笔工具"，将前景色设置为紫色或其他颜色，画出如图 5-49 所示的样子，然后在图层面板中设置其混合模式为"柔光"，效果如图 5-50 所示。

图5-49　紫眼影　　　　　　　　　　　图5-50　紫眼影柔光

⑥ 新建一个图层 4，使用"画笔工具"，调整其参数并将前景色改为红棕色，在眼角处画出如图 5-51 所示的样子，然后在图层面板中设置图层 4 的混合模式为"叠加"，最终效果如图 5-52 所示。

图5-51　红眼影　　　　　　　　　　　图5-52　红眼影叠加

⑦ 将最终的效果图像存储为 PSD 文件。

## 5.4　色彩和色调

要想在 Photoshop 中制作出精美的图像，色彩和色调的调整是必备技能。在"图像"→"调整"子菜单中提供了多种用于调节图像的工具，如图 5-53 所示调整工具箱提供了模糊、锐化、增色、减色、涂抹等多种工具。当用户对原始图像的色彩色调不满意，或希望翻新照片、改变背景明暗度时，可进行相关的调整。

图5-53　调整工具

### 5.4.1　色彩调整

#### 1.颜色模式

常见的颜色模式包括 HSB（色相、饱和度、亮度）、RGB（红色、绿色、蓝色）、CMYK（青色、洋红、黄色、黑色）以及 LAB 等。此外，Photoshop 也包括了用于特别颜色输出的模式，如灰度、索引颜色和双色调。利用图 5-54 所示的"图像"→"模式"子菜单，可以转换图像的颜色模式。

图5-54 "图像"→"模式"子菜单

### 2. 替换颜色

"图像"→"调整"子菜单中提供了替换颜色选项，允许用吸管吸取图像原色彩，然后通过色轮设置替换为新色彩，并利用颜色容差调整替换的色彩范围。其本质相当于使用魔术棒选取图像范围，使用"色相/饱和度"功能对选取部分的色调、色饱和度进行调整替换。图 5-55 至图 5-57 展示了通过选择"图像"→"调整"→"替换颜色"命令，就可以轻松将红绿鹦鹉变成黄蓝鹦鹉的效果。

图5-55 红绿鹦鹉

图5-56 "替换颜色"选项卡

图5-57 黄蓝鹦鹉

### 3. 色彩平衡

色彩平衡可以用来控制图像的颜色分布，使图像达到色彩平衡的效果。可以针对图像整体进行调整，也可以对图像中的高亮度区、一般亮度区以及阴影区三者之一添加新的过滤色彩，并可混合各处色彩以增加色彩的均衡效果。

【例 5-4】将阴霾天空和泛黄湖水区域调整为蓝天湖水效果。

① 打开素材文件中的"湖边风景.jpg"文件。观察到该图片的天空色调灰暗，湖水泛黄，如图 5-58 所示，需要增加蓝色调营造蓝天湖水效果。

② 单击菜单栏中的"选择"→"色彩范围"命令，利用吸管🖉在天空处单击取样颜色，

设置颜色容差为约 130，如图 5-59 所示，单击"确定"按钮建立选区。

提示：通过观察"色彩范围"对话框中缩略图的黑白对比，可多次取样颜色和容差值相互配合调整，判断是否最大限度选中了天空和湖水区域。

图5-58　原始图像

图5-59　利用"色彩范围"建立选区

③ 利用工具箱的套索工具对建立好的选区进行适当增减选区，使天空和湖水区域被完整选中。

④ 单击菜单栏中的"图像"→"调整"→"色彩平衡"命令，打开"色彩平衡"对话框。设置"中间调"色阶为 –20、0、+80，选中"高光"单选按钮，设置色阶为 –15、0、+60，如图 5-60 所示增加蓝色调。

提示："色调平衡"对话框中包括阴影、中间调和高光三个色调范围，对应拖动滑块都会有不同的色彩表现。

图 5-60　"色彩平衡"对话框

4. 色相 / 饱和度

"色相"是物体表面反射或透过物体传播的颜色与明亮程度，就是人们平常所说的颜色名称，如紫色、青色、品红等。"饱和度"指色彩的纯度，饱和度越高色彩越纯越浓，饱和度越低则色彩变灰变淡。改变色相 / 饱和度的同时下方的色谱也会跟着改变，调至最低时图像就变为灰度图像。图 5-61 所示是调整色相 / 饱和度前后对比图，可观察到调整后的花朵色彩鲜亮饱和了许多。

（a）调整前

（b）调整色相 / 饱和度

（c）调整后

图5-61　调整色相/饱和度

"色相/饱和度"对话框的底端显示有两个颜色条，代表颜色在颜色轮上的位置。上面的颜色条显示调整前的颜色，下面的颜色条显示调整后以全饱和的状态影响所有的色相。

### 5.4.2　色调调整

#### 1. 调整色阶

色阶命令可以用来调节图像中的亮度值范围，同时也可以调节图像的饱和度、对比度、明亮度等色彩值。图5-62所示是调整色阶前后对比图。

（a）调整前

（b）调整色阶

（c）调整后

图5-62　调整色阶

色阶图根据图像中每个亮度值（0～255）处像素点的多少进行区分。左边的黑色三角滑块控制图像的深色部分，用来调整图像中暗部的对比度；右边的白色三角滑块控制图像的浅色部分，用来调整图像中亮部的对比度；中间的灰色三角滑块则控制图像的中间色。

如果认为调整色阶很麻烦，可以选择菜单栏中的"图像"→"调整"→"自动色调"命令，Photoshop将自动依次进行等量的"色阶"调整：将最亮的像素定义为白色，将最暗的像素定义为黑色，并按比例分配中间色的像素值。

#### 2. 调整曲线

可以利用曲线修改0～255颜色范围内的任意点的颜色值，从而更加全面地修改图像的色调。图5-63所示是调整曲线前后对比图。

改变曲线时，仅需要用鼠标在曲线上单击、拖动即可。在曲线上单击鼠标，会增加一个调节点（最多可增加到14个调节点）。拖动调节点，就可以调节图像的色彩。将一个调节点拖出图表或选择一个调节点后按【Delete】键，可以删除调节点。曲线图有水平轴和垂直轴，水平轴表示图像原来的亮度值，相当于色阶中的输入色阶项；垂直轴表示新的亮度值，相当于色阶对话框中的输出色阶项。水平轴和垂直轴之间的关系可以通过调节对角线（曲线）来控制。

（a）调整前

（b）调整曲线

（c）调整后

图5-63　调整曲线前后对比图

## 5.4.3　其他调整工具

除了前面介绍的几种色彩调节工具之外，在"图像"→"调整"菜单中还提供了其他工具，如图5-64所示。

图5-64　"调整"菜单

- 亮度/对比度：曲线命令虽然功能强大，但操作方法过于复杂，现实中一般使用简单易懂的亮度/对比度来调节色调。建议不要将"亮度/对比度"命令用于处理高端输出图像，因为它会引起图像中细节的丢失。
- 去色：可使图像中的色饱和度为零，使图像变成灰度图。此命令可在不改变图的色彩模式的情况下使图像变成单色图像。
- 可选颜色：可分别对各原色调整CMYK色比例。
- 通道混合器：可以编辑图像的通道，从而改变图像的颜色并转换图像的颜色范围；可以转换高质量的灰度图像和彩色图像。
- 反相：可使图像变成负片，就好像相纸底片一样。
- 色调均匀：使图像像素被平均分配到各层次中，较偏向于中间色调。它不是将像素在各层次进行平均化，而是将最低层次设置为0，最高层次设置为255，并将层次拉开。
- 阈值：可以根据给定阈值转换彩色图像或灰度图像，使原图像成为具有高度反差的黑白图像。可在阈值程度中输入阈值，当像素的层次低于或等于阈值时设为黑色，高于阈值时设为白色。

- 色调分离：可以减少图像层次而产生特殊的层次分离效果。
- 变化：可以调整图像的高亮度中色泽及阴影区等不同的亮度范围。

### 5.4.4 实例——新照片变老照片

【例 5-4】首先转换成黑白图像，然后添加土黄色制造陈旧感，再使用滤镜制造粗糙表面，最后添加照片边缘破损效果。

① 打开素材中的帽子模特.jpg文件，如图5-65所示。

图5-65 打开素材

② 单击菜单栏中的"图像"→"模式"→"灰度"命令，扔掉颜色信息把RGB图像转为灰度图像。

提示：此步骤的目的是转为双色调模式。因双色调模式不能直接由RGB模式转换，需通过灰度模式进行转换。

③ 单击菜单栏中的"图像"→"模式"→"双色调"命令，在弹出的对话框中选择"双色调"类型，在"油墨2"的色彩处单击，设置为土黄色（R250,G200,B10），单击"确定"按钮给图像加上泛黄效果，如图5-66所示。

图5-66 双色调选项

④ 单击菜单栏中的"滤镜"→"杂色"→"添加杂色"命令，设置杂点数量为4%。

⑤ 单击菜单栏中的"滤镜"→"滤镜库"→"纹理"→"龟裂缝"命令，打开"龟裂缝"对话框，设置裂缝间距为2，深度为1，亮度为1，如图5-67所示。

图5-67　"龟裂缝"对话框

⑥ 单击菜单栏中的"滤镜"→"模糊"→"进一步模糊"命令。

⑦ 使用工具箱中的套索工具🔗选取图像的边缘地带，清除边角的部分图像，制造相片破损的效果。

⑧ 单击菜单栏中的"图像"→"画布大小"命令，稍微加宽画布1 cm，凸显破损效果，如图5-68所示。

图5-68　制造破损效果

⑨ 单击菜单栏中的"图像"→"模式"→"RGB颜色"命令，转换回标准图像模式，保存文件。

利用Photoshop，旧黑白照片也可以翻新为彩色照片，根据照片的不同有不同的翻新方法。有人习惯用色彩平衡、色调/饱和度等来着色，但这些方法的制作结果，只是单纯的染色，有了艺术效果而少了真实效果。专业的照片翻新一般涉及滤镜、通道等知识，较为复杂，有兴趣的读者可以参阅其他相关书籍。

# 5.5 蒙 版

蒙版是浮在图层上的一块挡板，它本身不包含图像数据，只是对图层的部分数据起遮挡作用。当对图层进行操作处理时，被遮挡的数据将不会受影响。

## 5.5.1 蒙版的概念

蒙版在 Photoshop 里的应用相当广泛，蒙版最大的特点就是可以反复修改，但却不会对图层产生影响。如果对蒙版调整的图像不满意，则可以去掉蒙版，而原图像不会受任何影响。蒙版其实就是 Photoshop 里面的一个层，最常见的是单色的层或有图案的层，叠在原有的照片层上面，就像是在一张照片上面放一块玻璃的道理一样，单色的层就是单色玻璃，有图案的层就是花纹玻璃，然后透过玻璃看照片就会有颜色或花纹的变化。比如，放了绿色的蒙版之后画面的绿色就加强了。蒙版的好处也像玻璃一样，不论对蒙版进行何种操作都不会直接影响到原有的图片，当然如果合并了层就有直接影响了。相对于调曲线和调色阶，蒙版是最简单易学的，因为要调节的参数不多，通常就只有一个透明度需要调整，而且保存为 PSD 文件可以保留蒙版层，所以即使有突发事件也可以保存供日后继续调整。用蒙版调色适合于恢复色调比较灰的照片，如果要全面修改画面的色调，那么最好配合其他工具一起使用。

简而言之，蒙版是一种选区，但与常规选区又不同。常规选区是对选区进行编辑处理，蒙版则是对选区进行保护，使其避免受到操作的影响，不会对图像进行破坏。蒙版的作用是将不同灰度值转换为不同的透明度，并作用到它所在的图层，使图层不同部位的透明度产生相应的变化。

## 5.5.2 蒙版的类型

蒙版分为快速蒙版、图层蒙版、矢量蒙版和剪贴蒙版等多种形式，根据不同的设计需求会用到不同的蒙版类型，建议初学者要掌握两种以上。

- 快速蒙版：在当前图像中创建一个半透明的图像。可以将任何选区作为蒙版进行编辑。
- 图层蒙版：可以将图像进行合成，可使用各种工具在蒙版中涂色：涂黑色的区域表示图层蒙版中的图像是隐藏的；涂白色的区域表示图层蒙版中的图像是可见的；灰色区域表示图层蒙版中的图像变为半透明，透明度取决于涂色的深浅。
- 矢量蒙版：由路径工具创建的蒙版，可以通过路径与矢量图形控制图形的显示区域。
- 剪贴蒙版：也称剪贴组，通过使用下方图层的形状来限制上方图层的显示状态。

## 5.5.3 蒙版面板

在图层面板中，选择需要添加图层蒙版的图层或图层组，单击图层面板底端的"添加蒙版"按钮▣，添加图层蒙版，在属性面板中出现"图层蒙版"属性。"属性"面板用于调整图层中的图层蒙版、矢量蒙版的不透明度和羽化范围。"属性"面板如图 5-69 所示。

图5-69　"属性"面板

当前蒙版：当前选择的蒙版，显示了在图层面板中选择的蒙版类型。

浓度：拖动滑块可以控制蒙版的不透明度，即蒙版的遮盖强度。

羽化：拖动滑块可以柔化蒙版的边缘。

从蒙版中载入选区：将蒙版载入为选区。

应用蒙版：将蒙版效果应用到图层中。

停用 / 启用蒙版：停用或启用蒙版。

删除当前蒙版：单击此按钮，可以删除当前蒙版。

反相：可以反转蒙版的遮盖区域。

颜色范围：单击此按钮，可以弹出"色彩范围"对话框，可在图像中取样并调整颜色容差来修改蒙版范围。

选择并遮住：调整图像的蒙版遮盖程度和边缘。

选择图层蒙版：选择当前图层的蒙版。

添加矢量蒙版：单击此按钮，为当前图层添加矢量蒙版。

弹出菜单按钮：单击此按钮，弹出通道面板的编辑菜单，用于在通道中进行编辑操作。

【例 5-5】将图 5-70 所示的汽车图像，复制到图 5-71 所示的树木图像中，利用画笔和滤镜编辑图层蒙版，合成特殊效果的图像。

图5-70　汽车图像

图5-71　树木图像

图层蒙版

① 单击菜单栏"文件"→"新建"命令，弹出"新建"对话框，设置宽度为 500 像素，高为 400 像素，分辨率为 72 dpi，新建一个图像文件。

② 在工具箱中选择"渐变工具"按钮，在选项栏设置"渐变样式"为"径向渐变"

■，单击渐变识别器下拉列表，选择"渐变类型"为"透明彩虹渐变"，如图 5-72 所示。

③ 在工具箱中选择"渐变工具"按钮■，从新图像的左上角顶点向右下角顶点按住鼠标左键拖动，产生填充渐变，渐变效果如图 5-73 所示。此时图层面板只有一个"背景"图层，如图 5-74 所示。

图5-72　"渐变识别器"下拉列表　　　　图5-73　渐变效果　　　　　　图5-74　背景图层

④ 打开树木图像素材文件 tree.jpg，选择"矩形选框工具"□拖动鼠标，产生一个选区，如图 5-75 所示。单击菜单栏"编辑"→"拷贝"命令和"编辑"→"粘贴"命令，将此图复制到新文件中，此时图层面板多了一个"图层 1"图层，如图 5-76 所示。

⑤在"图层 1"中使用"矩形选框工具"创建一个选区，如图 5-77 所示。单击菜单栏"图层"→"图层蒙版"→"显示选区"命令，产生"图层 1"蒙版，如图 5-78 所示。

⑥ 编辑图层蒙版：在图层面板中选择"图层 1"蒙版，单击菜单栏"滤镜"→"滤镜库"命令，在弹出的对话框中，选择"画笔描边"→"喷溅"，设置"喷色半径"为 18，"平滑度"为 3，效果如图 5-79 所示。

⑦ 单击菜单栏"滤镜"→"扭曲"→"挤压"命令，设置"数量"为 50%；单击菜单栏"滤镜"→"扭曲"→"旋转扭曲"命令，设置"角度"为 300°，图像效果如图 5-80 所示，图层面板如图 5-81 所示。

图5-75　树木图像选区　　　　　图5-76　新图像选区　　　　　　图5-77　"图层1"图层

图5-78　"图层1"蒙版　　　　　图5-79　"喷溅"效果　　　　　　图5-80　"扭曲"效果

⑧ 打开汽车图像素材文件 car.jpg，选择"矩形选框工具"□，拖动鼠标，产生一个选区。

单击菜单栏"编辑"→"拷贝"命令和"编辑"→"粘贴"命令，将此图复制到新文件中。图层面板产生了"图层 2"图层，如图 5-82 所示。按组合键【Ctrl+T】出现尺寸框，调整汽车图像大小，调整好后按【Enter】键确认。选择"移动工具" ✛，将汽车移动到合适的位置，效果如图 5-83 所示。

图5-81　"图层1"蒙版

图5-82　"图层2"图层

图5-83　复制、调整汽车

⑨ 在图层面板单击底端的"添加蒙版"按钮 ▢，添加图层蒙版，在图层面板中产生"图层 2"蒙版，如图 5-84 所示。

⑩ 选择"图层 2"蒙版，将"颜色"面板或工具箱的前景色设置为"黑色"，选择"画笔工具" ✐，用画笔涂抹汽车的背景。涂抹图像内部时，按【]】键可以增加画笔的直径，加快涂抹速度。涂抹图像边缘细微处时，按【[】键可以减少画笔的直径，确保涂抹精确。若图像涂抹过多，则将前景设置为"白色"，将涂抹失误的地方重新涂抹回原样。涂抹完成后效果如图 5-85 所示。此时图层面板的"图层 2"蒙版如图 5-86 所示。

⑪ 将最后的效果图像存储为 PSD 文件。

图5-84　新建"图层2"蒙版

图5-85　最后效果图像

图5-86　修改后的"图层2"蒙版

---

📖 小知识

　　在涂抹过程中，如需进行黑色前景色和白色背景色的互换，可在英文输入法状态的情况下按着【X】键进行互换。在窗口左下角可设置图像的显示比例，也可以使用【Ctrl++】组合键或【Ctrl+-】组合键，放大或缩小图像进行仔细涂抹。

---

## 5.5.4　实例——灯泡鱼效果

【例 5-6】利用画笔涂抹实现对蒙版的编辑，进而建立特殊选区，将灯泡、小鱼、水花三幅素材图像合成灯泡鱼效果的图像。

① 单击菜单栏"文件"→"打开"命令，打开灯泡图像文件，如图5-87所示。

② 打开水花素材，并在工具栏选择"移动工具"按钮⊕，将其拖入灯泡图层中，如图5-88所示。

图5-87 灯泡图

图5-88 水花图

③ 选中水花图层，按【Ctrl+T】组合键来调出自由变换控制框，进行位置和尺寸调整确认；将其放置在灯泡图像的右上方位置，如图5-89所示。

④ 在图层面板中设置水花图层的混合模式为"正片叠底"。在图层面板的右下方单击"图层蒙版"按钮▣，为图层水花添加图层蒙版，设置前景色为黑色，在工具栏选择"画笔工具"按钮✐，并在其左上方的工具选项条 ✐ ▪ 25 ▪ 中设置适当的画笔大小和硬度，在图层蒙版中进行涂抹，效果如图5-90所示。

⑤ 打开鱼素材图，复制到水花图层上形成新图层，按住【Ctrl+T】组合键调出自由变换控制框，按住【Shift】键拖拉控点调整鱼的尺寸（按住【Shift】键变换是为了使图像保持原比例进行缩放）。

⑥ 将鱼放置于灯丝位置，并给鱼图层添加图层蒙板。设置前景色为黑色，选择画笔工具，并在其工具选项条中设置适当的画笔大小和硬度进行涂抹，得到最终效果，如图5-91所示。

提示：此步骤也可通过"选择"菜单中的"色彩范围"对话框吸取蓝色的背景，实现更好抠出小鱼的效果。

图5-89 调整水花

图5-90 水花蒙版

图5-91 鱼图层

⑦ 在图层面板中选中灯泡背景层，在工具箱选择"套索工具"按钮♺，将鱼身体与灯丝交接处圈中，如图5-92所示。按【Ctrl+J】组合键（复制图层命令）得到图层3，并在图层面板中将图层3调整为最上层，如图5-93所示。

⑧ 单击图层3，设置图层混合模式为"正片叠底"，最后效果图如图5-94所示。

⑨ 将最终的效果图像存储为PSD文件。

图5-92　灯丝

图5-93　正片叠底

图5-94　灯泡鱼

## 5.6　通　　道

通道是存储图像颜色信息和选区信息等不同类型信息的灰度图像。通道是 Photoshop CC 的重要内容之一，它与图像内容、色彩和选区相关。在通道中可以存储选区、单独调整通道的颜色，应用图像及计算命令等高级操作。

### 5.6.1　通道的概念

通道的概念，是由蒙版演变而来的，也可以说通道就是选区。在通道中，以白色代表透明，表示要处理的部分（选择区域）；以黑色代替表示不需处理的部分（非选择区域）。因此通道与蒙版一样，没有其独立的意义，而只有在依附于其他图像（或模型）存在时，才能体现其功用。

图像处理之
通道

在 Photoshop 中，不同的图像模式下，通道是不一样的。首先，以 RGB 颜色模式为例，一个通道层同一个图像层之间最根本的区别在于：图层的各个像素点的属性是以红绿蓝三原色的数值来表示的，而通道层中的像素颜色是由一组原色的亮度值组成的。再说通俗点，通道中只有一种颜色的不同亮度，是一种灰度图像。通道最初是用来储存一个图像文件中的选择内容及其他信息的。举个例子，你费尽千辛万苦从图像中勾画出了一些极不规则的选择区域，保存后，这些"选择"即将消失。这时，我们就可以利用通道，将"选择"存储成为一个个独立的通道层；需要选择哪些时，就可以方便地从通道将其调入。这个功能，在特技效果的照片上色实例中得到了充分应用。通道的另一主要功能是用于同图像层进行计算合成，从而生成许多不可思议的特效，这一功能主要用于特效文字的制作。此外，通道的功能还有很多，在此就不一一列举。

### 5.6.2　通道的类型

通道根据其存储信息的类型的不同，主要分为复合通道、颜色通道、Alpha 通道和专色通道。

● 复合通道：用户可以同时预览和编辑所有颜色通道。

● 颜色通道：用于记录图像颜色信息的通道。是在打开新图像时自动创建的，同时还创建了复合通道。图像的颜色模式决定了所创建的颜色通道的数目。例如，RGB 图像的每种颜色（红色、绿色和蓝色）都各有一个通道。

● Alpha 通道：将选区存储为灰度图像。可以添加 Alpha 通道来创建和存储蒙版，这些蒙版用于处理和保存图像中的某些区域。Alpha 通道是计算机图形学中的术语，指的是特别的通道。

● 专色通道：保存专色信息，具有 Alpha 通道的特点，也具有保护选区的作用。每个专色通道可以存储一种专色信息，而且是以灰度来存储的。

### 5.6.3　通道面板

在 Photoshop CC 中，通道有自己单独的一个面板。通道面板显示了图像中的所有通道。对于 RGB、CMYK 和 Lab 图像，首先列出复合通道。通道略缩图显示在通道名称的左侧，在编辑通道时，会自动更新略缩图。

单击菜单栏"窗口"→"通道"命令，则会打开"通道面板"，如图 5-95 所示。

图5-95　通道面板

● 通道略缩图：显示该通道的内容。

● 通道名称：显示对应通道的名称。

● 眼睛图标：也称为"指示通道可视性"按钮，用于显示 / 隐藏当前通道。若隐藏某一个颜色通道，则复合通道 RGB 自动隐藏；若显示复合通道，则所有颜色通道都显示。

● 将通道作为选区载入：单击该按钮，可以载入所选通道内的选区。

● 将选区存储为通道：单击该按钮，可以将图像中的选区保存在通道内。

● 创建新通道：单击该按钮，可以创建 Alpha 通道。

● 删除当前通道：单击该按钮，可以删除当前通道，但复合通道不能删除。

● Alpha 通道：原来保存选区的通道。

● 颜色通道：用于记录图像颜色信息的通道。

● 复合通道：面板中最先列出的通道是复合通道，在复合通道下可以同时预览和编辑所有颜色通道。

● 弹出菜单按钮：单击此按钮，弹出通道面板的编辑菜单，用于在通道中进行编辑操作。

### 5.6.4　实例——美肤效果

【例 5-7】利用通道抠图实现美肤效果，并添加耳环。

① 单击菜单栏"文件"→"打开"命令，打开"少女"文件，在图层面板复制一个新的图层，如图 5-96 所示。

② 放大图像，查看皮肤细节，对脸上的痘痘使用"仿制图章工具" 进行消除。操作时可根据痘痘的大小灵活调整仿制图章的大小和硬度，接着按住【Alt】键，单击痘痘附近的光滑皮肤进行取样，然后松开【Alt】键，在痘痘皮肤处单击或拖拉鼠标，即可将痘痘遮盖住，得到如图 5-97 所示效果。

图5-96　新建图层

图5-97　仿制图章工具祛痘效果

③ 在通道面板中选择蓝通道，如图 5-98 所示（此步骤选择其他通道亦可，美化后的皮肤效果各有千秋）。

图5-98　选择蓝通道

④ 复制蓝通道，得到蓝通道副本。选择工具栏中的套索工具，在蓝通道副本中把肤色不均匀的皮肤部分使用套索工具选中，单击菜单栏"选择"→"修改"→"羽化"，设置羽化 10 像素，以免肤色过渡生硬，效果如图 5-99 所示。

⑤ 单击菜单栏"滤镜"→"杂色"→"蒙尘与划痕"，在弹出窗口中调节半径和阈值大小，如图 5-100 所示。调好后单击"确定"按钮，并按【Ctrl+D】组合键取消选择。

图5-99　用套索工具选择肤色不均区域 　　　　　　　　　图5-100　蒙尘与划痕

⑥ 单击菜单栏"选择"→"全部"将蓝通道副本整体选中，再单击"编辑"→"拷贝"。回到图层面板，新建一个图层 1，再单击"编辑"→"粘贴"，图层混合类型设置为"明度"，如图 5-101 所示，得到图 5-102 所示磨皮效果。

图5-101　混合类型

图5-102　磨皮效果

⑦ 打开耳环图像，复制一个新的图层，得到"背景 拷贝"，切换到通道面板，选择色差看起来最大的通道，在这里是蓝通道，复制蓝通道得到"蓝 拷贝"，如图 5-103 所示。

图5-103　蓝 拷贝

⑧ 单击"图像"→"调整"→"色阶"，打开"色阶"对话框，适当调整"蓝 拷贝"通道色阶参数，使"耳环"边缘与背景反差更明显，如图 5-104 所示，单击"确定"按钮。

⑨ 利用"画笔工具"和白色前景色，涂抹去游离在耳环边缘的多余杂色。

⑩ 利用"魔棒工具"选择白色背景，再反选选中耳环，切换到"RGB"综合通道，如图 5-105 所示。

图5-104　调整通道色阶参数　　　　　　　　　　　图5-105　自由变换

⑪ 单击"编辑"→"拷贝"，切换到少女图像，单击"编辑"→"粘贴"，将耳环粘贴到少女图中形成新图层。

⑫ 单击图层面板下方的"添加图层样式"按钮，添加"斜面和浮雕"样式，选择"浮雕效果"，如图 5-106 所示。

⑬ 用"快速选择工具"![]选中其中一只"耳环"，切换到耳环"背景"图层，再用"移动工具"![]按住鼠标左键将其拖至"少女"图中的耳垂位置，如图 5-106 所示。

图5-106　移动耳环至耳垂位置

⑭ 单击菜单栏"图像"→"调整"→"曲线"，如图 5-107 所示，适当调节曲线使"耳环"与"少女"看上去更加协调。

⑮ 最终效果如图 5-108 所示，将其储存为 PSD 文件。

图5-107　调整曲线　　　　　　　　　　　　　图5-108　最终效果

### 5.6.5 实例——硝烟中的变形金刚

【例 5-8】有如图 5-109 所示的三幅素材图，利用通道抠图分离出白云和篝火，然后和变形金刚图合成为如图 5-110 所示的硝烟效果图并添加文字。

图5-109　素材图

① 单击菜单栏"文件"→"打开"命令，打开蓝天白云图、篝火图和变形金刚三幅原始素材图。

② 复制"变形金刚"背景，得到"背景 拷贝"图层，右击"背景 拷贝"，选择"混合选项"，打开"图层样式"界面，取消通道 R（R）的勾选，如图 5-111 所示，然后单击"确定"按钮。

图5-110　效果图

图5-111　"图层样式"窗口

③ 单击左侧工具栏"移动工具" ，将"背景 拷贝"图层向下移动，得到如图 5-112 所示幻影效果。

图5-112　幻影效果

④ 观察蓝天白云图的通道面板，对比其对应的红、绿、蓝三个颜色通道，挑选出黑白对比最强烈、能最大限度完整抠选出白云的一个通道，对比之下发现红色通道最适合。

说明：此时如果直接转为选区可马上抠图，但抠出的白云过于厚重，为了能更好地模拟稀薄的烟雾效果，可先调整色阶。

⑤ 将红通道拖拉到下方的"新建"按钮◻上，形成"红 拷贝"通道，如图 5-113 所示。

⑥ 单击菜单栏"图像"→"调整"→"色阶"命令，打开"色阶"对话框，拖动色阶调节点至合适位置，如图 5-114 所示，然后单击"确定"按钮，使得白云较为稀薄，如图 5-115 所示。

图5-113　红色通道

图5-114　红 拷贝通道

图5-115　调整色阶

⑦ 单击通道下方的"转为选区"按钮▦，转换为选区，可看到建立好的白云选区，如图 5-116 所示。

图5-116　建立白云选区

⑧ 切换到"RGB"复合通道，单击菜单栏"编辑"→"拷贝"命令，将选区图像送到剪贴板。

⑨ 切换到变形金刚图，单击菜单栏"编辑"→"粘贴"命令，形成一个新的图层 1。

⑩ 单击菜单栏"编辑"→"自由变形"命令，调整烟雾的尺寸，并移动烟雾到合适的位置，如图 5-117 所示。

图5-117 · 移动烟雾

⑪ 同理，打开篝火图，复制红通道，得到"红 拷贝"，单击下方的"转为选区"按钮转换为选区，然后切换到"RGB"复合通道，将篝火选区复制粘贴到变形金刚图中形成图层 2，并调整篝火的大小和位置，合成为如图 5-118 所示的变形金刚穿行在硝烟中的效果。

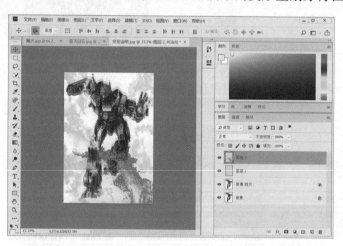

图5-118 移动篝火

⑫ 单击工具栏"横排文字工具"按钮 T，在画面中插入文字"变形金刚"。单击菜单栏"窗口"→"字符"命令，在"字符"面板中适当调整字符属性，并移动文字到合适的位置，如图 5-119 所示。

⑬ 复制"变形金刚"文字图层，右击"变形金刚 拷贝"，选择"栅格化文字"，然后右击该图层，选择"混合选项"，打开"图层样式"界面，选择"渐变叠加"，双击渐变条，在渐变编辑条中单击增加色标点，依次设置五个色标值颜色为 # 7c6705、# a69610、# a5950a、# f0e588、# 534c03 色号，形成如图 5-120 所示的金属渐变色，单击"确定"按钮。

图5-119　插入文字

图5-120　设置渐变叠加

⑭ 勾选"斜面和浮雕"，适当调整深度和角度，如图 5-121 所示。

⑮ 勾选"内阴影"，调整不透明度，如图 5-122 所示。

图5-121　设置斜面和浮雕

图5-122　设置内阴影

⑯勾选"投影"，适当调整距离和大小，增强文字立体感，如图 5-123 所示，单击"确定"按钮。文字效果如图 5-124 所示。

图5-123　设置投影

图5-124　文字的金属效果

⑰将最终的效果图储存为 PSD 文件。

## 5.7　综合实例——"飞扬的青春"宣传海报

【例5-9】利用图层蒙版与文字工具,将跳跃图像与山峰图像进行融合,制作"飞扬的青春"宣传海报。

图像处理之综合案例

① 单击菜单栏"文件"→"打开"命令,打开图 5-125 所示跳跃图像文件和图 5-126 所示的山峰图像文件。

② 在工具箱单击"移动工具"按钮,按住鼠标左键,将山峰图像拖到跳跃图像标题栏,使山峰图像成为浮动窗,再将其拖入跳跃图像中,此时在"图层"面板产生"图层 1"。按【Ctrl+T】组合键,对山峰图像大小和形状进行自由变换,按【Enter】键提交变换,效果如图 5-127 所示。

图5-125　跳跃图像　　　　　图5-126　山峰图像　　　　　图5-127　合并图像

③ 单击图层蒙版底端的"添加图层蒙版"按钮,为"图层 1"图层添加一个空白图层蒙版(黑的表示看得见,白的表示看不见),如图 5-128 所示。

④ 将前景色和背景色分别设置为白色和黑色。在工具箱单击"渐变工具"按钮,在选项栏设置"渐变样式"为"线性渐变",单击渐变识别器下拉列表,选择"渐变类型"为"前景色到背景色渐变"(只要渐变效果是由白到黑的线性渐变即可),如图 5-129 所示。单击菜单栏"窗口"→"属性"命令,设置属性面板中的"羽化"设置为5像素,如图 5-130 所示。

图5-128　空白图层蒙版　　图5-129　"渐变识别器"下拉列表　　图5-130　"属性"面板

⑤ 在图 5-131 所示的合并图像中,从山峰到跳跃的人物处拖鼠标,然后放开鼠标,此操作可重复多次,产生蒙版的由白到黑的线性渐变,直到上下两图像之间的渐变达到渐变的要求,效果如图 5-131(a)所示。对于渐变效果不太满意的地方,可通过画笔涂抹来调整:选择"图层 1"蒙版,选择"画笔工具",调整画笔的透明度为 59%,对于前景的黑

白颜色（白色表示出现山峰，黑色表示遮盖山峰）用画笔涂抹山峰，涂抹出半透明的山峰图像，使两幅图像很好地渐变融合在一起。涂抹效果如图 5-131（b）所示。此时图层面板如图 5-132 所示。

（a）由白到黑的线性渐变　　　　　（b）涂抹效果

图5-131　渐变和涂抹效果　　　　　　　　　　　　　　图5-132　"图层"面板

⑥ 在工具箱单击"横排文字工具"按钮 **T**，在图像的左上角拖出文本框，设置字体为"叶根友毛笔行书 2.0 版"（或方正舒体），字号为"12 点"，字体颜色为"#fed805"，输入文字"飞扬的"按【Enter】键提交输入。单击菜单栏"窗口"→"样式"命令，打开"样式"面板，在"默认样式"中选择"过喷（文字）"样式，效果如图 5-133 所示。

⑦ 在工具箱选择"横排文字工具"按钮 **T**，在图像的左上角拖出文本框，字号为"18点"，输入文字"青春"。在"样式"面板的右上角单击样式编辑菜单按钮，选择"Web样式"，在弹出的确认窗中单击"确认"按钮，在"Web 样式"中选择"黄色回环"样式，效果如图 5-134 所示。在工具箱选择"移动工具"按钮，适当调整文字的位置。

⑧ 单击菜单栏"文件"→"存储为"命令，将效果图像存储为 PSD 文件。

另外，也可以运用弯度钢笔工具制作路径文字，以产生特殊文字效果。以上第⑥步和第⑦步的操作，也可以换成下面的操作：

⑨ 在工具箱选择"弯度钢笔工具"按钮，在工具选项栏的"选择工具模式"下拉列表中选择"路径"，在图像的左上部绘制弧形路径，如图 5-135 所示。

图5-133　"飞扬的"效果图　　　图5-134　"飞扬的青春"效果图　　　图5-135　弧形路径

⑩ 在工具箱选择"横排文字工具"按钮 **T**，设置字体为"叶根友毛笔行书 2.0 版"（或方正舒体），字号为"12 点"，字体颜色为"#fed805"，将鼠标指针移动到路径的左端，当鼠标指针为图案时，单击并输入文字"飞扬的青春"。如图 5-136 所示。单击菜单栏"窗

口"→"样式"命令，打开"样式"面板，在"默认样式"中选择"过喷（文字）"样式，效果如图 5-137 所示。

图5-136　输入"飞扬的青春"

图5-137　效果图

## 本章小结

　　Photoshop 作为主流的图形图像处理软件，在实际的工作中有非常广泛的用途。本章介绍了 Photoshop 工具箱的使用，使读者认识 Photoshop 的丰富功能，并使用其进行图像编辑、合成、修补、文字美化等操作。本章主要讲解 Photoshop 工具箱中各种工具的用途和使用方法；各种形状选区的建立和编辑；图像的绘制与色彩调整；滤镜的使用方法；图层、蒙版、通道与文字路径的相关知识。通过每小节的操作案例，引导读者快速有效地学习使用技能。Photoshop 看似博大精深，可制作令人叹为观止的图像效果，事实上并不复杂，但需要在实际操作中去仔细体会，实践出真知。

## 🌐 工匠精神

### 中国北斗：自主创新的辉煌篇章

　　2020 年 6 月 23 日 9 时 43 分，一个历史性时刻在西昌卫星发射中心定格。随着长征三号乙运载火箭的轰鸣，北斗系统第五十五颗导航卫星，也即北斗三号的最后一颗全球组网卫星，成功升空。这一刻，标志着北斗三号全球卫星导航系统星座部署比预定计划提前半年圆满收官，二十载的"北斗之路"终于迎来了辉煌的里程碑。

　　北斗三号的卫星导航系统空间段由 5 颗静止轨道卫星和 30 颗非静止轨道卫星组成，共同构建起全球覆盖的导航网络，提供开放服务和授权服务两种模式。开放服务面向全球用户，无须任何授权，即可享用免费的定位、速度测量及时间同步服务，其定位精度可达 10m，时间同步精度达到 50ns，速度测量精度为 0.2m/s，为广泛用户群体提供基础导航支持。授权服务则是为特定授权用户设计，旨在提供更高级别的安全定位、速度测量、时间同步及通信服务，同时包括系统完好性信息的实时更新，确保关键应用领域的高精度、高可靠性和安全性。

　　北斗卫星导航系统（Beidou Navigation Satellite System，BDS）是继美国 GPS、俄罗斯 GLONASS 之后的第三个成熟的全球卫星导航系统，成为改革开放 40 多年来中国科技创新的又一重大成就。我国 400 多家单位、30 余万科技人员集智攻关，攻克星间链路、高精度原子钟等 160 余项关键核心技术，突破 500 余种器部件国产化研制，实现北斗三号卫星核心器部件国产化率 100%，为中国乃至全球用户提供了更加精准、可靠的定位服务，极大地增强了国家的战略底气和安全感。北斗系统是中国人自己干出来的，它打破了外部技术封锁，实现了从跟跑到并跑乃至领跑的跨越。

北斗导航系统不仅在国防军事领域发挥着不可替代的作用，更深深融入了社会生活的每一个角落。从珠峰测高到火神山医院建设，从地质灾害监测到农业生产效率提升，从渔业互联到智慧城市构建，北斗系统的身影无处不在。数据显示，截至 2023 年 5 月，中国已有超过 790 万辆道路营运车辆，超过 4 万辆邮政快递干线的车辆，超过 4.7 万艘船舶，超过 10 万台人机自动驾驶系统应用了北斗导航系统。尤为值得一提的是，北斗功能已成为智能手机的"标配"。近年我国销售的智能手机中，超过 98.5% 支持北斗功能。这一变化不仅体现了北斗系统的广泛应用和普及程度，更预示着它将进一步改变人们的生产生活方式，为每个人的美好生活贡献力量。

在新型基础设施建设领域，北斗导航系统同样发挥着不可替代的作用。它如同城市运转中的水和电一样不可或缺，为数字经济和智慧社会的发展提供了坚实的时间基准和空间位置基准。同时，在工业互联网、物联网、车联网等新兴领域，北斗系统正加速推动自动驾驶、自动泊车、自动物流等创新应用的发展，为数字经济和智慧社会的未来描绘出一幅幅壮丽的蓝图。随着"北斗 +"和"+ 北斗"产业体系的不断完善和发展，北斗系统将在更多领域发挥更大作用，为推动全球科技进步和经济社会发展作出新的更大贡献。

# 第6章　Web 前端网页设计

## 内容提要

◎ 网站和网页基础知识

◎ HTML 常用标签

◎ Dreamweaver 的使用

◎ 利用 CSS 样式美化网页

◎ 使用 DIV+CSS 布局网页 CSS 浮动

　　随着互联网技术的发展，网站已逐渐成为政府、企业、机构和个人对外展示、信息沟通最方便快捷的桥梁。从网络上获取信息或反馈信息都离不开网站和网页。前端开发即网站前台设计工作，指创建 Web 网页或 App 界面等人机交互页面的开发过程。这些千姿百态的页面大都是以 HTML 文件为基础制作出来的。在设计页面布局时，HTML 可将元素进行定义，CSS 可对展示的元素进行定位。DIV+CSS 布局方式可将数据与表现形式分离，既便于维护站点的外观，也使 HTML 文档代码更加简练，缩短浏览器的加载时间，同时使页面对搜索引擎更加友好，给用户带来良好的浏览体验。网页设计工具软件种类较多，本章选择目前比较流行的 Adobe Dreamweaver CC 2018 版本作为入门讲解的对象。

## 6.1　初识网页设计

　　网站按其内容的不同，可以分为企业网站、政府及机构网站、电子商务网站、娱乐游戏网站、个人网站和门户网站等。这些网站给互联网用户提供了一个浏览丰富多彩的信息的平台。

### 6.1.1　网站和网页基础知识

#### 1. 网站、网页

　　一个网站通常由多个网页页面（web page）组成，并通过站内链接把这些网页页面有机结合起来，构成一个内容完整、资源丰富的网站。一个网页就是一个文件，网页要通过浏览器来阅读。网页是构成网站的基本元素。网页经由网址（URL）来识别与存取。当用户在浏览器中输入网址后，经过域名系统的解析，网页文件会被传送到用户的计算机，然后再通过浏览器解释网页的内容，显示到用户屏幕上。通常人们看到的网页可能是以 ".html" 或 ".htm" 为扩展名的静态页面，也可能是其他类型的动态页面，如 CGI、ASP、PHP 和 JSP 文件等。主页的名称是特定的，一般为 index.htm、index.html、default.htm、default.

html、default.asp、index.asp 和 index.jsp 等。

（1）静态网页

静态网页通常指纯粹 HTML 格式的网页，没有后台数据库的支持。静态网页将文本、图像、声音、视频和动画等嵌在 HTML 标签中形成网页文件。图 6-1 所示是一个静态网页，网页文件名为 9032.htm。静态网页若不修改更新，网页内容将保持不变，不能实现 Web 服务器与后台数据库服务器之间的信息交互。静态网页常见的扩展名有".htm"、".html"、".shtml"和".xml"等。

（2）动态网页

动态网页与网页上的各种 GIF 格式的动画、Flash 动画、滚动字幕等视觉上的"动态效果"没有直接关系，动态网页内含程序语言代码，通过 Web 服务器与后台数据库服务器之间的交互，由后台数据库服务器提供实时数据更新和数据查询服务，然后在客户端的浏览器中通过用户的请求返回包含相应内容的网页。图 6-2 所示是一个动态网页，需要用户在客户端输入检索条件，后台服务器首先根据用户的检索条件进行数据查询，然后将查询到的结果以网页的形式在客户端显示，查询的结果是动态的。动态网页的扩展名一般根据不同的程序设计语言而不同，常见的扩展名有".asp"、".aspx"、".php"、".jsp"、".perl"和"cgi"等。

图6-1　静态网页

图6-2　动态网页

2. 网页中的常用元素

（1）文字

文字是网页中最常见的元素，是向用户传达信息的媒介。网页中文字的运用必须精心设计，并充分发挥它们的微妙个性，使它为整体服务。

（2）图片

在网页中使用的图片一般是 GIF、JPEG 和 PNG 等压缩格式的图片。JPEG 格式的图片对色彩的信息保留较好；GIF 格式图片的特点是支持透明色、压缩比高，在压缩过程中不会丢失像素资料，最多只能存储 256 色；PNG 曾试图替代 GIF 格式，它支持索引颜色、灰度和真彩色，且支持透明的 Alpha 通道。

（3）动画

目前 Internet 上比较常用的动画展示方式有动态 GIF、Java 和 Flash 等，其中动态 GIF、Java 适宜做一些比较简单的动画效果。GIF 动画文件使用了无损数据压缩方法中压缩率较高的 LZW 算法，文件尺寸相对较小，Internet 上采用的彩色动画文件大多为 GIF 动画文件。

（4）音乐

有的网站中设计了背景音乐，这能让访问者有特别的音效感受。网页背景音乐通常使用 MIDI、MP3、WAV 格式的音乐，其中 MIDI 音乐的优点是体积小、使用广泛，缺点是音色单调、效果较差；MP3 音乐虽然音质较好，但文件体积较大；而 WAV 音乐比 MP3 音乐的文件体积还要庞大。一般尽量不要使用声音文件作为背景音乐，那样会影响网页的下载速度。可以在网页中添加一个打开背景音乐的超链接，让用户自行选择是否需要播放背景音乐。

（5）视频

目前网上视频播放的效果虽然有时还不尽如人意，但随着网络带宽的增加和网速的提高，以及多媒体技术的发展，其发展前景十分看好。当前，网上音视频广播采用的几乎都是流媒体技术，流媒体技术能自动根据网络的速度传输相应图像声音，使音视频播放时断时续的问题得以解决。

（6）超链接

WWW 能流行起来的最主要的原因是超链接技术。超链接是从一个网页指向另一个目标的链接：例如，可以指向另一个网页或同一网页的不同位置，也可以指向一幅图片、一个文件、一个程序、一个电子邮件地址等。

（7）表格

网页中的表格在制作网页时，除了用来罗列数据，有时也用来控制显示信息的位置布局。不仅可以使用表格精确定位各种网页信息，还可以使用表格行和列的属性来设计网页文字和图像的显示位置。

（8）表单

用户在浏览网页时，表单可以接收用户在浏览器端的输入信息，然后将信息发送到网页文件中设置的目标。这个目标可以是服务器端的应用程序、电子邮件、文本和网页等。例如，表单可以让用户输入会员号及密码、填写反馈意见及评价等。

3．网站主页

网站的主页（home page）是网站的起点，是访问网站所看到的第一个页面。一个网站的主页只有一个，而网页则可能成千上万。图 6-3 所示是百度网站的主页。当访问一个网站域名时，由于服务器的设置，实际上访问的是这个域名所在目录下的主页文件。

图6-3　百度网站的主页

4．常见网页制作软件

随着网络技术的高速发展，网页制作的方法越来越多。在进行网页制作时，如果综合运用好各种网页制作软件，就可以制作出丰富多彩且精美的网页。目前较常见的网页制作软件有 Dreamweaver、Sublime、Hbuilder、WebStorm 和 Atom 等。

（1）Adobe Dreamweaver

Adobe Dreamweaver 是 Adobe 公司推出的功能强大的网页设计与制作软件，而且用户最多、应用最广。Dreamweaver 用于网页的整体布局、设计和制作、创建和管理网站，可以可视化地制作出充满动感的网页。

（2）Sublime

Sublime 体积小，运行速度快，具有漂亮的用户界面，功能强大，支持编译功能，且可在控制台看到输出。内嵌 Python 解释器，支持插件开发以达到可扩展目的，支持 Windows、Linux、Mac OS 等操作系统，是目前主流的前端开发工具。

（3）Hbuilder

Hbuilder 是一款支持 HTML5 的 Web 开发 IDE，速度快，通过完整的语法提示和代码输入法、代码块等，大幅提升 HTML、JS、CSS 的开发效率。

（4）WebStorm

WebStorm 功能强大，为 JS（JavaScript）开发做了很多优化，被许多 JS 开发者誉为 "Web 前端开发神器"、"最强大的 HTML5 编辑器" 和 "最智慧的 JS IDE" 等，适合用来做项目，但占用内存大。

（5）Atom

Atom 是一款开源的、跨平台的代码编辑器，具有简洁和直观的图形用户界面，丰富的插件几乎能满足所有 Web 开发需求，支持 CSS、HTML 和 JavaScript 等编程语言。缺点是打开大文件的速度很慢。

---

📖 小知识

集成开发环境（integrated development environment，IDE）是用于提供程序开发环境的应用程序，一般包括代码编辑器、编译器、调试器和图形用户界面等工具。例如微软的 Visual Studio 系列、Borland 的 C++ Builder 和 Delphi 系列等，此处的 IDE 表示多被用于开发 HTML 的应用软件。

---

## 6.1.2　网站设计的原则

Internet 上的网站浩如烟海，要让人们从中选择并访问自己的站点，就不是那么简单了，因为鼠标和键盘永远掌握在上网者手中。设计者要想设计出达到预期效果的站点和网页，需要对用户需求有深刻的理解，并对人们上网时的心理进行分析和研究。以下是规划网站时应该注意的一些问题。

1. 符合人们的阅读习惯

网页文字的字号不宜设得太小、也不能太大。文本最好左对齐，而不是居中。标题一般居中，这样符合读者的阅读习惯。注意不要使背景的颜色冲淡了文字的视觉效果，一般来说，浅色背景配深色文字为佳，深色背景配浅色文字为宜。遵循网页配色的基本原则，熟练地运用色彩搭配，做出的网页应和谐得体，令人赏心悦目。

2. 网站导航要清晰

所有的超链接应清晰且无误地标识出来，而且所有导航性质的设置，比如图像按钮等，也要清晰地标识出来，这样才能让用户看得明白。

清晰的导航还要求：读者进入目的网页的点击次数最好不要超过三次。如果三次以上还找不到，会导致读者失去耐心。

### 3. 网页风格要统一

网页上所有的图像、文字，包括图像背景颜色、区分线、字体、标题、注脚等，都要统一风格，贯穿全站，这样读者浏览时会感觉自然、舒适，并留下一个"很专业"的印象。

### 4. 动静要搭配好

网页中可以嵌入 Flash、Gif 等动画或者 JavaScript 效果。这些东西单独看起来效果都很好，但太多了会让浏览者眼花缭乱、找不到网页内容的重点，而且还会影响到网站的浏览速度，最终失去了浏览网站的兴趣。所以，制作网页动态的部分，不宜过多，达到画龙点睛的效果就可以了。

### 5. 突出新内容

网站中应专门开辟一块区域显示更新的内容，也可以用不同的颜色或者小动画之类的图片突出显示更新内容，这样就能一眼看到网站是否有更新、更新了哪些内容，不必花费时间"寻找"，使网站具有亲和力。

## 6.1.3　Dreamweaver 的工作界面

Adobe Dreamweaver 简称"DW"，是 Adobe 公司出品的一款可视化网页编辑器，它采用多种先进技术，能够快速高效地创建极具表现力和动态效果的网页，而且可以生成精练、高效的 HTML 源代码，这也是多数专业网页制作者的希望和要求。

启动 Dreamweaver CC 2018,新建或打开一个网页文件后，将看到图6-4所示的工作界面，它由以下几个部分组成：菜单栏、文档工具栏、标准工具栏、通用工具栏、文档窗、代码窗、标签选择器、属性面板和面板组。这些是直接进行文字、图像、表格和 Div 标签等元素排版布局的主要工作场所。

图6-4　Dreamweaver CC 的工作界面

1. 菜单栏

Dreamweaver CC 将所有命令分类后，共九个菜单项：文件、编辑、查看、插入、工具、查找、站点、窗口和帮助。单击下拉菜单项，可以完成大部分 Dreamweaver CC 的网页编辑处理功能。

2. 文档工具栏

文档工具栏中的按钮方便用户在文档的各种视图之间进行切换，查看当前文档的内容、设计效果及网页的 HTML 源代码，如图 6-5 所示。

（a）拆分实时视图　　　　　　　　　　　　（b）拆分设计视图

图6-5　文档工具栏

代码：显示代码视图，单击此按钮，文档窗切换为代码视图，仅显示和修改本网页的 HTML 源代码。

拆分：在这种视图状态下，网页文档窗一分为二，上半部分是实时视图 / 设计视图，下半部分是代码视图。这种视图的优点是在修改源代码的同时可以动态地看到网页修改的效果。

实时视图：显示实时视图，是默认的视图方式。在文档窗中模拟用浏览器浏览网页的效果。单击"实时视图"旁的三角形按钮 ▾，选择"设计"，则返回设计视图。

设计：显示设计视图，以可视化的方式在文档窗编辑网页，同时显示网页的设计、排版效果。

3. 标准工具栏

标准工具栏为用户提供常用的网页编辑功能，如："新建"、"打开"、"保存"、"全部保存"、"打印代码"、"剪切"、"拷贝"、"粘贴"、"还原"及"重做"等。

4. 通用工具栏

通用工具栏为用户提供常用的网页文件管理功能，如："打开文档"、"文件管理"、"实时视图选项"、"显示 / 隐藏可视媒体查询栏"、"打开实时视图和检查模式"及"自定义工具栏"等。

5. 文档窗和代码窗

网页文档窗和代码窗是网页设计的主窗，可以用来显示、设计和编辑各式各样的网页文档，进行 HTML 源代码的编辑工作。在 Dreamweaver CC 中允许同时打开多个文档窗和代码窗进行编辑。

6. 标签选择器

标签选择器位于主窗口底部的状态栏中，如图 6-6 所示，它显示环绕当前选定内容的标签层次结构。单击该层次结构中的标签可以选择该标签及其全部内容。

图6-6　标签选择器

#### 7. "属性"面板

利用"属性"面板可以设置和修改对象的属性，"属性"面板会根据插入对象的不同随时变化，例如"图像"和"表格"所对应显示的属性就不一样。单击"属性"面板右下角的小三角 ▲，就可以根据需要缩小或展开"属性"面板，如图 6-7 所示。

图6-7　"属性"面板

#### 8. "文件"面板

"文件"面板主要功能就是管理网站，是 Dreamweaver CC 中最重要的窗口。"文件"面板很像 Windows 中的资源管理器，一方面具有管理本地站点的能力，包括建立、复制、重命名文件或文件夹、管理本地站点结构等操作；另一方面，它还可以管理远端站点，包括文件上传和文件更新等。在站点管理器中无论移动、复制任何文件，如果涉及超链接，系统都会自动更新。

#### 9. 其他面板

除了"属性"面板之外，Dreamweaver CC 还有一些未打开的面板。打开"窗口"菜单，如图 6-8 所示，可根据需要选择显示或隐藏面板。在这些面板中包含了 Dreamweaver CC 大部分的功能，常用的面板包括"文件"面板、"插入"面板、"资源"面板、"CSS 设计器"面板、"CSS 过滤效果"面板和"行为"面板，如图 6-9 所示。

图6-8　"窗口"菜单

（a）"文件"面板

（b）"插入"面板

（c）"资源"面板

图6-9　各种面板

### 6.1.4　HTML 初体验

HTML 的全称是 hypertext markup language，中文名称是超文本标签语言。它是在普通文本文件的基础上，加上一系列标签来描述文本文件的格式、颜色，再配上图像、声音、动画和视频等，经过浏览器解释后形成精彩的网页画面。用 HTML 编写的纯文本文档称为 HTML 文档，它能独立于各操作系统平台。HTML 文件的扩展名是 .html 或 .htm，采用标准 ASCII 文件结构存储。本节介绍的 HTML 版本是 HTML5，HTML5 较之前的版本移植更为简单；提高了可用性和改进用户的友好体验；增加了几个新的标签，有助于开发人员定义重要的内容；可以给站点带来更多的多媒体元素（视频和音频）；可以很好地替代 FLASH 和 Silverlight。现在 HTML5 的应用已经相当广泛，未来移动互联网都需要用到 HTML5 开发应用。

#### 1. 体验用 HTML 语言编写的网页

HTML 文档是由 HTML 元素组成的文本文件，HTML 元素由 HTML 标签组成，既简单又方便，它通常使用 < 标签名 ></ 标签名 > 的格式来表示标签的开始和结束，例如 <body>...</body>，在开始和结束标签之间的文本是元素内容。HTML 标签不区分大小写字母。例如 <HR> 和 <hr> 作用是一样的。可以使用记事本、Dreamweaver 等编辑工具来编写 HTML 文件。

创建 Hello
网页

【例 6-1】用 Dreamweaver CC 编辑一个网页，在文本区中显示"Hello, HTML5! So easy!"字样。观察 HTML 源代码构成。

① 在 Dreamweaver CC 中依次单击菜单栏"文件"→"新建"命令，在弹出的"新建文档"对话框的文档类型中选择"</>HTML"，并在"标题"中输入网页标题"hello！"，此时的文档类型默认为 HTML5，单击"创建"按钮，如图 6-10 所示。

② 单击"创建"按钮后，将建立一个空白网页文件，单击"文件"→"保存"命令，保存为 index.html 文档。在文档窗口中输入相关文字"Hello, HTML5! So

图6-10　"新建文档"对话框

easy!"，在"文档"工具栏中选择"设计"和"拆分"，观察自动生成的代码，如图 6-11 所示。

图6-11　HTML5源代码

每个标准的 HTML 文档都应当从一个文档类型说明开始，如 <!doctype html>。HTML 文档内容全部包含在 <html> 与 </html> 标签对之间，<html></html> 标签在最外层，表示 HTML 文档从 <html> 开始，到 </html> 结束。HTML 主要由头部和主体两部份组成，<head>...</head> 区段，称为头部，<body>...</body> 区段，称为主体。在 <head></head> 标签对之间可包含标题标签 <title></title>、脚本标签 <script></script> 等。<body> 标签是文档主体部分开始的第一个标签，<body></body> 标签对内可包含许多其他标签。

2. HTML 语言的基本语法与格式

大部分 HTML 标签都具有起始和结束标签，放在它所描述的内容两边，结束标签前要加"/"。当然也有不成对的单独标签，需要说明的是，在早期的 XHTML 版本中，对于单独的标签，必须在后面加上空格和"/"进行关闭，但这个规定在 HTML5 版本中并不严格要求。

以下是常见的三种 HTML 语法格式：

① < 标签名 > 文本 </ 标签名 >。

例如：

```
<title> 我的第一个 HTML 网页 </title>
```

② < 标签名 属性名 = " 属性值 "> 文本 </ 标签名 >。

例如：

```
<body bgcolor="red"> 本网页采用红色背景 </body>
```

③ < 标签名 >。

例如：

```
第一行文字
<br>
第二行文字
```

浏览器的功能是对 HTML 文档的标签进行解释，显示出文字、图像、动画以及播放声音等。例如，在上面的程序中：<title> 我的第一个 HTML 网页 </title>，就是告诉浏览器本网页的标题为"我的第一个 HTML 网页"，标题是从 <title> 开始到 </title> 结束，解释结束后浏览器会继续解释下一个标签，如果浏览器遇到不支持的某个标签，通常只是把它忽略掉。

3. Dreamweaver 的代码提示功能

在使用 Dreamweaver 编码时，利用智能代码提示功能可以快速插入和编辑代码，减少拼写和其他常见错误，最大限度缩短编码时间。方法是输入标签名称，然后按空格键即可显示目前可使用的有效属性名称，如图 6-12 所示。Dreamweaver 支持下列语言和技术的代码提示：HTML、CSS、JavaScript、PHP。

图6-12　Dreamweaver的代码提示功能

4. HTML 注释

在写 HTML 代码的时候，往往需要进行说明该行代码或该段代码是用来做什么的。这个时候就需要用到 HTML 注释标签了。注释的内容将不在浏览器中显示。HTML 注释标签只有一个，单行和多行都是使用同一个标签来注释。语法如下：

```
<!-- 这是单行注释 -->
<!--
    这是多行注释
    这是多行注释
    这是多行注释
-->
```

在后面的学习中会接触到该功能，这里不做展示。

## 6.1.5 建立一个站点

每个网站在制作网页之前都需要创建站点，将相关的网页文件、图像文件和 CSS 样式等分别放在各自类别的文件夹中，以便于站点统一进行管理和维护。

要建立一个网站，一般先在本机上做好站点，然后再传到网上的服务器空间里。建立站点的主要步骤为：在本地磁盘新建一个文件夹→在 Dreamweaver CC 中把文件夹定义成站点→在站点内添加网页→编辑网页→测试、上传网站。

 小知识

在 Dreamweaver CC 中建立站点时，建议所有的文件及文件夹名称均使用半角英文字母。如果使用汉字字符，可能出现不兼容的情况，导致创建的网页不能正确显示。

【例 6-2】在本机上创建一个站点 lemon，仅包含一个空网页 index.html。

① 在本机硬盘（这里选择 F 盘）中新建一个文件夹 web，在文件夹 web 下新建一个子文件夹 image，把本书配套的图像素材文件复制到 image 文件夹中。

② 启动 Dreamweaver CC，单击菜单栏"站点"→"新建站点"命令，弹出"站点设置对象"对话框，在"站点名称"中输入站点的名称："lemon"，单击"本地站点文件夹"右边"浏览文件夹"按钮 📁，弹出"选择根文件夹"窗口，选择存放的位置 F:\web，如图 6-13 所示。单击"保存"按钮，完成 lemon 站点的创建。

图6-13 "站点设置对象"对话框

③ 在"文件"面板中出现建立好的站点列表，如图 6-14 所示。在"文件"面板的"站点 –lemon（F:\web）"站点上右击，在弹出的快捷菜单中选择"新建文件"命令，给新建的文件输入名称"index.html"后按【Enter】键，第一个空网页（主页）就建好了，双击打开即可编辑，如图 6-15 所示。在该图所示的代码窗中，显示的是制作空白网页的 HTML 代码，这就是 lemon 网站的主页文件 index.html。

同类型的文件，最好放在一个文件夹中，例如把图片文件都放在 image 文件夹中。把同一栏目的所有文件放在一个文件夹中，在链接网页和维护时会很方便。

图6-14　在站点中新建网页

图6-15　第一个空网页

可以在本机上建立和管理多个站点：在"文件"面板中的站名"lemon"的右边单击按钮 ∨，在弹出的下拉列表中选择"管理站点"命令（或单击菜单栏"站点"→"管理站点"命令），在弹出的图 6-16 所示的"管理站点"对话框中可以对站点进行新建站点和其他的站点编辑管理操作。

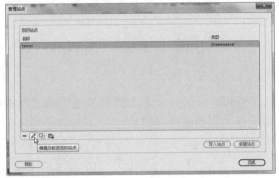

"管理站点"对话框中各按钮功能如下：

- 按钮 − 表示删除当前选定的站点。
- 按钮 ✎ 表示编辑当前选定的站点。
- 按钮 ⧉ 表示复制当前选定的站点。
- 按钮 ➡ 表示导出当前选定的站点。

图6-16　"管理站点L"对话框

## 6.2　HTML 语言的常用标签

HTML 语言作为一种标识性的语言，是由一些特定符号和语法组成的，十分容易理解和掌握。以下介绍常见的 HTML 语言标签。

### 6.2.1　<html><head><title><meta><body> 标签

1. <html> 标签

一个 HTML 文档，无论简单还是复杂，都是以 <html> 开头，以 </html> 结尾，故通常称之为"根元素"。

2. <head> 标签

<head> 和 </head> 构成 HTML 文档的头部，在此标签对之间可以使用 <title></title>、<script></script> 等标签元素，常用于描述网页的标题以及设置对整个网页的总体风格（如字体等）的默认定义等。

3. <title> 标签

<title> 标签是 <head> 标签的子标签，用于定义文档的标题。如：

```
<title> 学院网站 </title>
```

浏览器会以特殊的方式来使用标题，并且通常把它放置在浏览器窗口的标题栏或状态栏上。同样，当把文档加入用户的链接列表或者收藏夹或书签列表时，标题将成为该文档链接的默认名称。

4. <meta> 标签

<meta> 标签位于文档的头部 <head></head> 标签内，不包含任何内容。用来描述一个 HTML 网页文档的属性，例如字符编码、作者、日期和时间、网页描述、关键词、页面刷新等。例如：

```
<meta name="keywords" content=" 大学，教育，文化，科研 ">
```

可用来告诉搜索引擎网页的关键字，类似这样的定义可能对于进入搜索引擎有帮助。

5. <body> 标签

<body>…</body> 是 HTML 文档的主体部分，在此标签对之间可包含 <p>…</p>、<h1>…</h1>、<br> 等众多的标签，它们所定义的文本、图像等将会在浏览器的框内显示出来。

## 6.2.2　<link> <base><script> <style> 标签

1. <link> 标签

<link> 标签显示本文档和其他文档之间的链接关系。一个最常见的应用就是 CSS 外部层叠样式表的定位。例如：

```
<link rel="stylesheet" type="text/css" href="style.css">
```

rel 参数说明两个文档之间的关系，type 参数说明目标文档的类型，href 参数说明目标文档名。

2. <base> 标签

<base> 标签用于为页面上所有链接规定默认地址或默认目标。例如：

```
<base href="http://www.gxu.edu.cn/" target="_blank">
```

href 指定文档中所有链接的基准 URL 地址。在这里指定 href 的属性，所有的相对路径的前面都会加上 href 属性中的值。target 指定文档中所有链接的默认打开窗口的方式。

3. <script> 标签

<script> 标签用来在页面中加入脚本程序。语法格式如下：

```
<script language="JavaScript ">…</script>
```

在 language 中一定要指定脚本语言的种类。如 JavaScript、VBScript 等。

4. <style> 标签

在 <head> 中可以含有任意数量的 <style> 标签。该标签用于在文档中嵌入样式表单。例如：

```
<head>
  …
  <style type="text/css">
    hr {color: sienna}
    p {margin-left: 20px}
    body {background-image:    url("images/back40.gif")}
```

```
        </style>
        ...
    </head>
```

## 6.2.3　<a><p><br><hr><hn> 标签

### 1. <a> 标签

利用 <a> 标签可以指定链接，在起始标签 <a> 和结束标签 </a> 之间的文本或图像组成链接的内容，用户通过在浏览器中单击它们触发超链接。

例如：

```
<a href="http://www.baidu.com/"> 请到百度搜索 </a>
```

例如：

```
<a href="mailto:abc123@163.com"> 请联系我们 </a>
```

例如：

```
<a href="http://www.baidu.com /"><img src="a.jpg"></a>
```

### 2. <p> 标签

在编写 HTML 文档时，段落的表示方法是在 <p>…</p> 标签对之间加入的文本将按照段落的格式显示在浏览器上。

### 3. <br> 标签

<br> 标签是一个空标签，不需要起始标签和结束标签，主要用于换行或输入一个空行，而不是用来分割段落。

### 4. <hr> 标签

<hr> 标签也是一个空标签，不需要起始标签和结束标签。使用 <hr> 标签可在 HTML 文档中加入一条水平线，通常用于分隔页面的不同部分。

### 5. <hn> 标签

HTML 语言提供了一系列对文本中的标题进行操作的标签对：<h1></h1> ~ <h6></h6>，即一共有六对标题的标签对。标题字体是一种比正文大一些的粗体文字。<h1></h1> 是最大的标题，而 <h6></h6> 则是最小的标题。

【例 6-3】实现如图 6-17 所示网页效果的 HTML 代码。

图6-17　网页效果图

```
<body>
<h1> 这是标题 1</h1>
<h2> 这是标题 2</h2>
<h3> 这是标题 3</h3>
<h4> 这是标题 4</h4>
<h5> 这是标题 5</h5>
<h6> 这是标题 6</h6>
<hr>                        <!-- 此处添加一条水平线 -->
<p> 这是第一个段落 </p><p> 这是第二个段落 </p>
<br>
```

```
<p> 这是第三个段落，与第二段之间多了一个空行 </p>
</body>
```

### 6.2.4 \<ol>\<li>\<ul>\<dl>\<dt>\<dd> 标签

**1. 有序列表**

排序列表中，每个列表项前标有数字，表示顺序。它以 \<ol> 标签表示排序列表开始，以 \<li>...\</li> 标签对罗列列表项，最后以 \</ol> 标签表示列表结束，如图 6-18 所示。

**2. 无序列表**

无序列表不用数字标识每个列表项，而采用某个项目符号，如圆黑点。它以 \<ul> 标签表示无序列表开始，以 \<li>...\</li> 标签对罗列列表项，最后以 \</ul> 标签表示列表结束，如图 6-19 所示。

图6-18　有序列表示例图　　　　图6-19　无序列表示例

**3. 定义列表**

定义列表通常用于术语的定义。以 \<dl> 标签表示定义列表开始，以 \</dl> 标签表示列表结束。列表中的每一个术语都以 \<dt> 标签开始，每一项解释都以 \<dd> 标签开始，以 \</dd> 标签表示解释结束。\<dd>\</dd> 里的文字如图 6-20 所示缩进显示。

【例 6-4】编辑一个网页，实现列表标签嵌套效果，如图 6-21 所示。

图6-20　定义列表示例　　　　图6-21　网页效果图

实现其网页效果的 HTML 代码如下：

```
<body>
<ul>
  <li> 中国名人名言
    <dl>
      <dt> 韩愈 </dt>
        <dd> 业精于勤而荒于嬉 </dd>
        <dd> 行成于思而毁于随 </dd>
      <dt> 华罗庚 </dt>
        <dd> 聪明出于勤奋 </dd>
        <dd> 天才在于积累 </dd>
```

```
        </dl>
    </li>
    <li>外国名人名言
        <dl>
            <dt>达·芬奇</dt>
                <dd>勤劳一日，可得一夜安眠</dd>
                <dd>勤劳一生，可得幸福长眠</dd>
        </dl>
    </li>
</ul>
</body>
```

## 6.2.5　\<div>\<span>\<img> 标签和转义字符

### 1. \<div> 标签

div 全称 division，意为"分区"。\<div>\</div> 标签对把文档分割成独立的、不同的部分，常用来设置字、图、表格等的摆放位置。它有 id、class 等属性，通常与 CSS 一起使用，以允许用户添加样式到页面的某个部分。有关 CSS 部分内容在后续章节中将详细介绍。

### 2. \<span> 标签

\<span> 标签主要用来分组子元素，以便用样式来格式化它们。例如：要在一个句子或一个段落的某个部分分组，可以使用 \<span> 标签。

### 3. \<img> 标签

要将图像放到网页中，通常使用 \<img> 标签，其格式为：\<img src="filename">。src 属性在 \<img> 标签中是必须赋值的，这个值是图像文件的路径及文件名，也可以是网址。

### 4. 转义字符

在 HTML 中，\<、>、& 等字符已被保留为特殊字符使用，要与文本一起显示这些字符，需要使用对应的字符串格式（也称转义字符）来表达。表 6-1 列出了部分转义字符的书写方法。

【例 6-5】实现如图 6-22 所示网页效果的 HTML 代码。

表 6-1　HTML 转义字符

| 转义字符 | 代表字符 | 描　述 |
|---|---|---|
| \  | | 非换行空格符 |
| \&quot; | " | 双引号 |
| \&copy; | © | 版权符号 |
| \&reg; | ® | 注册符号 |
| \&lt; | < | 小于字符 |
| \&gt; | > | 大于字符 |
| \&amp; | & | and符号 |
| \&tilde; | ~ | 颚化符号 |

图6-22　网页效果

```
<body>
<img src="pic02.jpg" >
<div id="sum">
```

```
  99% 的汗水 <br>
+1% 的灵感 <br>
------------ <br>
       天才
</div>
</body>
```

## 6.3 表格和表单

### 6.3.1 &lt;table&gt;&lt;tr&gt;&lt;td&gt;&lt;th&gt; 标签

**1. &lt;table&gt; 标签**

&lt;table&gt; 标签对是表格的标识符，用来界定表格的范围。&lt;table&gt;&lt;/table&gt; 之间的内容就是表格的内容。表格一般由表头、表格行和单元格三部分组成。

**2. &lt;tr&gt; 标签**

&lt;tr&gt; 标签对用来创建表格行。此标签对只能放在 &lt;table&gt;&lt;/table&gt; 标签对之间使用，而在此标签对之间加入文本是不规范的，因为在 &lt;tr&gt;&lt;/tr&gt; 标签对之间只能紧跟 &lt;td&gt;&lt;/td&gt; 标签对才是有效的语法。

**3. &lt;td&gt; 标签**

&lt;td&gt; 标签对用来创建表格中的单元格，此标签对也只有放在 &lt;tr&gt;&lt;/tr&gt; 标签对之间才是有效的，想要输入的文本也只有放在 &lt;td&gt;&lt;/td&gt; 标签对中才有效。

**4. &lt;th&gt; 标签**

&lt;th&gt; 标签对用来设置表格头部单元格，大多数浏览器将其显示为粗体居中文字。

**5. &lt;tbody&gt; 标签**

&lt;tbody&gt; 标签对用来定义一段表格主体。在 &lt;tbody&gt; 标签中，只有 &lt;tr&gt; 标签可以定义表格行。并且一旦定义，一个 &lt;tbody&gt; 标签就是表格中的一个独立的部分。

【例 6-6】建立一个四行六列表格，如图 6-23 所示。

创建网页
表格

| 中学生身体素质汇总表 | | | | | |
|---|---|---|---|---|---|
| 优 | | 良 | | 合格 | |
| 男 | 女 | 男 | 女 | 男 | 女 |
| 1000 | 1002 | 50 | 51 | 23 | 29 |

图 6-23　四行六列表格

其 HTML 源代码如下：

```
<!doctype html>
<html>
<head>
<meta charset="utf-8">
<title> 表格 </title>
</head>
```

```
<body>
<table width="597" height="130" border="2" cellpadding="2" cellspacing="2">
  <tbody>
    <tr>
      <td colspan="6" align="center"> 中学生身体素质汇总表 </td>
    </tr>
    <tr>
      <td colspan="2" align="center"> 优 </td>
      <td colspan="2" align="center"> 良 </td>
      <td colspan="2" align="center"> 合格 </td>
    </tr>
    <tr>
      <td width="90" align="center"> 男 </td>
      <td width="90" align="center"> 女 </td>
      <td width="90" align="center"> 男 </td>
      <td width="90" align="center"> 女 </td>
      <td width="90" align="center"> 男 </td>
      <td width="90" align="center"> 女 </td>
    </tr>
    <tr>
      <td align="center">1000</td>
      <td align="center">1002</td>
      <td align="center">50</td>
      <td align="center">51</td>
      <td align="center">23</td>
      <td align="center">29</td>
    </tr>
  </tbody>
</table>
</body>
</html>
```

**小知识**

图 6-23 所示为一个非标准的四行六列表格。第 8 行代码的 <table width="597" height="130" border="2" cellpadding="2" cellspacing="2"> 语句，里面有很多属性是格式、美化等表现型属性，实际上是不符合现代网页设计理念的，因为最新的 HTML5 里已经去掉了表现型的属性，例如 cellpadding（单元格之间的距离），cellspacing（单元格中的内容与单元格边缘的距离）都属于逐渐淘汰的标签属性，提倡的替代做法是：合并表格边框，然后在 CSS 中用 <th>、<td> 的 padding 设置内容和边框之间的空隙。

## 6.3.2　利用表格布局创建网页

表格是网页制作的一个非常重要的内容。表格不仅是制作行和列形式的表格，更重要的是能够把图片、文字、数据和表单等信息有序并有规则地排列。熟练运用表格的各种属性，可以使网页丰富多彩、赏心悦目。

通过在网页中插入表格，可以对网页内容进行精确地定位。只需通过设定表格宽度、高度、间距等属性，把不同的网页元素分别放置在不同的单元格之中，编辑表格与单元格，就可以达到利用表格布局创建网页的目的。下面通过一个例子讲解如何利用表格布局创建网页。

【例 6-7】续上例 6-2，利用表格布局编辑 index.html 网页。

① 双击打开"文件"面板的 index.html 网页，在"文档"工具栏上选择视图方式为"设计"，定位光标在第一行的顶端。单击菜单栏"插入"→"Table"命令，建立一个 3 行 3 列，宽 1 000 像素，填充、边距、间距均为 0 的表格，如图 6-24 所示。在文档窗中出现一个 3 行 3 列的虚线表格，如图 6-25 所示。

编辑 index.html 网页

图6-24　创建表格

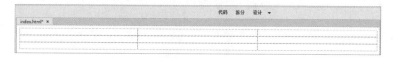

图6-25　3行3列的虚线表格

② 在表格中选择第一行的第二列和第三列共两个单元格，在这两个单元格上右击，选择"表格"→"合并单元格"命令，此两个单元格合并为一个单元格，同理，合并第三行的三个单元格为一个单元格。在表格中选择第二行的第一列单元格，在这个单元格上右击，选择"表格"→"拆分单元格"命令，在弹出的"拆分单元格"对话框中设置拆分为两列，则此一个单元格拆分为两个单元格，如图 6-26 所示。

图6-26　合并单元格

③ 把"文件"面板中的 image/a2.jpg 图像文件拖放到表格的第一行第一列单元格中，用鼠标在图像尺寸控制点上调整图像大小，再用鼠标拖动表格的列线，调整表格单元格的宽度。同理，把 a1.jpg 图像文件拖放到第二行第四列单元格中，再次调整图像大小和单元格的宽度。鼠标指针定位在柠檬图片所在的单元格，在"属性"面板中设置水平"右对齐"，如图 6-27 所示（若此时找不到属性面板，可按【Ctrl+F3】组合键弹出属性面板）。在表格中输入相应文字，设置第三行文字水平"居中对齐"，效果如图 6-28 所示。

图6-27　"属性"面板

图6-28　合并单元格

④ 在第一行第二个单元格里定位光标，在"属性"面板中设置文字格式为"标题 1"，单元格水平"居中对齐"，如图 6-29 所示。单击"CSS"，设置字体为"叶根友毛笔行书 2.0 版"（或方正舒体），字体颜色为"#F98D03"，如图 6-30 所示。同理，设置第二行文字的文字格式为"标题 2"，单元格水平"居中对齐"，设置字体为"楷体"，字体颜色为"#066510"。

图6-29　居中对齐

图6-30　设置字体和字体颜色

⑤ 在第三行的单元格中定位光标，设置文字格式为标题 5，单元格水平"居中对齐"，背景色为 #FECD00，高 58 像素，如图 6-31 所示。用鼠标调整各单元格的宽度，效果如图 6-32 所示。

图6-31　设置第三行

图6-32　调整字体、单元格、图像

⑥ 单击第二行的 a1.jpg 柠檬图像，单击"属性"面板中"链接"右边的 ▣ 按钮，在弹出的"选择文件"窗中选择网页文件 lemon.html（该文件将在例 6-11 中创建，目前也可暂时在站点中新建一个空白网页"lemon.html"文件），设置"目标 (R)"为"_blank"，如图 6-33 所示。

⑦ 选中的第三行的文字"专业人士"，设置超链接到 mailto:webmaster@163.com，如图 6-34 所示。

图6-33　图像超链接

图6-34　E-mail超链接

⑧ 在标签选择器中单击"body"标签，在"属性"面板的"文档标题"处输入"柠檬水"，如图 6-35 所示，则网页的标题栏将显示文字"柠檬水"。

⑨ 单击菜单栏"文件"→"保存"命令，单击工具栏最右边的"实时浏览"按钮 ▣，在弹出的菜单中选择一种浏览器（例如"360 安全浏览器"），如图 6-36 所示，以便在该浏览器中观看网页实际效果。在网页中单击文字"专业人士"，将启动本机默认的收发电子邮件客户端软件，并创建一封以

图6-35　设置文档标题

webmaster@163.com 为收件人地址的新邮件。网页效果如图 6-37 所示。单击"文档"工具栏的"代码"，在代码视图中显示了产生该网页效果的 HTML 源代码，如图 6-38 所示。

图6-36　选择浏览器

图6-37　网页效果

从图 6-38 所示可看出，在 <body></body> 标签中插入了用于创建表格的表格标签 <table></table>，<tbody></tbody> 标签标识表格主体，<tr></tr> 标签表示创建表格的行，<td></td> 标签表示创建表格的单元格，在各标签中的参数用于设置表格本身和各个单元格的属性。在这段 HTML 源代码中，大部分的标签都是成对出现的。当然，有个别是单独的标签，如：<br> 标签表示换行。

从图 6-38 所示还可看出，第 15 行代码中出现了符号" "。在 HTML 中，" "是一种转义字符，表示空格。

图 6-38    HTML 源代码

可以右击单元格，通过快捷菜单中的"表格""段落格式""列表""字体""样式"等命令，设置单元格和单元格中的文字的属性。

## 6.3.3    移动端网页的制作

随着智能手机和平板电脑的普及，使用手机和平板电脑浏览网页的用户数量远远大于使用计算机的用户数量。由于移动端（手机、平板电脑）产品类别和型号众多，其显示窗口和计算机的显示屏浏览网页的特点各不相同，故对于移动端网页的制作，应该尽量简化内容、减少文字，网页的内容适应移动端窗口大小。

可利用 <meta> 标签来制作自适应网页，适应计算机和移动端的窗口屏幕的宽度。在网页头部加上这样一条 <meta> 标签：

```
<meta name="viewport" content="width=device-width, initial-scale=1.0,
minimum-scale=1.0, maximum-scale=2.0, user-scalable=yes">
```

各属性功能如下：

① width=device-width：表示网页默认显示宽度等于设备屏幕宽度，设备可为移动端、计算机。

② initial-scale=1.0：表示初始的缩放比例，范围 0 ~ 10，网页初始大小占屏幕面积的 100%。

③ minimum-scale=1.0：表示允许用户最小的缩放比例。

④ maximum-scale=2.0：表示允许用户最大的缩放比例。

⑤ user-scalable=yes：表示用户可以调整缩放比例。

⑥ user-scalable=no：表示用户不可调整缩放比例。

上述 <meta> 语句表示网页窗口默认显示宽度等于浏览网页设备屏幕的宽度，网页宽度初始比例为 1.0，最小缩放比例为 1.0，最大缩放比例为 2.0，用户不可扩展，页面可以缩放。

由于网页会根据屏幕宽度调整布局，所以布局和各元素不能使用固定的像素表示。

em 在 CSS 中是相对长度单位，任意浏览器的默认字体高都是 16px。由于在一个 CSS 选择器被写入时，浏览器就有了一个 "16px" 大小的默认字体，因此在浏览器下默认的设置是 1em =16px。

例如，图像的宽度和高度应该使用相对值表示。在 <img> 标签中不能指定像素宽度 width:*px，只能指定百分比宽度 width:*%，或者 width:auto；字体也不能使用绝对大小（px），而只能使用相对大小（单位 em）。一般可不设置字体，使用默认值。

例如：body{font-size:1em;} 表示正文跟随浏览器的默认字体大小，一般是 16px。例如：body {font: normal 100% Helvetica，Arial，sans-serif;} 表示字体大小是页面默认大小的 100%，即 16px。

制作手机自
适应网页

【例 6-8】续上例，通过在网页中使用 <meta> 标签，制作一个介绍柠檬特点的手机自适应网页。

① 在站点 lemon 下新建一个空白的网页文件 intrduce-lemon.html，在文档工具栏上单击"设计"，进入设计视图，在"属性"面板中的"文档标题"处输入文字"柠檬"。HTML 代码如图 6-39 所示。在第 4 行代码后插入此代码：

```
<meta name="viewport" content="width=device-width, initial-scale=1.0,
minimum-scale=1.0, maximum-scale=2.0, user-scalable=yes">
```

插入后 HTML 代码如图 6-40 所示。

图6-39 HTML代码

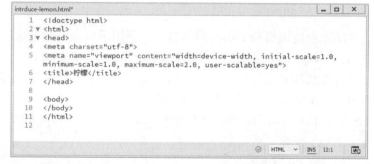

图6-40 插入后HTML代码

② 确保文档工具栏的"设计"视图处于选中状态，单击菜单栏"插入"→"Table"命令，弹出图 6-41 所示的"Table"对话框，设置一个 1 行 2 列、表格宽度为 95% 的表格。选择该表格，在图 6-42 所示的"属性"面板中设置对齐方式"Align"为"居中对齐"。

③ 在"文件"面板中，在"lemon"站点的"Image"文件夹下，用鼠标将图像文件 a1.jpg 拖到表格第一列中，选择此图像，在图 6-43 所的示"属性"面板中设置图像的"宽 (W)"为"50%"，"高 (H)"为"50%"。在"标签选择器"选择"td"，在图 6-44 所示的"属性"面板中设置"水平 (Z)"为"居中对齐"，"宽 (W)"为"50%"。

图6-41 "Table"对话框

图6-42　"属性"面板设置表格"Align"

图6-43　"属性"面板设置图像相对高度和宽度

④ 双击打开"lemon"站点的"image"文件夹下的素材文本"lemon.txt"，将相应文本粘贴到表格第二列，单击文字所在单元格，在"标签选择器"选择"td"，在图 6-45 所示的"属性"面板中设置 "宽 (W)"为"50%"。保存网页文件，计算机端的网页效果如图 6-46 所示。当用鼠标改变浏览器窗口的宽度时，网页内容会自动调整。

图6-44　设置单元格相对宽度

图6-45　设置单元格相对宽度

图6-46　计算机端的网页效果

⑤ 模拟手机屏幕浏览网页：在"标签选择器"选择分辨率为"375×667 iPhone 6s"，如图 6-47 所示，同时"375×667 iPhone 7"也会被选择。在"实时视图"中的手机网页效果如图 6-48 所示。选择分辨率前的"实时视图"中的计算机网页效果如图 6-49 所示。可将图 6-48 与图 6-49 的效果作对比。

图6-47　选择分辨率

图6-48　手机网页效果

图6-49　计算机网页效果

## 6.3.4　表单的创建与编辑

使用表单能收集网站浏览用户的信息，表单可以用于实现用户注册、登录、情况调查、订购、和信息查询等。一个表单由两个部分构成，一个是用来收集数据的表单对象，另一个是用来处理表单数据的应用程序，如 ASP、CGI 等。

一个表单可能会包含多个对象，这些对象也可被称为控件。表单对象包括文本域、密码域、单选按钮、复选框和列表框等。

【例 6-9】续上例，通过在网页中插入表单、文本、密码和按钮等表单元素，制作"登录大数据智能分析平台"的用户登录网页。为了让文字在显示时排列整齐，使用了单元格拆分。

① 在站点 lemon 下新建一个空白的网页文件 form.html，在文档工具栏上单击"设计"，进入设计视图，在"属性"面板中的"文档标题"处输入文字"登录大数据智能分析平台"。在设计视图的第一行第一个字符位置定位光标，单击菜单栏"插入"→"表单"→"表单"命令，将光标定位在表单虚线框内。

插入表单

② 单击菜单栏"插入"→"Table"命令，弹出图 6-50 所示的"Table"对话框，设置一个 1 行 1 列，表格宽度为 800 像素的表格。选择该表格，在图 6-51 所示的"属性"面板中设置对齐方式"Align"为"居中对齐"。

图6-50　"Table"对话框

图6-51　"属性"面板中设置Align

③ 在"文件"面板中，在"lemon"站点的"Image"文件夹下，用鼠标将图像文件 b.jpg 拖到页眉标签栏表格中，选择此图像，在图 6-52 所示的"属性"面板中设置"宽(W)"为"800 px"，"高 (H)"为"180 px"。效果如图 6-53 所示。

图6-52　"属性"面板中设置宽、高

图6-53　插入图像

④ 将光标定位到背景图下，单击菜单栏 "插入"→"Table"命令，插入一个 8 行 1 列、宽度为 800 像素的表格。选择表格的全部行，在"属性"面板中设置行的"高 (H)"为 30，效果如图 6-54 所示。

⑤ 在表格第一行单元格中输入文字"登录大数据智能分析平台（带 * 的为必填项）"，字体为"黑体"，字体大小为"18 px"。在"属性面板"中设置单元格文字对齐方式"水平 (Z)"为"居中对齐"。

图6-54　插入8行1列的表格

⑥ 选择表格第二行，在属性面板单击"拆分单元格的行或列"按钮 ，拆分为两列。在表格的第二行第一列输入文字"用户名："，设置文字右对齐。选择表格的第二行第二列单元格，单击菜单栏"插入"→"表单"→"文本"命令，选择插入的文本域，设置属性面板的"Size"为"10"，"Maxlength"为"30"，如图 6-55 所示。将表单前面的英文"Text Field:"删除，在表单的右边输入"*"。

图6-55　属性面板

⑦ 同理，对于表格第三行单元格，重复第⑥步的操作方法，插入"密码："表单。

⑧ 与第⑤步类似，选择表格第四行，在属性面板单击"拆分单元格的行或列"按钮 ，拆分为两列。在表格的第四行第一列输入文字："性别："，设置文字右对齐。选择在表格的第四行第二列，单击菜单栏"插入"→"表单 (F)"→"单选按钮"命令，插入一个单选按钮，将单选按钮右边输的文字"Radio Button"替换为"男"；同理，在单选按钮"男"的右边插入单选按钮"女"。效果如图 6-56 所示。提示：有没有发现，采用"单选按钮"命令没有呈现出只能选一项的单选效果。要快速实现单选效果，建议采用"单选按钮组"命令。

图6-56　插入表单和单选按钮

⑨ 同理，对于表格第五行单元格，重复第⑥步的操作方法，插入"电子邮箱："表单。

⑩ 选择表格第六行单元格，单击菜单栏"插入"→"表单"→"提交"按钮，插入一个"提交"按钮，再插入一个"提交"按钮，在属性面板上设置单元格水平居中对齐。选择第二个"提交"按钮，在图 6-57 所示的"属性"面板上将"Value"的值由"提交"更改为"取消"。

图6-57　"属性"面板中设置Value值

⑪ 选择表格第八行单元格，输入文字："如有问题，请与我们联系：dsjznfxpt@sina.com"，在"属性"面板上设置背景颜色为"#1FA2F5"，单元格水平居中对齐。

⑫ 保存网页文件。网页效果如图 6-58 所示。

图 6-58　网页效果

## 6.3.5　进一步了解表单标签 \<form>\<input>\<select>\<option>

### 1.　\<form> 标签

在网页中要与用户交互并向服务器传输数据时则需用到表单，一个网页可以包含任意数量的表单，例如一个页面可同时存在登录表单、搜索表单、调查表单等，但是用户一次只能向服务器发送一个表单的数据。表单是由 \<form> 标签和 \<input> 等标签组合而成的。表单的基本语法格式如下：

```
<form  action="" method="" target="">      (定义表单)
<label for="">…</label>                      (定义表单控件的标识)
<input type="" id="" />                      (定义表单控件)
…
<input type="submit" />                      (提交表单)
</form>                                       (表单结尾)
```

\<form>\</form> 标签对用来创建一个表单，即定义表单的开始和结束位置，在标签对之间的一切都属于表单的内容。\<input> 标签的作用是为用户提供输入信息的手段，如文本框、单选按钮等。

### 2.　\<input> 标签

\<input> 标签用来定义一个用户输入区，用户可在其中输入信息，此标签必须放在

<form></form> 标签对之间。<input> 标签提供了多种类型的输入区域，具体是哪一种类型由 type 属性决定。表 6-2 所示为 <input> 标签中的属性及其用途。

表 6-2　<input> 标签中的属性及其用途

| 属　　性 | 用　　途 |
|---|---|
| id | 定义当前input元素的标识号 |
| name | 定义当前input元素的控件名称，用于发送给服务器的"名/值"对中 |
| type | 决定了输入数据的类型。常见的有"text"（单行文本）、"password"（密码）、"checkbox"（复选框）、"radio"（单选按钮）、"submit"（提交按钮）、"button"（普通按钮） |
| value | 用于设置输入默认值，即如果用户不输入的话，就采用此默认值 |
| src | 是针对type=image的情况来说的，定义以提交按钮形式显示图像的URL |
| checked | 表示复选框中此项被默认选中 |
| maxlength | 表示在输入单行文本的时候，输入字符的最大个数 |
| size | 用于设定在输入多行文本时的最大输入字符数，采用width、height方式 |
| onclick | 表示在单击时调用指定的子程序 |
| onselect | 表示当前项被选择时调用指定的子程序 |

3．<select> 和 <option> 标签

<select> 标签可创建单选或多选菜单，供用户从列表各数据项中选择一项或多项数据输入。当提交表单时，浏览器会提交选定的项目，或者收集用逗号分隔的多个选项，将其合成一个单独的参数列表，并且在将 <select> 表单数据提交给服务器时包括 name 属性。在 <select> 标签中至少包含一个 <option> 标签以创建选项，例如：

```
<select name="color" id="color">
    <option value="red" selected="selected">红</option>
    <option value="green">绿</option>
    <option value="blue">蓝</option>
</select>
```

# 6.4　用 CSS 样式美化网页

## 6.4.1　CSS 样式概述

CSS（Cascading Styleshee，层叠样式表）是一组样式，用于控制 Web 页面的外观。它可以有效地对页面的布局、字体、颜色、背景和其他效果实现更加精确的控制。通过使用 CSS 样式设置页面的格式，可将页面的内容与表现形式分离，易于实现一个网站整体风格的一致性。也就是说，页面内容存放在 HTML 文档中，而用于定义表现形式的 CSS 规则则存放在另一个文件中或 HTML 文档的文件头部分。将数据与表现形式分离，是网页设计的常用方法。CSS 样式不仅可使维护站点的外观更加容易，而且还可以使 HTML 文档代码更加简练，缩短浏览器的加载时间，页面对搜索引擎更加友好。

1．CSS 的语法结构

所有样式表的基础就是 CSS 规则。每一条规则都是一条单独的语句，它确定应该如何设计样式，以及应该如何应用这些样式。浏览器用它来确定页面的显示效果。CSS 定义是

由 3 个部分构成。

```
选择器 { 属性：值 ；}
```

例如：

```
body { background:#000000;}        /* 设置页面背景为黑色 */
h1,h2,h3,h4,h5,h6{color:green}      /* 六种标签的文字均为绿色 */
```

CSS 采用 /* ... */ 来表示注释，注释有利于以后编辑和更改代码时理解代码的含义。在浏览器中，注释是不显示的。

2. 选择器

选择器是指这组样式编码所要针对的对象，可以是一个 HTML 标签，如 body、p、table 等，也可以是定义了 id 或 class 的标签，还可以使用包含选择器（以空格隔开）等。浏览器将对 CSS 选择器进行严格的解析，每一组样式均会被浏览器应用到对应的对象上。常见选择器见表 6-3。

表 6-3　常见选择器

| 选择器 | 说　　明 |
|---|---|
| #box | 表示选择了 <div id="box">，即一个名称为 box 的 id 对象 |
| .newbox | 表示选择了 <div class ="newbox">，即一个名称为 newbox 的 class对象 |
| .newbox　p | 表示选择了 <div class ="newbox">中包含的所有<p>对象 |
| img | 表示选择了所有<img>对象 |
| * | 表示选择了所有对象 |
| a:link | 表示选择所有未访问链接 |
| a:visited | 表示选择所有访问过的链接 |
| a:active | 表示选择活动链接 |
| a:hover | 表示选择鼠标在链接上面时 |
| input:focus | 表示选择具有焦点的输入元素 |
| :valid | 用于匹配输入值为合法的元素 |
| :invalid | 用于匹配输入值为非法的元素 |

3. id 属性

id 属性是根据文档对象模型原理所创建的选择符类型。对于一个网页，每个标签均可以使用 id="" 的形式对 id 属性进行名称指定，id 可以认为是一个标识，在网页中，每个 id 名称只能使用一次。例如：

```
<div id="box"></div>
```

在此 <div> 标签中，id 名称为 box。相应的，在 CSS 样式中，id 名称使用 "#" 进行标识。例如，对 id 名称为 box 的标签设置样式，可书写如下：

```
#box{
height: 300px;
width: 200px;
margin-top: 2px;
margin-right: 0px;
margin-bottom: 2px;
```

```
margin-left: 0px;
}
```

#### 4. class 属性

class 称为类或类别，是对 HTML 多个标签的一种组合。可以对 HTML 的标签使用 class="" 的形式对 class 属性进行名称指定。与 id 不同的是，class 允许重复使用，即对于网页中的多个元素，都可以使用同一个 class 定义。class 在 CSS 中使用符号"."和 class 名称的形式对 class 对象进行指定。例如：

```
<div class="box"></div>
<h2 class="box"></h2>
<h5 class="box"></h5>
```

对 class 为 box 的对象进行样式指定，可书写如下：

```
.box{
margin:20px;
background-color:green
}
```

上面代码中，所有使用了 class="box" 的标签，如 <div> 标签、<h2> 标签和 <h5> 标签均使用此样式进行 class 属性设置。

【例 6-10】分别使用 id 属性和 class 属性两种方式实现同样的网页效果，在两个 300×50px 的黄色方框中显示 18px 的蓝色文字，方框上边距为 8px，如图 6-59 和图 6-60 所示，请观察两种代码的区别。

图6-59　使用id属性

图6-60　使用class属性

### 6.4.2　应用 CSS 样式到网页中

CSS 样式表可以多种方式灵活地应用到所设计的页面中，选择方式根据设计的不同要求来制定。

#### 1. 内联样式

内联样式又称为行内样式，将 CSS 样式所定义的内容写在 HTML 代码行内，其基本语法格式如下：

```
<body style="background-color:#F00"> 页面背景色为红色 </body>
```

style="background-color:#F00" 这样一句额外代码就是内嵌样式表的书写方式，它出现在要控制其格式的标签内部，以 style=" " 开始，引号中间则是样式控制的命令。

2. 内部样式表

将 CSS 样式统一放置在页面的一个固定位置，与 HTML 的具体标签分离开来，从而可以实现对整个页面范围的内容显示进行统一的控制与管理。一般放置在 <head>…</head> 区段中，并且用 <style> 标签定义，其基本语法格式如下：

```
<head>
<style type="text/CSS">
    # 选择器 1 { 属性 1: 属性值 1;  属性 2: 属性值 2;  属性 3: 属性值 3;}
    . 选择器 2 { 属性 1: 属性值 1;  属性 2: 属性值 2;  属性 3: 属性值 3;}
</style>
</head>
<body>
    < 标签名 id= 选择器 1> 内容 </ 标签名 >
    < 标签名 class= 选择器 2> 内容 </ 标签名 >
</body>
```

说明：<style> 标签一般位于 <head> 标签中 <title> 标签之后，也可以放在 HTML 文档的任何地方，使用样例如图 6-61 所示。type="text/CSS" 在 HTML5 中允许省略。

图6-61　内部样式表使用示例

```
<head>
<style type="text/CSS">
    # 选择器 1 { 属性 1: 属性值 1;  属性 2: 属性值 2;  属性 3: 属性值 3;}
    . 选择器 2 { 属性 1: 属性值 1;  属性 2: 属性值 2;  属性 3: 属性值 3;}
</style>
</head>
<body>
    < 标签名 id= 选择器 1> 内容 </ 标签名 >
    < 标签名 class= 选择器 2> 内容 </ 标签名 >
</body>
```

### 3. 外部样式表

外部样式表是相对于内部样式表而言的，它实际上是一个扩展名为 .css 的文件，独立于 HTML 页面，放置于网站文件夹内某个位置，我们也把这样的外部样式表称为 CSS 样式表文件。样式表文件的内容和内部样式表类似， 都是样式的定义。外部样式表通过在某个 HTML 页面中添加链接的方式生效。外部样式表基本语法格式如下。

（1）CSS 文件内容

```
@charset "utf-8";
/* CSS Document */
# 选择器 1 { 属性 1:属性值 1；属性 2:属性值 2；属性 3:属性值 3；}
. 选择器 2 { 属性 1:属性值 1；属性 2:属性值 2；属性 3:属性值 3；}
```

CSS
文件内容

（2）HTML 文件内容

```
<head>
  <link rel="stylesheet" type="text/css" href="CSS 文件路径和文件名 " />
</head>
<body>
  < 标签名 id= 选择器 1> 内容 </ 标签名 >
  < 标签名 class= 选择器 2> 内容 </ 标签名 >
</body>
```

HTML
文件内容

说明：link 标签需要放在 head 头部标签中，并且应指定 link 标签的如下三个属性。

● href：定义所链接外部样式表文件的 URL，可以是相对路径，也可以是绝对路径。

● type：定义所链接文档的类型，在这里需要指定为"text/CSS"，表示链接的外部文件为 CSS 样式表。

● rel：定义当前文档与被链接文档之间的关系，在这里需要指定为"stylesheet"，表示被链接的文档是一个样式表文件。

同一个外部样式表可以被多个网页甚至是整个网站的所有网页所采用，这就是它最大的优点。如果说前面介绍的内部样式表在总体上定义了一个网页的显示方式，那么外部样式表可以说在总体上定义了一个网站的显示方式。外部样式表调用示例如图 6-62 所示。

图 6-62　外部样式表调用示例

### 4. 样式表优先级

CSS 对于页面的某个元素允许同时应用多个样式，即层叠样式。页面元素的最终样式即为多个样式的叠加效果。当同时应用上述三类样式，样式之间存在冲突时，页面元素遵循下列优先次序：

行内样式 > 内部样式 > 外部样式表

例如，同一个 <div> 标签，如果三种样式都在描述其宽高，则以行内样式为准；若行内样式没有描述，则以内部样式表为准，以此类推。

### 6.4.3　CSS 常用属性

CSS 可以控制 HTML 标签对象的 CSS 宽度、CSS 高度、float 浮动、文字大小、字体、CSS 背景等样式达到想要的网页布局效果。CSS 的样式非常丰富，下面总结了一些常用的 CSS 标签。

#### 1. 文本属性

CSS 常用文本属性如图 6-63 所示。

```
1    @charset "utf-8";
2    /* CSS Document */
3  ▼ .div1{
4        font-family:'Microsoft Yahei'; /*字体*/
5        font-style:normal/italic;/*字体样式*/
6        font-weight:bold/lighter/100~900;/*字体粗细*/
7        font-size:10px/10%;/*字体大小*/
8        color:颜色名如red/颜色值如#FFFFFF /*字体颜色*/
9        opacity:0~1;/*字体透明度0全透明, 1不透明*/
10       line-height:10px;/*文本高度*/
11       text-align:left/center/right; /*文本对齐方式*/
12       letter-spacing:10px;/*文本字与字之间的间距*/
13       text-decoration:underline/line-through/overline/none;/*文本修饰属性*/
14       overflow:auto/scroll/hidden;/*文本超出范围显示方式, 自动显示/始终显示滚动条/超出文本隐藏*/
15       text-overflow:clip/ellipsis;/*多余文字显示方式, 裁剪/使用...代替*/
16       white-space:normal/nowrap/pre;/*元素内空白符, 忽略/行末不断行/保留*/
17       text-shadow:5px 6px 6px blue;/*文本阴影 水平/垂直/模糊距离/颜色*/
18       text-indent:10px;/*首行缩进*/
19       -webkit-text-stroke:2px yellow;/*文字描边*/
20       font:italic bold 75%/1.8 'Microsoft Yahei';(font:font-style font-weight font-
         size/line-height font-family)
21    }
```

图6-63　CSS常用文本属性

#### 2. 背景属性

CSS 常用背景属性如图 6-64 所示。

```
1    @charset "utf-8";
2    /* CSS Document */
3  ▼ .div2{
4        background-color:red;/*背景颜色*/
5        background-image:url(../image/share.jpg);/*背景图像*/
6        background-repeat:no-repeat/repeat/repeat-x/repeat-y;/*背景图是否平铺, 不平埔/平铺/水
         平平铺/垂直平铺*/
7        background-size:200px/contain/cover;/*背景图大小, 指定宽度和高度/等比缩放 (不会完全覆
         盖) /等比缩放 (完全覆盖) */
8        background-position:left/right/top/bottom/center/50px -50px;/*背景图的起始位置*/
9        background-origin:border-box/padding-box/content-box;/*背景图定位方式 边框外缘/内缘/
         文字内容区*/
10       background-clip:border-box/padding-box/content-box;/*裁切背景和背景色显示区域*/
11       background-attachment:scroll/fixed;/*背景图是否固定*/
12       background:red url(../image/share.jpg) no-repeat fixed 50px -50px;/*背景简写,
         color image repeat attachment position */
13    }
14
```

图6-64　CSS常用背景属性

#### 3. 边界和框线属性

CSS 常用边界和框线属性如图 6-65 所示。

```
1   @charset "utf-8";
2   /* CSS Document */
3 ▼ .div3_biankuang{
4       padding-top:10px; /*上边框留空白*/
5       padding-right:10px; /*右边框留空白*/
6       padding-bottom:10px; /*下边框留空白*/
7       padding-left:10px; /*左边框留空白*/
8       border-top : 1px solid #6699cc; /*上框线*/
9       border-bottom : 1px solid #6699cc; /*下框线*/
10      border-left : 1px solid #6699cc; /*左框线*/
11      border-right : 1px solid #6699cc; /*右框线*/
12      margin-right:10px; /*右边界值*/
13      margin-bottom:10px; /*下边界值*/
14      margin-left:10px; /*左边界值*/
15  }
```

图6-65　CSS常用边界和框线属性

### 4. 超链接属性

CSS 超链接属性如图 6-66 所示。

```
1   @charset "utf-8";
2   /* CSS Document */
3 ▼ .div4_link{
4       a:link {color:#000000;}      /* 未访问链接*/
5       a:visited {color:gray;}  /* 已访问链接 */
6       a:hover {color:#FF00FF;}  /* 鼠标移动到链接上 */
7       a:active {color:blue;}  /* 鼠标点击时 */
8       a:link {text-decoration:none;}  /* 去除下划线 */
9       a:visited {text-decoration:none;} /* 去除下划线 */
10      a:hover {text-decoration:underline;} /* 有下划线 */
11      a:active {text-decoration:underline;}/* 有下划线 */
12  }
```

图6-66　CSS超链接属性

### 5. CSS 符号属性

CSS 符号属性如图 6-67 所示。

```
1   @charset "utf-8";
2   /* CSS Document */
3 ▼ .div5_fuhao{
4       list-style-type:none; /*不编号*/
5       list-style-type:decimal; /*阿拉伯数字*/
6       list-style-type:lower-roman; /*小写罗马数字*/
7       list-style-type:upper-roman; /*大写罗马数字*/
8       list-style-type:lower-alpha; /*小写英文字母*/
9       list-style-type:upper-alpha; /*大写英文字母*/
10      list-style-type:disc; /*实心圆形符号*/
11      list-style-type:circle; /*空心圆形符号*/
12      list-style-type:square; /*实心方形符号*/
13      list-style-image:url(/dot.gif); /*图片式符号*/
14      list-style-position: outside; /*凸排*/
15      list-style-position:inside; /*缩进*/
16
17  }
```

图6-67　CSS符号属性

【例 6-11】根据给定的字库文件，采用 HTML+CSS 外部样式表的形式制作公益广告软文网页。

① 在站点 lemon 下新建一个空白的网页文件 example.html，在文档工具栏上单击"拆分"，进入拆分视图，输入如图 6-68 所示的 HTML 代码，注意在 <head>...</head> 标签对中加入与外部样式表的链接语句：

```
<link href="example.css" type="text/css" rel="stylesheet"/>
```

图6-68　HTML代码

代码说明：<strong></strong> 标签是加重语气标签，在浏览器的表现是加粗字体，同时能够引起搜索引擎的重视。

② 复制字库 font 文件夹到站点 lemon 根目录中，并在 lemon 下新建 CSS 样式文件 example.css，输入如图 6-69 所示的 CSS 规则。

```
1    @charset "utf-8";
2    /* CSS Document */
3    *{margin:0; padding:0;}
4    @font-face{font-family:ONYX; src:url(font/ONYX.TTF);}
5    @font-face{font-family:TCM; src:url(font/TCCM.TTF);}
6    @font-face{font-family:ROCK; src:url(font/ROCK.TTF);}
7    @font-face{font-family:LTCH; src:url(font/LTCH.TTF);}
8 ▼  .one_a{
9        font-family:ONYX;
10       font-size:48px;
11       color:#333;
12   }
13 ▼  .one_b{
14       font-family:TCM;
15       font-size:58px;
16       color:deepskyblue;
17   }
18 ▼  .two_a{
19       font-family:ROCK;
20       font-size:24px;
21       font-weight:bold;
22       font-style:oblique;
23       color:#333;
24   }
25 ▼  .two_b{
26       font-family:ROCK;
27       font-size:40px;
28       font-weight:bold;
29       color:#333;
30   }
31 ▼  .h2_a{
32       font-family:ROCK;
33       font-size:40px;
34   }
35 ▼  .h2_b{
36       font-family:LTCH;
37       font-size:30px;
38   }
39 ▼  .three{
40       font-family:"微软雅黑";
41       font-size:36px;
42   }
43 ▼  .three_strong{
44       color:#e1005a;
45   }
46 ▼  .four{
47       width:500px;
48       font-family:"微软雅黑";
49       font-size:14px;
50       color:#747474;
51       white-space:nowrap;
52       overflow:hidden;
53       text-overflow:ellipsis;
54   }
55
```

图6-69　style03.css样式文件内容

CSS 代码说明：

① 第 4 行 @font-face{font-family:ONYX; src:url(font/ONYX.TTF);} 表示导入指定路径

的字库文件并命名为 ONYX。

② 第 9 行 font-family:ONYX; 表示引用第 4 行导入的 ONYX 字体。

③ 第 51 行 white-space:nowrap; 表示禁止文本自动换行。

④ 第 52 行 overflow:hidden; 表示溢出隐藏，超出固定宽度就隐藏超出的内容。

⑤ 第 53 行 text-overflow:ellipsis; 表示在多行文本的情况下，用省略号"…"隐藏超出范围的文本。

## 6.5　DIV+CSS 网页布局

表格布局是网页早期布局实现的主要手段，当时的网页构成相对也比较简单，多是以文本以及静态图片等组成的，类似于报纸的形式，分区分块显示，<table> 标签的结构表现恰好可以满足这样的要求。但是随着网页要求的提高和技术的不断探索更迭，尤其是 W3C（万维网联盟）及其他标准组织制定的标准出台后，明确了 <table> 标签不是布局工具，仅作为呈现表格化数据的作用，而提倡使用 DIV+CSS 的布局组合。

### 6.5.1　什么是盒模型

#### 1. 盒模型概念

用 DIV+CSS 布局网页的核心所在是盒模型。W3C 组织建议把网页上所有的对象都放在一个盒子中，定义所有的元素都可以拥有像盒子一样的外形和平面空间，即都包含边界、边框、填充、内容区域，如图 6-70 所示。在元素内容与边框之间的空白区域，被称作元素的填充（padding），也称之为元素的内边距、补白或内框；在元素边框外边的空白区域，被称做边界（margin），也称之为元素的外边距或外框。

盒模型规范了网页元素的显示基础。盒模型关系到网页设计中排版、布局、定位等操作，任何一个元素都必须遵循盒模型规则，如 div，span，hl ~ h6，p，strong 等。

#### 2. 标准盒模型和怪异盒模型

标准盒模型（W3C 盒子模型）中，实际宽度 = width + border（左右）+ padding（左右）+ margin（左右），同理也适用于实际高度 height，如图 6-71 所示。

图6-70　盒模型

图6-71　标准盒模型

需要说明的是，在 IE 5.x 和 6 怪异盒模型中使用自己的非标准模型。这些浏览器的

width 属性不是内容的宽度，而是内容、内边距和边框的宽度的总和。即在怪异盒模型中，实际宽度 =width（包含 padding 和 border）+margin（左右）。

## 6.5.2 使用 DIV+CSS 布局网页

DIV+CSS 布局的基本构造块是 <div> 标签。DIV 全称为 Division，意为"区分"。<div> 是一个 HTML 标签，在大多数情况下用作文本、图像或其他页面元素的方框容器。

布局网页文件

使用 DIV+CSS 布局网页在网站建设中已经应用得很普遍。当要进行 DIV+CSS 布局排版网页时，首先需要将网页的页面使用 div 标签划分为若干个板块，再对各板块进行 CSS 定位，设置 CSS 属性，然后在各板块添加相应的内容。图 6-72 是包含两个 DIV 的布局示例。

图6-72　DIV+CSS 布局示例

对于初学者来说，直接编写 CSS 代码有些困难，所幸 Dreamweaver CC 拥有良好的编程向导，而且是可视化的操作界面，直接利用鼠标操作和少量的参数填写就可完成 CSS 属性的设置，并自动生成 CSS 代码。下面利用 DIV+CSS 布局创建一个标题为"柠檬片泡水的功效"的网页 lemon.html。

【例 6-12】续上例 6-11，利用 DIV+CSS 布局网页文件 lemon.html。通过手动插入 div 标签，定义网页页面内容的逻辑区域，对这些 div 标签应用 CSS 样式来创建网页布局，如图 6-73 所示。

① 在站点 lemon 下新建一个空白的网页文件 lemon.html，在文档工具栏上单击"代码"，进入代码视图，直接将 <title> 标签的内容更改为"柠檬片泡水的功效"。此时的 HTML 代码如图 6-74 所示。

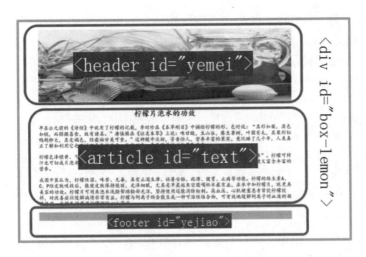

图 6-73　lemon.html网页布局设计

② 单击菜单栏"插入"→"Div(D)"命令，弹出"插入 Div"对话框，在"ID"处输入"box-lemon"，单击"新建 CSS 规则"按钮，如图 6-75 所示，弹出"新建 CSS 规则"对话框，在："选择器名称"处默认显示"#box-lemon"，单击"确定"按钮，如图 6-76 所示。

图6-74　HTML代码

图6-75　"插入Div"对话框

③ 弹出"#box-lemon 的 CSS 规则定义"对话框，如图 6-77 所示。在默认的"类型"分类中，设置字体"Font-family(F)"为"楷体"，字号"Font-size(S)"为"16px"。

图6-76　"新建CSS规则"对话框

图6-77　设置方框"类型"分类

④ 选择"方框"分类，如图 6-78 所示。设置宽度"Width(W):"为"800px"，在"Margin"区单击"全部相同"，设置上边界"Top(P):"为"0px"，右边界"Right(R):"为"auto"，

左边界"Left(L):"为"auto"，单击"确定"按钮，在弹出的图 6-79 所示的"插入 Div"对话框中单击"确定"按钮。

图6-78　设置"方框"分类　　　　　　　　　图6-79　"插入Div"对话框

⑤ 在"文档"工具栏单击"设计"，进入设计视图，再单击"拆分"，如图 6-80 所示。在设计视图中显示出 id 为 box-lemon 的 div，在代码窗显示 DIV 的 HTML 代码。

box-lemon的DIV及其CSS属性

box-lemon的DIV代码

图6-80　id为box-lemon的div

⑥ 在设计视图中删除 DIV 内的文本，单击菜单栏"插入"→"Header"命令，弹出图 6-81 所示的"插入 Header"对话框，在"ID"处输入："yemei"，单击"确定"按钮，完成插入页眉标签 <header>，产生的 HTML 代码如图 6-82 所示。

```
18 ▼ <body>
19 ▼ <div id="box-lemon">
20      <header id="yemei">此处显示  id "yemei" 的内容</header>
21    </div>
22  </body>
```

图6-81　"插入Header"对话框　　　　　　图6-82　页眉标签<header>源代码

⑦ 在设计视图下，删除页眉标签栏的文字。在"文件"面板中，从"lemon"站点的"Image"文件夹下，用鼠标将图像文件 a3.jpg 拖到页眉标签栏中，并调整图像尺寸到合适大小，效果如图 6-83 所示。

⑧ 单击菜单栏"插入"→"Article"命令，弹出图 6-84 所示的"插入 Article"对话框，在"插入"处选择"在标签后"，选择标签为"<header id="yemei">"，在"ID"处输入："text"，单击"确定"按钮，完成插入文章标签 <article>。产生的 HTML 代码如图 6-85 所示。

图6-83　在设计视图插入图像　　　　　　图6-84　"插入Article"对话框

⑨ 删除文章标签内的文字"此处显示 id"text" 的内容"。在"文件"面板中，双击打开"lemon"站点的"image"文件夹下的素材文本"lemon.txt"，将相应文本复制到网页文件"lemon.html"的文章标签中，效果如图 6-86 所示。

```
18 ▼ <body>
19 ▼ <div id="box-lemon">
20     <header id="yemei"><img src="image/a3.jpg" width="801" height="236" alt=""/></header>
21     <article id="text">此处显示  id "text" 的内容</article>
22 </div>
23 </body>
```

图6-85　文章<article>标签源代码

图6-86　在文章标签内插入文本

⑩ 选择标题"柠檬片泡水的功效"，在属性面板中将格式设为"标题 1"，居中显示。

⑪ 选择第一自然段文本，单击菜单栏"插入"→"Section"命令，弹出图 6-87 所示的"插入 Section"对话框，在"插入"处选择"在选定内容旁换行"，在"ID"处输入："one"，单击"确定"按钮，完成插入章节标签 <section>。

⑫ 同理，一次给第二、第三自然段分别插入章节标签 <section>，id 名称分别为"two""three"。效果如图 6-88 所示。

图6-87 "插入Section"对话框

图6-88 插入章节标签<section>效果

⑬ 单击菜单栏"插入"→"Footer"命令，弹出上图 6-89 所示的"插入 Footer"对话框，在"插入"处选择："在标签后"，选择标签为"<article id="text">"，在"ID："处输入："yejiao"，单击"确定"按钮，完成插入页脚标签 <footer>。

⑭ 删除页脚标签内的文字"此处显示 id "yejiao" 的内容"。输入页脚信息并在属性面板中设置为居中显示："若有意见和建议，请联系我们：aa123@163.com"。

⑮ 打开"CSS 设计器"面板，在"选择器"窗中选择名称"#box-lemon #yejiao"，单击"布局"按钮，设置高度"height"为"25px"，单击"文本"按钮，设置文本大小"font-size"为"10px"，行高"line-height"为 25px，文本对齐方式为 center，单击"背景"按钮，设置背景颜色"background-color"为"#F8A303"。保存文件。网页最后效果图和参考代码如图 6-90 和图 6-91 所示。

图6-89 "插入Footer"对话框

图6-90 网页最后效果

图6-91 网页参考代码

### 6.5.3　CSS 的浮动

CSS 的浮动会使元素向左或向右移动，其周围的元素也会重新排列。float 浮动经常用于图像，但它在布局时一样非常有用。浮动的框可以向左或向右移动，直到它的外边缘碰到包含框或另一个浮动框的边框为止。由于浮动框不在文档的普通流中，所以文档的普通流中的块框表现得就像浮动框不存在一样。

在 CSS 中，可通过 float 属性来定义浮动，基本语法格式如下：

```
选择器 {float:属性值;}
```

常用的 float 属性值有三个，分别表示不同的含义，具体见表 6-4。

表 6-4　常用 float 属性值

| 属 性 值 | 描　　述 |
| --- | --- |
| left | 元素向左浮动 |
| right | 元素向右浮动 |
| none | 元素不浮动（默认值） |

#### 1. CSS 浮动的原理

为了更容易理解什么是 float，请先看图 6-92，当把框 1 向右浮动时，它脱离文档流并且向右移动，直到它的右边缘碰到包含框的右边缘。

图6-92　CSS 浮动实例——向右浮动的元素

再请看图 6-93，当框 1 向左浮动时，它脱离文档流并且向左移动，直到它的左边缘碰到包含框的左边缘。因为它不再处于文档流中，所以它不占据空间，实际上覆盖住了框 2，使框 2 从视图中消失。如果把所有三个框都向左移动，那么框 1 向左浮动直到碰到包含框，另外两个框向左浮动直到碰到前一个浮动框。

图6-93　向左浮动

如图 6-94 所示，如果包含框太窄，无法容纳水平排列的三个浮动元素，那么其他浮动块向下移动，直到有足够的空间。如果浮动元素的高度不同，那么当它们向下移动时可能被其他浮动元素"卡住"。

图6-94　CSS 浮动实例——向左浮动的元素

### 2. 清除浮动

为什么要清除浮动？在许多非 IE 浏览器中，当容器的高度为 auto，且容器的内容中有浮动（float 为 left 或 right）的元素，在这种情况下，容器的高度不能自动伸长以适应内容的高度，使得内容溢出到容器外面而影响布局的现象。这个现象称为浮动溢出，为了防止这个现象的出现而进行的 CSS 处理，称为 CSS 清除浮动。清除浮动主要是为了解决，父元素因为子级元素浮动引起的内部高度为 0 的问题。下面介绍两种清除浮动的方法。

（1）使用带 clear 属性的空元素

清除浮动 clear 的属性包括：

- both: 两侧都不允许存在浮动元素。
- left: 清除元素左侧浮动元素。
- right: 清除元素右侧浮动元素。
- none: 无清除效果（默认值）。

如图 6-95 所示，在未清除浮动之前 <div class="news"> 容器高度不足以包含图片和文字，从容器外框线可看出，其呈现出浮动溢出现象，未能呈现 <div> 方框的黄色背景。可在浮动元素后使用一个空元素如 <div class="clear"></div>，并在 CSS 中赋予 .clear{clear:both;} 属性即可清理浮动，如图 6-96 所示。亦可使用 <br class="clear" /> 或 <hr class="clear" /> 来进行清理。

图6-95　clear清除浮动之前的网页效果

图6-96　clear清除浮动之后的网页效果

（2）使用 overflow 属性

　　给浮动元素的容器添加 overflow:hidden; 或 overflow:auto; 可以清除浮动。在添加 overflow 属性后，浮动元素又回到了容器层，把容器撑起，达到了清理浮动的效果。例如上述用 clear 清除浮动的效果也可改为通过设置 <div class="news"> 容器的 overflow:auto; 属性进行清除浮动，如图 6-97 所示。

图6-97　overflow清除浮动之后的网页效果

**3. 利用 float 浮动进行页面布局**

　　使用 float 来实现页面的布局是很常见的现象。float 浮动可设置对象靠左与靠右浮动样式，可以实现我们所需要的让 div、span 等标签居左居右浮动。

　　【例 6-13】通过 CSS 浮动实现如图 6-98 所示的网页布局。

图6-98　网页布局效果

①　新建一个空白的 html 网页文件。

②　单击"拆分"，进入拆分视图。

③　在下方输入如图 6-99 所示的代码，规划网页布局分为四大板块：导航、栏目 1、栏目 2、页脚，并分别设置 css 样式。其中 <div id="nav"> 导航栏中包含三个子导航栏 <div class="sub">；<div id="section2"> 栏目 2 中包含一个配图 <div id="pic"> 容器。

```
浮动布局.html ×
 1   <!doctype html>
 2 ▼ <html>
 3 ▼ <head>
 4   <meta charset="utf-8">
 5   <title>用浮动实现布局</title>
 6 ▼    <style type="text/css">
 7           div{border-style: dotted;}
 8           #nav {float: left;width: 200px;height: 400px;}
 9           .sub {height: 50px;}
10           #pic {float: right; width: 100px; height: 100px;}
11           #section1 {margin-left: 200px;height: 200px;}
12           #section2 {margin-left: 200px;height: 300px;}
13           #footer {height: 100px;}
14       </style>
15   </head>
16
17 ▼ <body>
18 ▼     <div id="nav">导航
19            <div class="sub">导航栏1</div>
20            <div class="sub">导航栏2</div>
21            <div class="sub">导航栏3</div>
22       </div>
23       <div id="section1">栏目1</div>
24       <div id="section2">栏目2<div id="pic">配图</div></div>
25       <div id="footer">页脚</div>
26   </body>
27   </html>
28
```

图6-99　网页代码

## 本章小结

　　本章重点培养读者编写 HTML+CSS 代码的能力，在网页制作工具 Dreamweaver 的帮助下，学习网站的建立方法和网页的布局和美化等知识。大部分 HTML 标签都具有起始和结束标签，放在它所描述的内容两边，结束标签前要加"/"，当然也有不成对的单独标签。使用 <table> 标签设计表格布局是网页早期布局实现的主要手段，目前提倡使用 DIV+CSS 的布局组合。DIV+CSS 布局网页的核心是盒模型，基本构造块是 <div> 标签。当要进行 DIV+CSS 布局排版网页时，首先需要将网页的页面使用 <div> 标签划分为若干个板块，再对各板块进行 CSS 定位，设置 CSS 属性，然后在各板块中添加相应的内容。在网站建设中使用 Float 浮动来实现页面的布局也是很常见的现象。

　　学好网页设计唯一的技巧就是多写代码、多练习，才能熟练应用 HTML 标签和 CSS 样式中的属性。如果能做到多练、多学、多记，学完本章后，相信读者将够自行布局制作美观大方的网站页面。

## 🌐 工匠精神

### 南仁东：归国筑梦，铸就"天眼"传奇

　　2016 年 9 月 25 日，世界上最大的单口径巨型射电望远镜—500 米口径球面射电望远镜（FAST）宣布落成启用，标志着中国在天文探索领域迈出了历史性的一步。此后 FAST 在两年多的时间里，发现了 146 颗优质的脉冲星候选体，其中 102 颗得到认证。这一发现数量超过了同期欧美多个脉冲星搜索团队发现数量的总和，展现了 FAST 在探索宇宙深处未知领域的能力。2020 年 1 月 11 日，FAST 顺利通过国家验收，正式开放运行。作为全球最大的射电望远镜，FAST 不仅彰显了中国在智慧、技术及实力方面的卓越成就，还标志着中国在国际科技领域扮演着日益重要的引领角色。截至 2024 年 4 月，FAST 已发现超 900 颗新脉冲星，其中至少包括 120 颗双星脉冲星、170 颗毫秒脉冲星、80 颗暗弱的偶发脉冲星，这些发现极大拓展了人类观察宇宙视野的极限。

　　FAST 的非凡之处不仅在于其庞大的规模，更在于其卓越的性能。由 4450 个反射单元构成的反射面，6 根钢索控制的 30 吨重馈源舱，500 米尺度上测量角度精确到 8 角秒，将卫星数据接收能力提高了 100 倍……每一处细节都体现了中国科研人员的智慧和创新。

"中国天眼"—500 米口径球面射电望远镜（FAST）

　　"中国天眼"的成功，离不开"天眼之父"南仁东（1945 年 2 月 19 日—2017 年 9 月 15 日）的远见和坚持。1994 年，正值中国改革开放的浪潮中，一位旅居日本的中国天文学家，毅然放弃了国外优渥的生活和科研条件，怀揣着对祖国的深情和对天文学的热爱，踏上了回国的旅程。他就是后来被誉为"天眼之父"的南仁东。

南仁东的归来，不是一时冲动，而是深思熟虑后的抉择。在国际天文学界，他早已是赫赫有名的人物，拥有着令人羡慕的科研资源和生活条件。然而，面对祖国的召唤，他选择了一条更为艰辛的道路——回国，投身于中国天文学的建设与发展。回国后，南仁东面临的第一项重大使命，就是参与并推动"中国天眼"——500 米口径球面射电望远镜（FAST）的建设。这是一项前所未有的工程，不仅技术难度大，而且需要克服的困难重重。南仁东没有被困难吓倒，他以科学家的敏锐和坚韧，开始了长达 22 年的漫长征程。

从 1994 年开始选址和预研究，到 2016 年 9 月 25 日"中国天眼"落成启用，南仁东和他的团队夜以继日，废寝忘食。他亲自带领团队深入贵州的喀斯特地貌中，寻找最合适的建造地点。这一过程，不仅考验着他的专业能力，更考验着他的毅力和决心。南仁东以身作则，用行动诠释了科学家的使命与担当。他深入一线，与工人同吃同住，共同克服了无数的工程难题，最终将一个朴素的想法，变成了举世瞩目的国之重器。就在"中国天眼"正式开放运行的前夕，南仁东因病去世，享年 72 岁，未能亲眼见证"中国天眼"首次发现脉冲星的辉煌时刻。然而，他留给世界的不仅是一个世界级的科研设施，更是一种敢于探索、勇于创新的科学精神。为了纪念南仁东的卓越贡献，2018 年 10 月 15 日，国际永久编号为"79694"的小行星被正式命名为"南仁东星"。在浩瀚星空中，这颗星星将永远闪耀，成为南仁东不朽精神的象征。2019 年 9 月 17日，国家主席习近平签署主席令，授予南仁东"人民科学家"国家荣誉称号。

近年来，"中国天眼"在科学研究领域取得了更多突破。2021 年，FAST 首次观测到了银河系内快速射电暴的重复爆发，这一发现为研究快速射电暴的起源和物理机制提供了关键线索。同年，FAST 还探测到了来自地球以外的可能的外星文明信号，这一发现虽然尚未得到证实，但已引起了全球天文学界的广泛关注。2023 年 6 月，国际学术期刊《自然》在线发表 FAST 取得的一项重要成果，研究团队利用 FAST 发现了一个名为 PSR J1953+1844（M71E）的双星系统，其轨道周期仅为 53 分钟，是目前发现轨道周期最短的脉冲星双星系统，从观测上证实了蜘蛛类脉冲星从"红背"向"黑寡妇"系统演化的理论。

"中国天眼"和南仁东的故事，是中华民族伟大创造精神、伟大奋斗精神、伟大团结精神、伟大梦想精神的生动体现，也是中国科技发展和人类文明进步的重要篇章。在党的二十大精神的指引下，中国正全面推进中华民族伟大复兴，只争朝夕，埋头苦干，勇于战胜前进道路上的一切困难和挑战，以中国式现代化推进中华民族的伟大复兴，这是我们的雄心壮志，也是我们的责任和使命。在未来的探索中，"中国天眼"将继续以深邃的目光，引领人类探索宇宙的奥秘，为人类文明的进步贡献中国力量。

# 第7章 IT新技术

 内容提要

◎ 并行计算

◎ 集群计算

◎ 云计算

◎ 量子计算

◎ 大数据

◎ 物联网

◎ 人工智能

◎ 虚拟现实

◎ 区块链

◎ 元宇宙

　　进入21世纪，信息技术的发展日新月异，以云计算、物联网、智能机器人、虚拟现实、大数据等为代表的IT新技术不断地改变和影响着人们的生活，掀起了又一轮IT新技术革命的浪潮。在IT领域，企业领导者做出的选择不仅会对业务发展和客户关系产生影响，也会对整体经济产生影响。最近几年的IT技术更迭经历了比以往更快的科技变化。了解IT新技术的发展动向能使大家心中有一个全局的把握，理清IT新技术和自身专业领域的结合关系和发展方向。

## 7.1　高性能计算

　　高性能计算（high performance computing，HPC）是计算机科学的一个分支，是指利用先进的计算机技术，如超级计算机和并行处理算法等，来解决复杂的计算问题。最初，HPC主要用于科学、军事和学术领域，受到需要进行复杂数学计算的科学家们的关注。如今，在这个数据驱动的世界中，HPC的应用领域正逐渐拓宽，从国家安全、核武器研制、气象预报、石油勘探这样的国家战略领域，拓展到互联网、大数据、人工智能、基因测序、影视制作、金融等领域，惠及各个不同的行业，越来越贴近国民经济生活。

　　高性能计算研究既是国家综合科研能力的标志，也是解决国家发展面临的挑战性问题和科技创新的重要手段。做大做强算力产业，已成为全球主要国家的共同战略选择。中国信通院发布的《中国算力指数发展白皮书（2022）年》显示，中美在全球算力规模中的份额分别为33%、34%，其中基础算力分别为26%、37%，智能算力分别为28%、45%，超级算力分别为18%、48%。2022年，我国东数西算工程正式全面启动，旨在优化数据中心资源配置。"东数西算"中的"数"，指的是数据，"算"指的是算力，"东数西算"是通过构建数据中心、云计算、大数据一体化的新型算力网络体系，将东部算力需求有序引导到西部，优化数据中心建设布局，促进东西部协同联动。

## 7.1.1 并行计算

在个人计算机诞生后的几十年里，程序员们编写了大量的应用软件，这些软件绝大部分采用串行计算方法。所谓串行，是指软件在计算机上执行，在进入 CPU 前被分解为一条条指令，指令在 CPU 中一条条顺序执行，如图 7-1 所示。任一时间内，CPU 只能够运行一条指令。这种方式很符合人们对现实世界的思考习惯。至于软件的运行速度，则依赖硬件的处理能力，尤其是 CPU 的处理速度。

图7-1　串行处理

这种串行思维方式到了 2005 年遇到了挑战。在那一年，受限于制造 CPU 的半导体材料限制，CPU 发展的摩尔定律开始失效了。但芯片业很快找到了一个变通的办法：在一块芯片中植入多个处理核心，通过多核的共同运算，提高运行速度。但是，许多软件仍然采用传统的串行方法编写，这就面临着一个因软硬件不匹配导致运行速度停滞不前的尴尬局面。而在互联网领域，由于网络数据极速膨胀，数据量已经远远超过一台或者几台大型计算机的处理能力，需要更大数量的计算机协同完成。面对这些问题，主要的解决方案就是：并行计算。

### 1. 并行计算的概念

并行计算是相对串行计算而言的。简单来讲，并行计算就是同时使用多个计算资源来解决一个计算问题，在 CPU 中可同时执行多个任务，如图 7-2 所示。

并行计算具有以下特征：

①一个问题被分解成为一系列可以并发执行的离散部分。

②每个部分可以进一步被分解成为一系列离散指令。

图7-2　并行处理

③来自每个部分的指令可以在不同的处理器上被同时执行。

④需要一个总体的控制 / 协作机制来负责对不同部分的执行情况进行调度。

上文提到的"计算资源"可能是具有多处理器 / 多核的计算机，也可能是任意数量的被连接在一起的计算机。提到的"计算问题"需具有三个特点：

①能够被分解成为并发执行的离散片段。

②不同的离散片段能够在任意时刻被执行。

③采用多个计算资源的花费时间要小于采用单个计算资源所花费的时间。

目前广泛采用的多核处理器在体系结构、软件、功耗和安全性设计等方面面临着巨大的挑战。要想让多核完全发挥效力，需要硬件业和软件业更多革命性的更新。其中，可编程性是多核处理器面临的最大问题。尽管在并行计算上，人类已经探索了超过 40 年，但编写、调试、优化并行处理程序的能力还非常弱。

2. 并行计算的分类

并行计算目前还是一门发展中的学科。并行计算可以分为时间上的并行计算和空间上的并行计算。

时间上的并行计算就是流水线技术，即采用指令预取技术，将每个指令分成多步，各步间叠加操作，当前指令完成前，后一指令准备就绪，缩小指令执行的时钟周期，典型的以时间换空间。

空间上的并行计算是指由多个处理单元（不仅是 CPU）执行的计算，是以空间换时间。空间上的并行计算分为两类：单指令多数据流（SIMD）和多指令多数据流（MIMD），两者的对比见表 7-1。

表 7-1　SIMD 和 MIMD 对比

| 名　称 | 概 念 描 述 |
| --- | --- |
| 单指令多数据流（SIMD） | 流水技术的扩展，可以在一个时钟周期处理多个指令。它采用一个控制器来控制多个处理器，同时对一组数据中的每一个分别执行相同的操作，从而实现空间上的并行性的技术。例如 Intel 的 MMX 或 SSE 以及 AMD 的 3D Now! 技术 |
| 多指令多数据流（MIMD） | MIMD 计算机具有多个异步和独立工作的处理器。在任何时钟周期内，不同的处理器可以在不同的数据片段上执行不同的指令，即同时执行多个指令流，而这些指令流分别对不同数据流进行操作。MIMD 架构可以用于诸如计算机辅助设计、计算机辅助制造、仿真、建模、通信交换机的多个应用领域 |

空间并行计算技术包含数据并行计算和任务并行计算。数据并行计算是指将一个大的数据分解为多个小的数据，分散到多个处理单元执行。任务并行是将大的任务分解为小的任务，分散到多个处理单元执行，任务并行同时还要避免任务重复执行，协调数据的上下文关系，避免冲突发生。任务并行计算与实际应用需求紧密相关。所以，任务并行计算要比数据并行计算复杂得多。

3. 并行程序设计

能同时执行两个以上运算或逻辑操作的程序设计方法称为并行程序设计。所谓并行性，严格地说，有两种含义：一是同时性，亦即平行性，指两个或多个事件在同一时刻发生；二是并发性，指两个或多个事件在同一时间间隔内发生。

程序并行性分为控制并行性和数据并行性。并行程序的基本计算单位是进程。并行程序有多种模型，包括共享存储、分布存储（消息传递）、数据并行和面向对象。与并行程序设计相适应的硬件也有不同类型，如多处理机、向量机、大规模并行机和机群系统等，相应有不同的并行程序设计方法。具体解题效率还与并行算法有关。

设计和实现并行程序是一个离不开人工操作的过程，程序员通常需要负责识别和实现并行化，而通常手动开发并行程序是一个耗时、复杂、易于出错并且迭代的过程。多年来，一些工具被开发出来，用以协助程序员将串行程序转化为并行程序，而最常见的工具就是可以自动并行化串行程序的并行编译器（parallelizing compiler）或者预处理器（preprocessor）。最常见的由编译器生成的并行化程序是通过使用节点内部的共享内存和线程实现的（如 OpenMP）。

如果你已经有了串行的程序，并且有时间和预算方面的限制，那么自动并行化也许是一个好的选择，但是有几个重要的注意事项：①可能会产生错误的结果；②性能实际上可能会降低；③可能不如手动并行那么灵活；④只局限于代码的某个子集（通常是循环）；⑤可能实际上无法真正并行化，原因在于编译器发现里面有依赖或者代码过于复杂。

## 7.1.2 集群计算

集群计算指的是计算机集群将一组松散集成的计算机软件或硬件连接起来高度紧密地协作完成计算工作。在某种意义上，它们可以被看作是一台计算机。集群系统中的单个计算机通常称为节点，通常通过局域网连接，但也有其他可能的连接方式。集群计算机通常用来改进单个计算机的计算速度或可靠性。

根据组成集群系统的计算机之间的体系结构是否相同，集群可分为同构计算与异构计算两种。

### 1. 同构计算

同构计算是使用相同类型指令集和体系架构的计算单元组成系统的计算方式。同构计算用于超级计算机中可简称同构超算，其所有处理器具有相同的结构和功能，例如多个 CPU 或 GPU。日本的京，IBM 的 Mira 和 Sequoia，以及中国的神威蓝光，都是同构超算的代表。同构超算的优点是编程方便，通用性强。

### 2. 异构计算

高算力、多样算力需求推动了芯片种类大爆发，采取异构计算，成为了发展趋势。异构计算主要是指使用不同类型指令集和体系架构的计算单元组成系统的计算方式。常见的计算单元类别包括 CPU、GPU、DSP、ASIC、FPGA 等。异构计算能够将不同架构的运算单元整合到一起进行并行计算，把任务交给最合适的计算单元，最大化发挥各处理器的性能，因此很多企业倾向于使用异构计算来化解算力瓶颈，挖掘和实现算力增长。异构超算优点包括可扩展性好、资源利用率高、经济灵活多样等。我国大部分超算都支持异构计算，包括天河 2 号、天河 1 号、曙光 6000 等，而天河 2A 和下一代曙光 7 000 超算和神威超算也是异构超算。以天河 2 号为例，它拥有 16 000 个计算节点，每个节点由 2 片 Intel 的 E5 2692 和 3 片 Xeon PHI 组成。

集群计算机按功能和结构可以分为：高可用性集群（high-availability clusters）、负载均衡集群（loadbalancing clusters）、高性能计算集群（high-performance clusters）。

### 1. 高可用性集群

高可用性集群一般是指当集群中有某个节点失效的情况下，其上的任务会自动转移到其他正常的节点上。还指可以将集群中的某节点进行离线维护再上线，该过程并不影响整个集群的运行。

### 2. 负载均衡集群

负载均衡集群运行时，一般通过一个或者多个前端负载均衡器，将工作负载分发到后端的一组服务器上，从而达到整个系统的高性能和高可用性。这样的计算机集群有时也被称为服务器群（server farm）。一般高可用性集群和负载均衡集群会使用类似的技术，或同时具有高可用性与负载均衡的特点。Linux 虚拟服务器项目在 Linux 操作系统上提供了最常用的负载均衡软件。

#### 3. 高性能计算集群

高性能计算集群采用将计算任务分配到集群的不同计算节点而提高计算能力，主要用于处理复杂的计算问题。它致力于开发超级计算机，研究并行算法和开发相关软件，应用在需要大规模科学计算的环境中，如天气预报、石油勘探与油藏模拟、分子模拟、基因测序等。高性能集群为了缩短问题的处理时间，其运行的应用程序通常使用并行算法，把一个大的问题根据一定的规则分为许多小的子问题，在集群内的不同节点上进行计算，最后合并为原问题的最终输出结果。

在当前社会情况下，高性能计算已经成为一个国家综合实力的体现，对国家战略的发展有着重要影响。我国以"天河"（见图 7-3）、"神威"、"曙光"等为代表的超级计算机在排行榜中长期处于世界领先水平，11 次荣膺榜首，有力地增强了民族凝聚力和自豪感。

图7-3　"天河二号"超级计算机

### 7.1.3　云计算

云计算（cloud computing）是在并行计算之后产生的概念，是由并行计算发展而来。云计算是一种商业或应用模型，即云服务模型，用户可以根据其业务负载快速申请或释放资源，将基础设施、存储、平台和软件等服务以按需支付的方式对所使用的资源付费。

带你漫步
"云计算"

云计算主要由数据存取处理、资源分配共享、系统安全保障和服务灵活应用等四个功能区组成。这四大功能区由四大技术支撑：数据中心技术、软件定义技术、云安全技术、移动云计算技术。云计算与传统的网络应用模式相比，其具有如下特性：

- 采用虚拟化技术：云计算支持用户在任意位置、使用各种终端获取应用服务。虚拟化突破了时间、空间的界限，是云计算最为显著的特点。
- 大规模、分布式："云"一般具有相当的规模，依靠这些分布式服务器所构建起来的云能够为使用者提供前所未有的计算能力。
- 高可用性和扩展性："云"的规模可以动态伸缩，满足应用和用户规模增长的需要。
- 按需服务，更加经济：云能够根据用户的需求快速配备计算能力及资源。将资源放在虚拟资源池中统一管理，在一定程度上优化了物理资源，用户不再需要昂贵的、存储空间大的主机。
- 安全可靠：采用数据多副本容错、计算节点同构可互换等措施来保障服务的高可靠性。

简而言之，就是用户的计算需求不必在本地计算机上实现，只需把计算需求交给"云平台"。"云平台"把巨量数据分解成无数个小任务，分发给众多服务器，最后汇总出计算结果，返回给用户。打个比方，吃鱼不必自己造船、结网、出海、烹饪，只需跟饭店下订单即可，饭店自会准时上菜，这个饭店会同时服务众多顾客。随着用户越来越多，程序越来越复杂，对计算能力和安全性的要求也越来越高。在不断提升的需求推动下，云计算技术不断升级，应用也越来越普及。

在客户端，用户只需利用终端设备，如台式计算机、笔记本计算机、智能手机和平板计算机等，只要接入互联网，就可以按需获取和使用这些资源，如硬件、软件、平台、存储和服务等，成本低廉，如图7-4所示。用户不必关心"云"在哪里，它为用户屏蔽了数据中心管理、大规模数据处理、应用程序部署等问题。部署云计算资源的方式取决于业务需求，按客户部署方式分类，云计算可分为公有云、私有云及混合云三类。

图7-4 云计算

（1）公有云

公有云以供应商提供服务的方式进行交付，云服务提供商部署 IT 基础设施并进行运营维护，通过 Internet 提供资源给公众客户，其基础设施所有权属于云服务商。例如阿里云、亚马逊云、谷歌云等均提供公有云服务。

（2）私有云

私有云以供应商提供软硬件产品的方式进行交付，云服务商为单一客户构建 IT 基础设施，相应的 IT 资源仅供该客户内部员工使用，私有云的基础设施所有权属于客户，但既可以由使用方自行运维，也可由第三方服务提供商托管。

（3）混合云

混合云的用户同时使用公有云和私有云的模式，一方面，用户在本地数据中心搭建私有云，处理大部分业务并存储核心数据；另一方面，用户通过网络获取公有云服务，满足峰值时期的 IT 资源需求。

自从 2006 年 Google 在搜索引擎大会上首次提出"云计算"的概念以来，我国高度重视云计算的发展并通过制定政策、设立资助专项等方式提供顶层设计。2018 年我国发布《推动企业上云实施指南（2018—2020 年）》中指出支持企业上云，有利于推动企业加快数字化、网络化、智能化转型。以 2009 年 1 月阿里在南京建立首个"电子商务云计算中心"为标志，我国云计算市场迅速呈现百花齐放之态，一系列云计算厂商如阿里云、腾讯云、百度智能云、华为云等争先恐后涌入，也带活了服务器、存储、操作系统、中间件等整条信息产业链。由智研咨询专家团队编制的《2023—2029 年中国云计算行业市场竞争态势及发展趋向分析报告》中初步统计 2022 年我国云计算市场规模达到 4 552.4 亿元人民币，增长 33.5%。其中，公有云占比 61.3%；私有云占比 38.7%。如今越来越多的应用正在迁移到"云"上。

## 7.1.4 量子计算

量子计算（quantum computing）是一种遵循量子力学规律调控量子信息单元进行计算的新型计算模式。对照于传统的通用计算机，其理论模型是通用图灵机。通用的量子计算机，其理论模型是用量子力学规律重新诠释的通用图灵机。从可计算的问题来看，量子计算机只能解决传统计算机所能解决的问题。但是从计算的效率上，由于量子力学叠加性的存在，某些已知的量子算法在处理问题时速度要快于传统的通用计算机。

量子力学中的态叠加原理使得量子信息单元的状态可以处于多种可能性的叠加状态，从而导致量子信息处理从效率上相比于经典信息处理具有更大潜力。普通计算机中的 2 位寄存器在某一时间仅能存储四个二进制数（00、01、10、11）中的一个，而量子计算机中的 2 位量子位（qubit）寄存器可同时存储这 4 种状态的叠加状态。随着量子比特数目的增加，对于 $n$ 个量子比特而言，量子信息可以处于 $2^n$ 种可能状态的叠加，配合量子力学演化的并行性，可以展现比传统计算机更快的处理速度。

量子计算将有可能使计算机的计算能力大大超过今天的计算机，但当前仍然存在很多障碍。大规模量子计算存在的重要问题是：如何长时间地保持足够多的量子比特的量子相干性，同时又能够在这个时间段之内做出足够多的具有超高精度的量子逻辑操作。

2011 年，加拿大的 D-Wave 公司发布了一款号称"全球第一款商用型量子计算机"的计算设备"D-Wave One"，但该设备是否真的实现了量子计算目前尚未得到学术界广泛认同。2016 年，IBM 研上线世界上第一个基于 5 位超导量子计算机的量子云平台 IBM Q Experience。2019 年，亚马逊、微软先后上线了量子计算云平台 Braket 与 Azure Quantum。同年，谷歌推出了一款名为 Sycamore 的量子计算处理器，拥有 53 个量子位，经实验测试，基于 Sycamore 处理器开发的量子计算机能够在短短几秒内，完成当时业界最先进超级计算机需要 47 年才能完成的复杂计算任务。

我国量子计算研究目前处于世界第一梯队，合肥本源量子公司 2020 年上线首台国产超导量子计算机"本源悟源 1 号"，随后推出 24 量子比特的"本源悟源 2 号"，如图 7-5 所示，使我国成为世界上第三个具备量子计算机整机交付能力的国家。2021 年，潘建伟研究团队构建了 113 个光子 144 模式的量子计算原型机"九章二号"，以及 66 比特可编程超导量子计算原型机"祖冲之二号"，如图 7-6 所示；2022 年清华大学和浙江大学合作研发了一款 121 比特超导量子处理器，刷新了国内量子比特数目的纪录。

图7-5　本源悟源2号

图7-6　祖冲之二号

## 7.1.5　案例：华为鲲鹏 HPC 解决方案

### 1. HPC 目前面临的挑战

随着人工智能、深度学习等新技术与高性能计算（HPC）的融合和演进，HPC 已经成为解决科学研究中大型计算问题以及满足业务场景下海量计算需求的重要工具，算力已经成为衡量一个国家综合科技实力的重要体现之一。HPC 解决方案已广泛应用于政府 HPC、制造、气象、EDA 等行业，但仍然面临诸多挑战。

- 人工智能、大数据、虚拟仿真等新兴领域对高性能计算资源需求越来越大，需要加快算力基础设施建设，需要考虑采用什么样的系统架构和技术，实现更大规模的集群。
- HPC 应用行业复杂，多种类型软件并存，对集群的性能和配置需求也各不相同，需要理解这些应用特征，为应用部署实现最佳的软件运行环境，并持续升级。
- HPC 集群的建设和使用门槛相对较高，数量众多的专有硬件成本高，建设更新周期长，如何以更灵活的方式在各行业的应用普及 HPC，是个具有挑战的课题。
- 规模越大的集群意味着能耗越高，如何降低整体能耗和数据中心整体成本（TCO）是方案设计中不可避免的环节。
- 集群吞吐量随集群规模的增大逐渐下降，一些开源或者商业的调度器架构陈旧，对新场景无法支持，造成一个业务一个集群，进一步降低资源利用率。

2. 鲲鹏 HPC 为什么选择 ARM 架构

当前数据中心主流的计算架构主要有 X86、ARM 和 POWER 三种。三种架构的发展现状见表 7-2。

表 7-2　X86、ARM 和 POWER 三种架构的发展现状

| 名　称 | 架 构 特 点 | 开 放 程 度 | 生 态 现 状 |
|---|---|---|---|
| X86 | 重核架构，高性能高功耗，采用复杂指令集CISC | 封闭型，由Intel和AMD公司主导，对外基本不授权，在技术演进方向、节奏、供应等方面均由个别公司主导和把控 | 生态完备，通用性强 |
| POWER | 重核架构，高性能内核，采取精简指令集RISC | 开放型，由IBM公司主导，开源POWER指令集 | 聚焦大小型机和HPC |
| ARM | 多核架构，均衡的性能功耗比，采取精简指令集RISC | 开放型，由ARM公司主导，向合作伙伴授权开发 | 快速发展，生态趋于完善 |

ARM 目前在全球拥有大约 1 000 个授权合作商、320 家伙伴，但是购买架构授权的厂家不超过 20 家，中国有华为、飞腾获得了架构授权。此外，从技术层面上看，ARM 属于多核、众核架构，采用精简指令集，可以面向业务特征优化，实现计算效能的深度优化。ARM 架构相比其他架构，具有以下明显优势：

- 同样功能、性能情况下，ARM 占用的芯片面积小；相同芯片尺寸下，ARM 的核数是 X86 的 4 倍以上。
- 功耗低、集成度更高，更多的硬件 CPU 核具备更好的并发性能。
- 支持 16 位、32 位、64 位多种指令集，能很好地兼容从 IoT、终端到云端的各类应用场景。
- 大量使用寄存器，大多数数据操作都在寄存器中完成，指令执行速度更快。
- 指令长度固定，寻址方式灵活简单，执行效率高。

3. 鲲鹏 HPC 解决方案：聚焦硬件平台、加强软件合作

鲲鹏 HPC 软硬件全栈自研，提供端到端的高性能计算解决方案。鲲鹏 TaiShan HPC 解决方案如图 7-7 所示。在硬件上自研高性能计算、存储、网络硬件；在软件上自主构建完整的高性能计算基础软件栈，支持百万核作业调度和多集群管理；在应用上采取开放合作态度，与众多软件厂商合作，对当前成熟的 HPC 商业产品和部件进行集成测试和调优，提供适合用户业务特征的高性能解决方案。

图7-7　鲲鹏TaiShan HPC解决方案

（1）硬件架构

TaiShan 服务器是华为新一代数据中心服务器，如图 7-8 所示，基于华为鲲鹏处理器，适合为大数据、分布式存储、原生应用、高性能计算和数据库等应用高效加速，能满足数据中心多样性计算、绿色计算的需求。华为开放鲲鹏服务器主板接口规范和设备管理规范，提供机箱、散热、供电、背板等参考设计指南，帮助合作伙伴快速开发出自有品牌的服务器产品。

图7-8　华为TaiShan服务器

（2）软件架构

华为 HPC 解决方案支持 RedHat、CentOS 和 SUSE 等 Linux 操作系统，在此基础上部署底层软件实现系统状态和性能的监控，提供系统集群资源的高效管理和作业调度。面向各行业提供多种并行库、编译器、数学库和开发工具，打造并行运行环境，整体软件方案如图 7-9 所示。目前华为 HPC 软件栈已涵盖 openEuler 操作系统、毕昇编译器、鲲鹏数学库等基础软件和多瑙集群管理软件、鲲鹏开发套件 Devkit 等。同时，采取开放合作策略，集成免费的开源软件和合作伙伴的商用软件，为上层的多样化应用提供易于使用、管理并且高效的软件运行环境。

图7-9　华为HPC软件方案

#### 4. 鲲鹏 HPC 应用场景

当前鲲鹏 HPC 可以支持并应用的行业，包含气象、制造、EDA、政府 HPC、教育科研、生命科学等，如图 7-10 所示。对于在 x86 和 Linux 上运行的开源行业应用，华为提供了鲲鹏代码迁移工具，自动扫描并分析待迁移软件，提供可迁移性评估报告；也可对待迁移软件进行源码分析，准确定位需迁移的代码，并给出友好的迁移指导或一键代码替换；同时支持将 x86 软件包重构成鲲鹏平台软件包、专项软件一键迁移及其他鲲鹏亲和分析等，加快软件迁移效率。

图7-10　HPC典型应用场景

## ⚙ 7.2　大　数　据

云计算、物联网、社交网络等新兴服务促使人类社会的数据种类和规模正以前所未有的速度增长，大数据时代正式到来。

### 7.2.1　大数据的概念

大数据（big data）是指无法在一定时间范围内用常规软件工具进行捕捉、管理和处理的数据集合，是需要新处理模式才能具有更强的决策力、洞察发现力和流程优化能力的海量、高增长率和多样化的信息资产。IBM 提出

什么是
大数据

了大数据的 5V 特点：volume（大量）、velocity（高速）、variety（多样）、value（低价值密度）、veracity（真实性）。适用于大数据的技术，包括大规模并行处理（MPP）数据库、数据挖掘、分布式文件系统、分布式数据库、云计算平台、互联网和可扩展的存储系统等。这些技术成为大数据获取、存储、处理分析或可视化的有效手段，关于大数据技术的词云如图 7-11 所示。

图7-11　大数据词云

大数据在社会政治、经济、文化等方面将产生深远的影响，它为我们揭示事物发展演变规律、预测事物发展趋势，以及更为有效地配置资源、采取更加科学的决策和行为等，带来了新的途径和手段。

## 7.2.2　大数据的应用场景

移动互联网、物联网、社交网络、数字家庭、电子商务等是新一代信息技术的应用形态，这些应用不断产生大数据。通过对不同来源数据的管理、处理、分析与优化，将创造出巨大的经济和社会价值。

### 1. 用户画像

作为一种勾画目标用户、联系用户诉求与设计方向的有效工具，用户画像在各领域得到了广泛的应用。用户画像最初是在电商领域得到应用的，它是根据用户在互联网留下的种种数据，主动或被动地收集，最后加工成一系列的标签，如图 7-12 所示。比如猜用户是男是女，哪里人，工资多少，有没有谈恋爱，喜欢什么，即将购物吗？

图7-12　用户画像

### 2. 大数据金融

各种互联网金融公司利用金融大数据对个人进行征信。他们使用用户在互联网上的各类消费及行为数据，以及各种信用卡消费还款记录、互联网金融信贷信息等数据对用户进行信用打分。例如，"芝麻信用"就是利用支付宝的各种交易记录来量化用户信用，并给出信用评分，即芝麻分。它运用云计算及机器学习等技术，通过逻辑回归、决策树、随机森林等模型算法对各维度数据进行综合处理和评估。在用户信用历史、行为偏好、履约能力、身份特质、人脉关系五个维度客观呈现个人信用状况的综合分值。较高的芝麻分可以帮助用户获得更高效更优质的服务。

### 3. 行业大数据

大数据在各行各业中都发挥着巨大的作用，如在教育行业，研究者利用在线教育平台（如 MOOC）积累的数据进行分析和挖掘，提高学习的效率和效果；在电力行业，领域专家利用电力大数据进行电力智能调度、电费风险防控、反窃电稽查等；在医疗领域，科学家利用医疗大数据进行疾病筛查、药物研发、医院管理等，如图7-13所示；在军事国防领域，专家利用军事大数据进行反恐和守卫国家安全。

图7-13  医疗大数据分析

大数据时代的数据存在着如下几个特点：多源异构、分布广泛、动态增长、先有数据后有模式。正是这些与传统数据管理迥然不同的特点，使得大数据时代的数据管理面临着新的挑战。目前对于大数据的研究仍处于一个非常初步的阶段，还有很多基础性的问题有待解决。

# 7.3  物  联  网

## 7.3.1  物联网和互联网

物联网（internet of things，IoT）即"万物相连的互联网"，是互联网基础上的延伸和扩展的网络，它利用感知技术与智能装置对物理世界进行感知识别，通过网络传输互联，进行计算、处理和知识挖掘，实现人与物、物与物信息交互和无缝链接，达到对物理世界实时控制、精确管理和科学决策目的。

认识物联网

早期的物联网是以物流系统为背景提出的，以射频识别技术（radio frequency identification，RFID）作为条码识别的替代品，实现对物流系统进行智能化管理。随着技术和应用的发展，物联网的内涵已发生了较大变化。在物联网上，每个人都可以应用电子标签将真实的物体上网联结，在物联网上都可以查出它们的具体位置。通过物联网可以用中心计算机对机器、设备、人员进行集中管理、控制，也可以对家庭设备、汽车进行遥控，以及搜索位置、防止物品被盗等，类似自动化操控系统，同时透过收集这些小事的数据，最后可以聚集成大数据，包含重新设计道路以减少车祸、都市更新、灾害预测与流行病控制等等社会的重大改变，实现物和物相联，如图 7-14 所示。

物联网是互联网应用的拓展，它将其用户端由互联网的人与人、人与计算机系统之间的信息进行交互，延伸拓展到物与物、物与人、物与计算机系统之间的信息交换和通信，并且可利用云计算、模式识别等各种先进计算机技术，实现对物体的

图7-14　物联网可把物品与互联网连接起来

智能控制。感知性和智能性是物联网区别于传统互联网的两大重要特性。

## 7.3.2　边缘计算赋能物联网

物联网是实现行业数字化转型的重要手段，并将催生新的产业生态和商业模式。而借助于边缘计算可以提升物联网的智能化，促使物联网在各个垂直行业落地生根。

边缘计算（edge computing）起源于传媒领域，是指在靠近物或数据源头的一侧，采用网络、计算、存储、应用核心能力为一体的开放平台，就近提供最近端服务。其应用程序在边缘侧发起，产生更快的网络服务响应，满足行业在实时业务、应用智能、安全与隐私保护等方面的基本需求。边缘计算处于物理实体和工业连接之间，或处于物理实体的顶端。而云端计算，仍然可以访问边缘计算的历史数据。

边缘计算是云计算的一种形式。但与将计算和存储集中到单个数据中心的传统云计算架构不同，边缘计算将计算或数据处理能力推送到边缘设备进行处理，只有数据处理的结果需要通过网络传输。这在一些情况下可以提供精确的结果，并消耗更少的网络带宽。图 7-15 展示了应用于物联网中的边缘计算的设备形态和所处的位置。

以无人驾驶汽车为例，无人驾驶汽车利用车载传感器来感知车辆周围环境，并根据感知所获得的道路、车辆位置和障碍物等信息，控制车辆的转向和速度，从而使车辆能够安全、可靠地在道路上行驶。该过程要求车载控制系统能够对采集的数

图7-15　边缘计算所处的位置

据作出实时处理，以便及时对下一步行车路线和速度作出合理决策。如果将传感器采集的数据上传到云计算中心，由云计算中心处理后再响应给车载控制系统，这无疑会因存在较大的延时，而降低行车的安全性。但如果在源数据端（无人驾驶汽车）进行边缘计算，实时处理传感器采集的数据，将大大提高数据的处理速度，有效增强无人驾驶汽车在行驶过程中对路面环境决策的实时性。

## 7.3.3　未来物联网

随着物联网技术的发展，海量设备互联，将引领人们进入一个万物感知、万物互联、万物智能的全新世界。新一代物联网基础设施正在兴起，其中包括 5G 基站、LoRa 开放网

络、长程无线传感器、智能端点，以及与物联网互联的移动应用程序。物联网在智能交通、环境保护、政府工作、公共安全、平安家居、智能消防、工业监测、环境监测、老人护理、个人健康、水系监测、食品溯源、敌情侦查和情报搜集等多个领域有着广泛的应用前景。目前，全球物联网市场份额前五的企业为 IBM、Intel、中国移动、华为、Amazon。

物联网已被正式列为我国重点发展的战略性新兴产业之一。据国际数据公司 IDC 预测，2027 年中国物联网支出规模将位居全球第一，占全球物联网总投资规模的 1/4 左右。政府大力推广"5G+ 物联网"以便丰富通信技术供给，拓展物联网应用场景。其中，低功耗广域网（low power wide area network，LPWAN）的覆盖面正扩展至更广阔的地区和应用领域以降低物联设备的成本。

# 7.4 人 工 智 能

人工智能（artificial intelligence，AI）是研究、开发用于模拟、延伸和扩展人的智能的理论、方法、技术及应用系统的一门新的技术科学。数据、算法和算力是人工智能的三大要素。目前各国都在强调人工智能在发展中的重要性，并相继出台相关政策，希望在新一轮产业变革中占据上风。

拥抱人工
智能

## 7.4.1 人工智能起源

1950 年，图灵发表了一篇划时代的论文《计算机器与智能》，文中预言了创造出具有真正智能的机器的可能性。此后图灵还提出了著名的图灵测试：如果一台机器能够与人类展开对话而不能被辨别出其机器身份，那么称这台机器具有智能。人工智能自诞生以来，发展过程几经波折，历经三起两落，理论和技术日益成熟，应用领域也不断扩大，是新一轮科技革命和产业变革的重要驱动力量。

**1. 第一次浪潮**（1956 年起）：AI 思潮风起云涌

1956 年，以麦卡锡、明斯基、香农和罗切斯特等为首的一批年轻科学家在达特茅斯会议中，共同研究和探讨用机器模拟智能的一系列有关问题，并首次提出了"人工智能"这一术语，由此标志着"人工智能"这门新兴学科的正式诞生。

1957 年，美国认知心理学家罗森布拉特等首次提出了一种称之为"感知机"的单层神经网络模型，由此开创了神经网络研究的第一次热潮。1966 年，美国研制了世界上第一个聊天机器人伊莉莎（ELIZA），能够通过脚本理解简单的自然语言，产生类似人类的互动，它使用模式匹配和替换方法来模拟对话，最初的目的是帮助心理咨询医生来解决患者的精神问题。

随后到来的 20 世纪 70 年代，人工智能发展遭遇了瓶颈。由于当时计算机和互联网技术刚刚起步，运算速度有限，难以解决计算复杂度以指数级别增加的 AI 问题，这在很大程度上制约了 AI 的发展，人工智能遭遇了第一个低潮。

**2. 第二次浪潮**（1980 年起）：专家系统在商业领域受到追捧

20 世纪 80 年代，出现了人工智能的第二次高潮。美国的鲁梅尔哈特等提出了 BP（back propagation）神经网络，为带隐层的多层感知机找到了一种有效的学习算法，即误差的反向传播算法，也就是在卷积神经网络中使用的监督学习算法，解决了感知机不能进行学习的致命缺陷。1982 年美国物理学家霍普菲尔德提出了反馈神经网络。与此同时，一类名为"专家系统"的 AI 程序，其推理判断、模拟专家决策过程的理念得到世界范围内的认可，"知识处理"成为了主流 AI 的研究焦点并进入商用领域落地实施。日本和美国政府砸重金研发基于人工智能的第五代计算机，其他国家纷纷作出响应。于是整个 20 世纪 80 年代，人工智能又一次迎来了高潮。1997 年 IBM 研制的一款深蓝（Deep Blue）计算机战胜了国际象棋大师卡斯帕洛夫，深蓝基于专家系统技术，按照人类给它输入的规则进行运算和推演，靠强大的计算能力通过穷举算法击败对手。

　　然而人们很快认识到专家系统的缺陷：专家系统的能力来自于它们存储的专业知识，没有感知智能的支撑，仅利用规则作为知识进行推理，实用性仅仅局限于某些特定情景且难以维护。于是，政府经费开始下降，寒冬又一次来临。

　　3. 第三次浪潮（2006 年起）：深度学习助力感知智能步入成熟

　　人工智能的第三次高潮，发端于 2006 年。有"AI 教父"之称的杰弗里·辛顿（Geoffrey Hinton）等人提出了深度学习的概念，主要包括深度卷积神经网络、深度信念网络和深度自动编码器。尤其是在 2012 年，辛顿教授与他的两位博士生在参加一年一度的机器视觉识别比赛（ImageNet 比赛）时，把深度卷积神经网络与大数据、GPU 结合起来，让机器去识别没有参加过训练的 10 万张测试图片，辨识结果比原来的传统计算机视觉方法准确率提高了 10.9%！这么一个显著的性能提升和惊人的识别效果，一下子引起了产业界的极大关注，直接推升了新一轮人工智能发展的浪潮。

　　这次人工智能新高潮，是一个实实在在的进步，最具代表性的成果就是深度卷积神经网络和深度强化学习两个方面。自 2013 起，跨国科技巨头纷纷开始高强度介入，产业界逐渐成为全球人工智能的研究重心，主导并加速了人工智能技术的商业化落地。2016 年谷歌公司开发的 AlphaGo 将强化学习和深度卷积神经网络有机结合起来，以 4 比 1 的总比分打败了围棋世界冠军李世石，如图 7-16 所示。2022 年 11 月，美国 OpenAI 公司研发的一款 ChatGPT 的人工智能聊天机器人产品破土而出，以其强大的信息整合和对话能力惊艳了全球。

图7-16　AlphaGo与李世石对弈

## 7.4.2　人工智能产业链

　　经过多年的发展和实践，人工智能已广泛应用于城市管理、金融、零售等诸多领域。商业化应用已经成为人工智能科技企业布局的重点。欧美等发达国家和地区的人工智能产业商业落地期较早，中国作为后期之秀，近年来在政策、资本的双重推动下，人工智能商业化应用进程正在加快。从产业链来看，人工智能划分为基础层、技术层和应用层三部分，各层环环相扣。

**1. 基础层（上游）**

基础层是整个 AI 生态系统的基石，它确保了数据的高效处理、算法的训练以及模型的运行。基础层主要包括以下几个关键组成部分：

**（1）AI 芯片与算力**

AI 芯片作为人工智能的核心计算单元，为深度学习等计算密集型任务提供强大的算力支持。常见的 AI 芯片包括 GPU（图形处理单元）、FPGA（现场可编程门阵列）、ASIC（专用集成电路）以及类脑芯片等。

算力是衡量计算机系统处理数据和执行计算任务的能力，对于训练复杂的机器学习模型至关重要，因为这些模型需要处理大量的数据并执行复杂的数学运算。在商业应用中，算力的计费单位通常用 Token 描述。Token 是自然语言处理中的一个基本概念，它代表了文本中的最小单位，可以是单词、字符或子词，模型在处理每个 Token 时都会消耗相应的计算资源。算力 Token 化主要是为了将物理算力转化为可交易的数字资产，这有助于提高算力市场的流动性。

**（2）智能传感器**

传感器是人工智能系统的重要数据输入设备，能够感知环境中的各种物理量并将其转换为可测量的信号。这些信号经过处理和分析后，成为人工智能系统进行决策和推理的重要依据。传感器在智能家居、智能安防、自动驾驶等领域发挥着重要作用。

**（3）云计算服务**

云计算为人工智能开发提供云端计算资源和服务，通过分布式网络提高计算效率，降低计算成本。云计算平台能够为用户提供弹性的计算资源、存储资源和网络资源，支持大规模数据处理和复杂算法运算，是人工智能产业不可或缺的基础设施。

**（4）大数据服务**

大数据是人工智能系统的重要数据源，包括数据采集、清洗、存储、分析等环节。在清洗和分析环节中，常涉及到对数据进行标注。数据标注是将原始数据转化为机器学习模型可识别格式的重要步骤。通过对数据进行标注，可以训练出具有特定功能的机器学习模型，如图像识别、语音识别等。通过标注，还可以识别和纠正数据中的错误和异常值，填补缺失值，使数据变得更加有用和可解释，从而确保数据的完整性和准确性。

**（5）5G 通信技术**

确保高速、低延迟的数据传输，支持远程计算和实时数据交互，这对于物联网和自动驾驶等应用尤为重要。5G 通信技术的快速发展为人工智能系统的实时数据传输和远程控制提供了有力保障。5G 网络具有高速率、低时延、大连接的特点，能够满足人工智能系统在实时交互、远程控制等方面的需求，推动人工智能技术在更多领域的应用落地。

**2. 技术层（中游）**

该层是人工智能的核心，以算法模拟人的智能相关特征为出发点，构建技术路径，包括机器学习、计算机视觉、算法理论、智能语音、自然语言处理等。随着人工智能技术的不断发展，技术层也在不断演进和扩展。新的算法和技术不断涌现，推动着人工智能产业链的升级和转型，为人工智能的应用提供更强大的支持。相关技术介绍详见 7.4.3 节。

### 3. 应用层（下游）

应用层是人工智能产业的延伸，集成一类或多类人工智能应用技术，面向特定应用场景需求而形成软硬件产品或解决方案。该层是 AI 市场最为活跃的领域。人工智能技术已在金融、医疗、安防、教育、交通、制造、零售等多个领域实现技术落地，且应用场景也愈来愈丰富，见表 7-3。

表 7-3　人工智能应用场景举例

| 应用领域名称 | 应用场景举例 |
| --- | --- |
| 教育 | 智能作业批改、辅助教学、自动化辅导 |
| 制造 | 产品质检、工业机器人、智能运维、智能供应链 |
| 安防 | 人脸布控、智能卡口、公安监控 |
| 金融 | 智能投顾、风险评估、AI反欺诈、身份认证 |
| 医疗 | 疾病预测、医疗影像、制药研发、健康管理 |
| 零售 | 智能结账、无人商店、智能配货、智能物流 |
| 交通 | 自动驾驶、智能调度、交通控制、智能停车 |
| 通信 | 流量调度、网络控制、网络优化、网络异常监测 |
| 农业 | 卫星种田、精准灌溉、智慧养殖 |
| 智能家居 | 智能宅配、智能管理、家庭机器人 |
| 智能可穿戴设备 | 智能眼镜、智能手表、智能手环、智能跑鞋 |
| 智能机器人 | 智能感知、智能识别、人机交互 |

上述三个层次相互依存，共同推动着人工智能技术的发展和普及。总体来讲，当前我国人工智能产业呈现出上游寻求突破，中游龙头企业试水，下游百花齐放的产业格局，并且在产业发展过程中国内的市场优势、数据优势、人才优势不断显现。

## 7.4.3　人工智能相关技术

随着人工智能理论和技术的日益成熟，人工智能场景融合能力不断提升。从医疗保健到交通运输，从金融领域到制造业，人工智能技术正在以其强大的计算和学习能力，为各个行业带来革命性的改变和创新。

### 1. 语音识别

人工智能目前落地最成功的技术就是语音识别（automatic speech recognition，ASR）。简单来说，就是让机器可以听得懂人话。语音识别技术的目标是将人类语音中的词汇内容转换为计算机可识别的输入，例如按键、二进制编码或者字符序列，使人们通过语音与机器进行沟通和交互。比如在车载语音导航中，用户只需对着设备大声说出希望设备做的事情，设备便可识别用户的意图，按照用户的命令进行导航路线规划、查询最新路况、周边信息等，解放驾驶者的双手和双眼。语音识别技术与其他自然语言处理技术如机器翻译及语音合成技术相结合，可以构建出更加复杂的应用，例如语音到语音的翻译。语音识别目前主要应用在车联网、智能翻译、智能家居、自动驾驶方面，包括语音拨号、语音导航、室内设备控制、语音文档检索、听写数据录入等。

语音识别技术主要包括特征提取技术、模式匹配准则及模型训练技术三个方面。语音识别中核心的部分是语音听写，就是将语音信息转化为文字信息，中文语音听写的技术原理如图 7-17 所示。

图7-17 语音听写的技术原理

步骤 1：对着话筒说出一段话，如：中华文化，机器将收到一段声波信号。

步骤 2：对信号进行预处理，如：降噪，消除回音……等，获得相对"干净"的语音。

步骤 3：提取语音信息的特征参数，如：说了几个字，音调是什么……等。

步骤 4：通过声学模型匹配，得到"音"：zhong1,hua2,wen2,hua4。

步骤 5：通过语言模型处理，最终得到文字：中华文化。

我国的科大讯飞、云知声、搜狗语音、百度语音等系统都采用了最新的语音识别技术。据 2022 年报道，科大讯飞在近场安静的情况下，语音识别的准确率已经达到了 98%，实现了一分钟 400 字的记录效率；多人会议场景下说话人分离和识别的准确率提升到了 95%，可以语音识别 23 种方言以及 60 个语种。

2. 自然语言处理

自然语言处理（natural language processing，NLP）是典型的边缘交叉学科，涉及到语言科学、计算机科学、数学、认知学、逻辑学等，可以让机器理解和处理人类的自然语言，是让人工智能更加人性化的一个关键技术，主要包括自然语言理解（natural language understanding，NLU）和自然语言生成（natural language generation，NLG）两部分。实现人机间自然语言通信意味着要使计算机既能理解自然语言文本的意义，也能以自然语言文本来表达给定的意图、思想等，前者称为自然语言理解，后者称为自然语言生成。

2022 年推出的 ChatGPT 就是一种基于深度学习的自然语言生成式大模型，它可以通过大量的文本数据进行训练，从而学习到自然语言的规律和语义，模拟人类的自然语言交流和生成自然流畅的文本。ChatGPT 的潜在产业化方向包括归纳性的文字类工作、代码开发相关工作、图像生成领域、智能客服等工作。

3. AI 大模型

AI 大模型，是一种能够利用大数据和神经网络，通过训练来模拟人类思维和创造力的人工智能算法。它利用海量的数据和深度学习技术来理解、生成和预测新内容，可以在不同的领域和任务中表现出智能。AI 大模型的核心作用是突破数据标注的困境，通过学习海量无标注的数据来做预训练，拓展整体模型前期学习的广度和深度，以此提升大模型的知识水平，从而低成本、高适应性地赋能大模型在后续下游任务中的应用。

2022 年 ChatGPT 大模型的出现让大家看到了通用人工智能的曙光，也让随后到来的 2023 年成为 AI 大模型爆发元年，全球近百家公司、机构相继发布大模型相关产品。目前我国 AI 大模型赛道火热，包括百度的"文心一言"、阿里的"通义千问"、华为的"盘古"、腾讯的"混元"和科大讯飞的"星火"等。在 AI 大模型不断向纵深发展的浪潮中，如何将大模型技术能力与行业场景有效结合正在成为摆在赛道玩家们面前的一道课题。2023 年 7 月，国际顶级学术期刊 Nature 发表了华为云盘古气象大模型研发团队的研究成果。盘古气象大模型是首个精度超过传统数值预报方法的 AI 模型，速度相比传统数值预报提速 10 000 倍以上，能够提供全球气象秒级预报，其气象预测结果包括位势、湿度、风速、温度、海平面气压等，可以直接应用于多个气象研究细分场景。

#### 4. 计算机视觉

计算机视觉（computer vision，CV）是指用计算机实现人的视觉功能，即对客观世界的三维场景的感知、识别和理解。它以照片、视频图像等作为输入，经过模型的处理，产生输出，输出可以是识别、检测和发现某个目标、特征或者活动，从而建立能够从图像或者多维数据中获取"信息"的人工智能系统。目前计算机视觉主要应用在安防摄像头、交通摄像头、无人驾驶、无人机、金融、医疗、机器人及其控制系统等方面。

其中，图像识别技术是计算机视觉中的一个重要应用领域，可以帮助人们快速识别和标记照片，增强照片的搜索和分类功能，如图 7-18 所示。它将图像和视觉信息转化为可计算的数据和语言，可以应用于许多移动应用领域，如医学影像诊断、智能安防监控、自动驾驶等。

图7-18　图像识别与检测

#### 5. 机器学习

机器学习（machine learning，ML）专门研究计算机怎样模拟或实现人类的学习行为，以获取新的知识或技能，重新组织已有的知识结构使之不断改善自身的性能，它是人工智能的核心。例如：当我们在网上商城购物时，机器学习算法会根据我们的购买历史来推荐可能会喜欢的其他产品，推送个性化广告以提升购买概率；物流行业采用智能物流技术帮助人们高效安全地分发货物；自动驾驶技术可自动超车、限速调节、选择最优车道，实现智慧出行。这一切的发生，主要归功于机器学习算法。常见的机器学习算法包括决策树、聚类、贝叶斯分类、支持向量机、随机森林、人工神经网络、期望最大化、深度学习等等。

机器学习已经有了十分广泛的应用，例如：数据挖掘、计算机视觉、自然语言处理、生物特征识别、搜索引擎、医学诊断、检测信用卡欺诈、证券市场分析、DNA 序列测序、语音和手写识别、战略游戏和机器人运用等。

#### 6. 决策管理和预测分析

人工智能可以通过分析大量的数据和信息，利用智能化的决策支持系统帮助管理者更好地了解市场趋势，预测未来趋势，以及为企业提供更好的竞争优势，帮助企业更加科学地决策。人工智能还可以通过分析企业内部的信息和流程，实现智能化和优化各种业务流程。通过分析客户的行为和需求，人工智能可以提供更加精准的服务和推荐，从而提高客户的满意度和忠诚度，帮助企业更好地服务客户。

人工智能在风险管理中的应用也已经落地实施，一些银行和金融机构开始使用人工智能技术来监测反洗钱、欺诈等金融风险。例如，华夏银行在其反洗钱控制中使用人工智能技术，极大地提高了控制效率和精度。再如，在信用风险控制方面，一些创新型金融科技公司建立基于人工智能和大数据分析的风控模型，实现更准确的信用评分和借贷风险预测。

## 7.4.4 人工智能展望

如今，各行各业都在引入人工智能，社会已经步入了"人工智能+"时代。那么，今天的人工智能发展到什么阶段？会不会给人类带来威胁？史蒂芬·霍金、比尔·盖茨和埃隆·马斯克等知名人士曾在多个场合，表达了对人工智能将会全面取代人类的担忧。一旦人工智能发展到一定阶段，产生了自我意识，它将自主发展，以越来越快的速度重新设计自己，可能会给人类带来灾难，除非人类学会如何避免危险，让人工智能系统按照人类的意志工作。根据人工智能是否能真正实现推理、思考和解决问题，可将人工智能分为弱-强-超三个层次。

### 1. 弱人工智能

弱人工智能指的是专注于且只能解决特定领域问题的人工智能，又称限制人工智能或应用人工智能。它只能解决一个点的问题，或者只能在一个垂直细分领域应用。AlphaGo是弱人工智能的一个最好实例，它在围棋领域的能力超越了人类，但它的能力也仅限于围棋，其他领域并不擅长。弱人工智能是专为执行特定任务而设计的人工智能系统，它们在各自的应用领域内表现出色，如图像识别或自然语言处理，虽然这些系统可能表现出某些形式的智能，但它们仍然有很大的限制，只能执行特定的任务。不具备广泛的认知能力或自我意识。

2022年底推出的智能聊天机器人ChatGPT，以及2024年初发布的文生视频大模型Sora，虽然功能强大令人印象深刻，但仍然属于弱人工智能层次。比如Sora，可根据图7-19的文本描述自动生成图7-20的视频。虽然在时长、画质、逼真程度上不逊色于现实世界拍摄的视频，但目前它仅专注于视频生成领域，且生成的视频内容仍然受到训练数据和模型算法的限制，无法完全模拟真实世界的复杂性和多样性，无法处理需要深入理解和创造性思维的任务，如电影剧本创作、角色塑造等。

图7-19　文生视频提示词

图7-20　根据文本提示生成的视频画面

### 2. 强人工智能

强人工智能又称通用人工智能，它可以像人类一样思考和学习，并可以解决多个领域的问题。这种类型的人工智能需要像人类智能一样，能够自主学习和自我完善。它最鲜明特征就是，利用同一个模型可以实现多任务的学习，至少有着和人类相当的智能水平，打游戏、情感分析、股票预测等所有人类的技能都能学会。目前 IT 行业内出现一些观点：认为 ChatGPT 的出现是强人工智能即将到来的拐点；而 Sora 的诞生则加快了弱人工智能向强人工智能进化的步伐。

### 3. 超人工智能

超人工智能是指那些比人类智能更强大的 AI 形式，是一种能够自我学习、自我改进、自我控制的人工智能系统，几乎在每一个领域都胜过人类大脑的智慧。这种技术可能会远超过人类的思维能力，并产生出我们无法理解或控制的结果。目前没有人知道，超越人类最高水平的智慧到底会表现为何种能力，超级人工智能也许不再具备任何物质实体形式，而仅仅是算法本身。由于超人工智能具有极端的复杂性和潜在的危险性，因此需要严格的监管和谨慎的研究，对超级人工智能算法的反思与抑制亦是算法技术发展到一定程度时必须面临的课题。

未来人工智能的发展将带来深刻而广泛的影响。在技术层面，深度学习与强化学习的融合、量子计算与人工智能的结合以及跨模态学习与多任务学习的进步将成为重要的发展方向。在应用层面，智能制造与工业互联网、智慧城市与交通出行、医疗健康与生物科技以及教育娱乐与文化传媒等领域将实现更加智能化和高效化的发展。然而，随着人工智能技术的普及和应用，还需要关注其对社会层面带来的影响和挑战，如就业结构的变化、伦理道德与法律规范的挑战以及社会结构与人际关系的重塑等。因此，在未来的发展中，人们需要积极探索和解决这些问题，以确保人工智能技术的健康发展和应用。加快新一代人工智能发展，是新一轮科技革命和产业变革机遇的战略问题。面对蓬勃发展的新一轮人工智能，国务院 2017 年发布了《新一代人工智能发展规划》，提出了我国新一代人工智能发展的指导思想、战略目标、重点任务和保障措施。2022 年党的二十大报告强调，要推动战略性新兴产业融合集群发展，构建新一代信息技术、人工智能等一批新的增长引擎。如果我国在新一代人工智能领域取得技术和产业方面的突破，就能够带动整个产业的升级，形成新一轮的创新驱动发展模式，有利于提升我国的综合国力和国际竞争力。

## 7.4.5　案例：百度灵医大模型赋能大健康产业

大健康产业作为关乎国计民生的重要领域，其发展一直备受关注。随着人口老龄化、慢性病高发等问题的日益突出，传统医疗体系面临着巨大压力。而 AI 技术的兴起，为这一问题的解决提供了新思路。2023 年 9 月 19 日，百度发布国内首个"产业级"医疗 AI 大模型—灵医 Bot，可提供医疗健康问答、辅助病历书写、辅助临床诊断、用药知识查询、检验检查报告解读、医疗信息抽取等多种功能。2024 年 7 月 19 日，百度发布了面向企业客户的灵医开放平台，以及健康智能体家族：AI 精准找医生、AI 医学报告解读、AI 用药助手、AI 皮肤检测、AI 睡眠助手等产品，大力推动医疗行业的数字化和智能化进程，如图 7-21 所示。

图7-21　灵医开放平台

## 1．灵医大模型应用场景

① 辅助医生诊疗：能够基于医生的诊断描述患者信息，自动生成病历报告，并提供病历质控服务，帮助医生提高病历书写的准确性和效率。在中医药领域，根据患者的症状和体质，能结合中医专家的经验和 AI 技术，智能推荐中药方剂。

② 为患者提供初级问诊服务：患者可通过图 7-22 所示的微信小程序、APP 等终端进行初步的问诊，通过多轮友好的智能问诊了解患者病情，将患者和医生精准匹配，根据患者的症状描述，智能推荐就诊科室，并提供预问诊服务，有效缓解医院门诊压力，缩短了患者等待时间，提高就医效率，整个智能诊前服务流程如图 7-23 所示。系统还能解答患者的用药疑问，提供用药指导等功能。

图7-22　百度灵医Bot微信小程序

图7-23　智能诊前服务流程图

③ 健康管理服务：能够实时监测家庭成员的健康状况，为用户提供健康管理服务，包括健康体检、健康风险评估和疾病预防建议等。

④ 文档理解与问答服务：提供丰富的医学知识库和文献速览功能，帮助医生快速获取所需医学知识和最新研究成果，辅助临床决策。还能够理解和分析医疗数据底表和研报类文本，为制药企业、医疗机构和医疗投资方提供知识问答服务，助力医疗行业的信息化和智能化升级。

### 2. 医疗大模型可能面临的挑战

医疗大模型作为 AI 技术在大健康产业中的创新应用，有望在未来为用户带来更加高效、精准和个性化的医疗服务体验。同时，我们也应清醒地认识到 AI 技术的局限性和潜在风险，以科学、理性的态度推动其健康发展。

（1）数据层面的挑战

● 医疗数据涉及个人隐私，处理过程中需要严格遵守相关法律法规，任何数据泄露都可能引发严重的法律和伦理问题。需要采用先进的数据加密、脱敏等技术手段解决问题。

● 医疗数据来源广泛，包括电子病历、医学文献、医学影像等，这些数据的质量和标准化程度参差不齐，可能影响模型的训练效果和准确性。需要对数据进行严格的清洗、标注和统一编码，构建规模化的医疗语料库，以提高数据的可用性和可靠性。

● 许多医疗机构对患者信息的保护意识较强，或不具备对应的脱敏能力，导致数据无法流通或共享，影响了模型的训练效果和泛化能力。

（2）技术层面的挑战

● 医疗大模型的性能依赖于训练数据的质量和数量，如果模型未能充分学习或存在偏差，可能会影响诊断的准确性，增加医疗事故的风险。需要不断优化模型算法，提高模型的精度和鲁棒性，以降低误诊风险。

● 医疗大模型的推理过程往往是"黑箱"操作，难以解释模型是如何从输入数据生成输出结果的，影响模型的推广应用。需要研究可解释的 AI 方法，提高模型的透明度和可解释性。

● 临床诊断需要综合考虑多种信息来源，如医学影像、化验结果、病人主诉等，当前医疗大模型在多模态数据处理方面尚存在不足。

（3）应用层面的挑战

● 医疗大模型的研发、部署和维护成本高昂，医疗大模型的训练和应用需要大量的算力支持，随着模型规模的不断扩大，算力需求也在持续增长。需要探索可持续的商业模式和应用场景以解决大模型的投入与产出效益问题。

● 医疗行业的法规经常更新，医疗大模型需要密切关注法规动态并及时调整模型以适应新规定，以确保合法合规。

● 医生对新技术接受度不一且对模型的信任度可能影响其在实际工作中的应用。需要通过广泛的验证、持续的监测和严格的临床测试来建立医生对模型的信任感并提高其接受度。

综上所述，医疗大模型在医疗领域的运用面临多方面的挑战。为解决这些挑战，需要跨学科合作、强化数据管理和保护、研究可解释的 AI 方法、提高模型的精度和鲁棒性、探索可持续的商业模式和应用场景等。只有这样，才能充分发挥医疗大模型在医疗领域的潜力，提高医疗保健的质量和效率。

## 7.5 虚 拟 现 实

虚拟现实（virtual reality，VR）是以计算机技术为核心，结合相关科学技术，生成与真实环境在视、听、触感等方面高度近似的数字化环境，用户借助必要的装备与数字化环境中的对象进行交互作用、相互影响，从而产生亲临真实环境的感受和体验。

### 7.5.1 虚拟现实的概念

虚拟现实是一项综合集成技术，涉及计算机图形学、人机交互技术、传感技术、人工智能、计算机仿真、立体显示、计算机网络、并行处理与高性能计算等技术和领域，它用计算机生成逼真的三维视觉、听觉、触觉等感觉，使人作为参与者通过适当的装置，自然地对虚拟世界进行体验和交互作用。

虚拟现实有三个特征：想象（imagination）、交互（interaction）和沉浸（immersion），简称3I。想象是指虚拟现实技术具有广阔的可想象空间，可拓宽人类认知范围，可再现真实环境，也可以随意构想客观不存在的环境；交互是指用户实时地对虚拟空间的对象进行操作和反馈；沉浸即临场感，指用户感到作为主角存在于模拟环境中的真实程度。

虚拟现实系统根据用户参与形式的不同一般分为四种模式：桌面式、沉浸式、增强式和分布式。桌面式使用普通显示器或立体显示器作为用户观察虚拟境界的一个窗口；沉浸式可以利用头盔式显示器、位置跟踪器、数据手套和其他设备，使得参与者获得置身真实情景的感觉；增强式是把真实环境和虚拟环境组合在一起，使用户既可以看到真实世界，又可以看到叠加在真实世界的虚拟对象；分布式是将异地不同用户联结起来，对同一虚拟世界进行观察和操作，共同体验虚拟经历。

### 7.5.2 虚拟现实技术的应用

虚拟现实技术（VR）正以前所未有的方式深刻改变着我们生活和工作的各个层面。从教育到医疗，从娱乐到工业设计，VR技术为传统行业带来了革命性的变革，开启了一个全新的科技时代。

#### 1. 教育与培训

在教育领域，VR技术为学习者提供了一种沉浸式的体验，使抽象概念变得直观易懂。例如，中国民用航空飞行学院采用VR模拟器，为学员提供逼真的飞行训练环境，显著提高了培训效率和安全性。在煤矿安全教育方面，金桥煤矿成立了VR教育培训中心，通过视觉、听觉等感官功能，全面情景再现生产现场和事故过程，让职工感受到身临其境的沉浸式体验，深刻吸取事故教训，触及灵魂，提升安全意识。

#### 2. 医疗健康

VR在医疗健康领域的应用正日益广泛，从心理治疗到手术模拟，其价值不言而喻。例如，上海交通大学医学院附属第九人民医院使用VR技术进行手术规划，通过三维重建技术帮助医生更准确地定位病灶，显著提高了手术成功率。在康复治疗中，中国康复研究中心开发的VR康复系统，帮助患者在虚拟环境中进行康复训练，加速恢复过程。此外，医生们可以在逼真的VR体验中预演手术，如图7-24所示，极大提高了手术成功率。特别值得一提的是，恐高症是首个真正通过VR技术得以治疗的心理症状，让患者在虚拟环境里直面虚拟高度，结合心理疗法，从而达到康复。

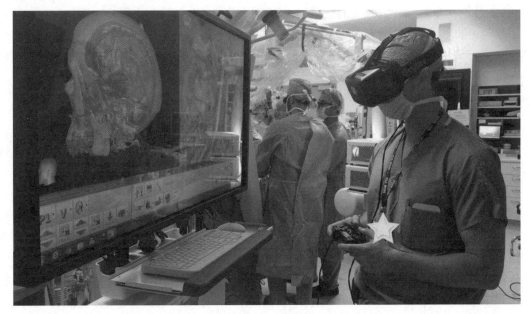

图7-24　VR手术预演

### 3. 娱乐与旅游

VR 技术彻底改变了娱乐和旅游行业，提供了前所未有的沉浸式体验。例如，腾讯 VR 平台提供了丰富的 VR 游戏和体验内容，如"王者荣耀"VR 版，让玩家身临其境地体验游戏世界，极大地提升了娱乐体验。Google Earth VR 让用户体验全球任何地点的 3D 虚拟旅行，足不出户即可欣赏世界各地的自然风光和文化遗产。

### 4. 工业与制造

VR 技术在工业设计和制造领域展现了巨大潜力，使得产品设计的每一个细节都可以在虚拟环境中进行展示和评估，从而缩短了产品开发周期。例如，中国中车股份有限公司利用 VR 技术进行高铁车厢的虚拟装配和测试，设计团队可以身临其境地评估车厢内部布局，有效提高了产品竞争力。此外，利用 VR 技术，制造企业可以实现远程协作和维修，工程师和技术人员无需现场出差，即可通过虚拟现实设备实时进行远程指导和支持，提高了工作效率。

### 5. 建筑与市政

在建筑领域，VR 技术与建筑信息模型(BIM)结合，提供了完整的虚拟施工信息，如材质、厂商、价格等，实现了三维信息的可视化交付。VR 还可辅助市政建设，例如，北京通州区利用云 GIS、增强现实（AR）技术，建设了地下管线数字化管理系统三维平台，将真实环境与地下管线三维数据相结合，实现了地下管线应用的"透视眼"。这一平台涵盖了供水、热力、燃气、通信、电力等 8 大类 14 小类管线，入库管线长度达 10 972 公里，为城市的高效管理与维护提供了强有力的数据支撑。

### 6. 零售与营销：新零售的革命

VR 技术在零售和营销领域的应用，为消费者提供了全新的购物体验。例如，淘宝平台推出了 VR 购物体验 "Buy+"，消费者可以使用 VR 设备在虚拟环境中挑选商品，体验商品在真实环境中的效果，极大地提升了购物体验和满意度。宜家的 VR 应用允许用户在虚拟环境中布置家居，直观感受家具在实际空间中的效果，提升了顾客满意度和购买意愿。

## 7.5.3 虚拟现实的前景

虚拟现实的诞生就好像一个新的世界大门徐徐展开，将会给人类带来翻天覆地的变化。人们可以通过 VR 体验购物，娱乐，社交，培训等等，在某种意义上它将改变人们的思维方式，甚至会改变人们对世界、自己、空间和时间的看法。

我国已成为全球最重要的虚拟现实终端产品生产地，虚拟现实消费级市场快速培育。虚拟现实产业自 2013 年开始进入专利快速增长期，关键技术进一步成熟，正在建立覆盖硬件、软件、内容制作与分发、应用与服务等环节的技术标准体系。同时，5G 商用为虚拟现实技术在更广泛领域的应用开辟了新天地。2019 年我国首次利用 "5G+VR" 技术对央视春晚进行实时直播；深圳市人民医院借助 5G 网络完成了我国首例 5G+AR/MR 远程肝胆外科手术等。未来在 5G 的协助下，更多需要实时交流、实时交互的行业应用将被实践和推广。

2022 年，我国工业和信息化部、教育部等五部门联合印发了《虚拟现实与行业应用融合发展行动计划（2022—2026 年）》，发展目标包括到 2026 年，三维化、虚实融合沉浸影音关键技术重点突破，新一代适人化虚拟现实终端产品不断丰富，产业生态进一步完善，虚拟现实在经济社会重要行业领域实现规模化应用，形成若干具有较强国际竞争力的骨干企业和产业集群。创新能力显著增强，近眼显示、渲染处理、感知交互、网络传输、内容生产、压缩编码、安全可信等核心关键技术取得重要突破，研究制定虚拟现实标准体系，建设制造业创新中心，建设广播电视和网络视听虚拟现实制作实验区、虚拟现实赋能舞台艺术数字化制作实验区。

## 7.6 区块链

区块链概念自 2008 年在比特币白皮书中被提出以来，引起全世界广泛关注。近年来，区块链逐渐从加密数字货币演变为区块链即服务平台（Blockchain as a Service，BaaS），各行各业均对区块链青睐有加，积极探索 "区块链+" 的行业应用创新模式。在未来的发展中，区块链将成为基础的信任支撑技术，在金融、教育、娱乐、版权保护等场景具有广泛的应用。区块链技术有望彻底重塑人类社会活动形态，为金融、科技、文化、政治等领域带来深刻的变革，如图 7-25 所示。

图7-25　区块链

## 7.6.1　区块链的概念

### 1. 区块链的起源

区块链起源于比特币，2008 年 11 月，一位自称中本聪（Satoshi Nakamoto）的人发表了研究报告《比特币：一种点对点的电子现金系统》一文，阐述了基于 P2P 网络技术、加密技术、时间戳技术、区块链技术等的电子现金系统的构架理念，这标志着比特币的诞生。

中本聪认为："借助金融机构作为可资信赖的第三方来处理电子支付信息，内生性地受制于'基于信用的模式'（trustbased model）的弱点。"因此，他希望能创建一套"基于密码学原理而不是基于信用，使得任何达成一致的双方，能够直接进行支付，从而不需要第三方中介的参与"的电子支付系统。

发表研究报告之后，中本聪开始着手开发比特币的发行、交易和账户管理系统。2009 年 1 月 3 日第一个序号为 0 的创世区块诞生。几天后 2009 年 1 月 9 日出现序号为 1 的区块，并与序号为 0 的创世区块相连接形成了链，标志着区块链的诞生。在没有任何权威中介机构统筹的情况下，互不信任的人可以直接用比特币进行支付。

比特币的诞生，意味着一种新型的、去中心化的、无固定发行方的数字货币的诞生。近年来，世界对比特币的态度起起落落，但作为比特币底层技术之一的区块链技术日益受到重视，比特币采用的区块链技术见图 7-26。在比特币形成过程中，区块是一个一个的存储单元，记录了一定时间内各个区块节点全部的交流信息。各个区块之间通过随机散列（也称哈希算法）实现链接，后一个区块包含前一个区块的哈希值。随着信息交流的扩大，一个区块与一个区块相继接续，形成的结果称为区块链。

### 2. 区块链定义

区块链这一概念首次出现在比特币白皮书中，但是该白皮书并未对区块链做出精确定义。虽然近年来区块链的潜力被逐渐挖掘并应用到货币系统之外的诸多领域，但由于其技术本身还不够完善，变体也有很多，所以截至目前依然没有一个确切的定义。现有的成熟区块链系统，如比特币、以太坊等，其顶层应用主要完成价值交换的功能，因此也常将区块链技术称为分布式账本技术。虽然被称为账本技术，但其本质只是一种抽象概念，是一种以区块形式组织成的数据库。理解成特殊形式的数据库后，则可以摆脱金融应用场景的局限性并找到其他适用领域，凡需要全局性、历史性地记录数据的场景都可以使用区块链技术。总体而言，区块链技术是以数据库作为数据存储载体，以 P2P 网络作为通信载体，依赖密码学确定所有权和保障隐私，依赖分布式系统共识框架保障一致性，旨在构建价值交换系统的技术。

### 3. 区块链类型

（1）公有区块链

公有区块链（public block chains）：可以由任何节点参与数据的记录与维护。在公有区块链中，任何节点无须许可便可自由地加入或退出区块链网络，加入区块链网络的节点可以得到从创世区块到当前区块上的所有数据，全部节点通过共识机制对新区块的产生以及对区块上记录的交易达成一致，共同维护区块链的稳定。公有区块链是最早的区块链，也是应用最广泛的区块链，各种比特币系列的虚拟数字货币均基于公有区块链。

图7-26　比特币采用的区块链技术

（2）联盟区块链

联盟区块链（consortium block chains）：由预先确定的节点参与数据的记录与维护。联盟区块链针对某些特定群体或机构，通过对节点授权来设置准入门槛，使数据的产生和接触可控，能在一定程度上兼顾数据的多方维护，避免数据泄露。

（3）私有区块链

私有区块链（private block chains）：由单一的节点参与数据的记录与维护。私有区块链是不对外开放的，只有被授权的节点才能参与并且查看数据的区块链类型；采用私有链的主要群体是金融机构、大型企业、政府部门等。

4. 区块链特征

（1）去中心化

区块链技术不依赖额外的第三方管理机构或硬件设施，没有中心管制。除了自成一体的区块链本身，通过分布式核算和存储，各个节点实现了信息自我验证、传递和管理。去中心化是区块链最突出最本质的特征。

（2）开放性

区块链技术基础是开源的，除了交易各方的私有信息被加密外，区块链的数据对所有人开放。任何人都可以通过公开的接口查询区块链数据和开发相关应用，因此整个系统信息高度透明。

（3）独立性

基于协商一致的规范和协议，整个区块链系统不依赖其他第三方，所有节点能够在系统内自动安全地验证、交换数据，不需要任何人为的干预。

（4）安全性

区块链上的数据通过密码学原理加密，是很难被破解及篡改的，避免了人为的数据变更。区块链采用分布式存储，丢失数据的风险很低。所以区块链本身是相对安全的。

（5）匿名性

除非有法律规范要求，单从技术上来讲，各区块节点的身份信息不需要公开或验证，信息传递可以匿名进行，用户没有办法了解到交易者的真实身份。区块链目前的运行是非常安全的。

## 7.6.2　区块链技术

### 1. 区块链架构模型

一般说来，区块链系统由数据层、网络层、共识层、激励层、合约层和应用层组成。

（1）数据层

数据层封装了底层数据区块以及相关的数据加密和时间戳等技术。

（2）网络层

网络层包括分布式组网机制、数据传播机制和数据验证机制等。

（3）共识层

共识层主要封装网络节点的各类共识算法。

（4）激励层

激励层将经济因素集成到区块链技术体系中来，主要包括经济激励的发行机制和分配机制等。

（5）合约层

合约层主要封装各类脚本、算法和智能合约，是区块链可编程特性的基础。

（6）应用层

应用层则封装了区块链的各种应用场景和案例。

### 2. 区块链核心技术

（1）分布式账本

分布式账本指的是交易记账由分布在不同地方的多个节点共同完成，而且每一个节点记录的是完整的账目，因此它们都可以参与监督交易合法性，同时也可以共同为其作证。由于记账节点足够多，理论上讲除非所有的节点被破坏，否则账目就不会丢失，从而保证了账目数据的安全性。

（2）非对称加密

存储在区块链上的交易信息是公开的，但是账户身份信息是高度加密的，只有在数据拥有者授权的情况下才能访问到，从而保证了数据的安全和个人的隐私。

（3）共识机制

共识机制就是所有记账节点之间怎么达成共识，去认定一个记录的有效性，这既是认定的手段，也是防止篡改的手段。

（4）智能合约

智能合约是一套以数字形式定义的承诺，包括合约参与方可以在其上执行这些承诺的协议。智能合约是传统合约的数字化版本，在区块链上是可执行程序。智能合约封装预定义的若干状态、转换规则、触发条件以及对应操作等，经过各方签署后，以程序代码的形式附着在区块链数据上，经过区块链网络的传播和验证后被记入各个节点的分布式账本中。区块链可以实时监控整个智能合约的状态，在确认满足特定的触发条件后激活并执行合约。

## 7.6.3　区块链应用

区块链应用范围非常广，包括货币、金融、智能资产、公证、物联网、医疗、通信、数据存储、供应链等诸多领域，一切数字化及可以被数字化的场景都会有区块链技术的身影。

### 1. 金融领域

区块链在结算清算、数字货币、跨境支付、财产保险等金融领域有着潜在的巨大应用价值。将区块链技术应用在金融行业中，能够省去第三方中介环节，实现点对点的直接对接，从而在大大降低成本的同时快速完成交易支付。

### 2. 物联网和物流领域

区块链在物联网和物流领域也可以天然结合。通过区块链可以降低物流成本，追溯物品的生产和运送过程，并且提高供应链管理的效率。该领域被认为是区块链的一个很有前景的应用方向。

### 3. 公共服务领域

区块链在公共管理、能源、交通等领域都与民众的生产、生活息息相关，但是这些领域的中心化特质也带来了一些问题，可以用区块链来改造。基于区块链的智能合约记录并监督了供应链的业务实施，并能够有效追溯产品运输的各类问题。例如能够实现农产品冷链、医药冷链的实时监控及安全溯源。

### 4. 数字版权领域

通过区块链技术，可以对作品进行鉴权，证明文字、视频、音频等作品的存在，保证权属的真实性、唯一性。作品在区块链上被确权后，后续交易都会进行实时记录，实现数字版权全生命周期管理，也可作为司法取证中的技术性保障。例如，美国纽约一家创业公司 Mine Labs 开发了一个基于区块链的元数据协议，这个名为 Mediachain 的系统利用星际文化系统（inter planetary file system，IPFS），实现数字作品版权保护，主要是面向数字图片的版权保护应用。

5. 公益领域

区块链上存储的数据，高可靠且不可篡改，天然适合用在社会公益场景。公益流程中的相关信息，如捐赠项目、募集明细、资金流向、受助人反馈等，均可以存放于区块链上，并且有条件地进行透明公开公示，方便社会监督。

6. 数据鉴证

区块链数据带有时间戳、由共识节点共同验证和记录、不可篡改和伪造，这些特点使得区块链可广泛应用于各类数据公证和审计场景。例如，区块链可以永久地安全存储由政府机构核发的各类许可证、登记表、执照、证明、认证和记录等，并可在任意时间点方便地证明某项数据的存在性和真实性。

# 7.7　元　宇　宙

元宇宙是 2021 年下半年广受关注的词汇之一，自从马克·扎克伯格将脸书改名为"Meta"（元宇宙的英文前缀）以来，元宇宙话题更为火热。各行各业都在谈论元宇宙，尤其是以产业界、金融界人士为盛。元宇宙可能成为产业发展、金融投资、学术研究以及改变人类生活的下一个风口。

元宇宙究竟是什么？美国社交媒体脸书（Facebook）创始人扎克·伯格提出的"元宇宙"，是这样的一种场景：

下个阶段的平台和媒体，会让人更有身临其境之感，你将不仅仅是从旁观看，而是置身实体互联网之中。这就是"元宇宙"。他举例，"当我把小孩的视频发给我父母时，他们会觉得自己就像和我们在一起一样，而不是只通过一个小小的屏幕观看；当你和朋友玩游戏时，你会觉得跟他们同处同一世界，而不是独自面对电脑。"

他还呈现出多种设想的"元宇宙"场景，比如开会时，真人、虚拟人、机器人出现在同一空间中，有人坐在桌前，有人飘在空中。一位女士想通过网络连线分享自己在现实街道上看到的涂鸦，这幅涂鸦瞬间就逼真地展现在所有人眼前，仿佛大家都置身于那条街道。

## 7.7.1　元宇宙的概念

### 1. 元宇宙的起源

1992 年，那时大部分人还不知道互联网为何物，美国著名科幻大师尼尔·斯蒂芬森出版了小说《雪崩》（*Snow Crash*）。书中讲述了这样一个故事：在严重的恶性通货膨胀下，未来的美国治安恶化、美元急剧贬值。人们为了交易以及各种需要，经常往来于现实与虚拟世界中，即"Metaverse"——元宇宙。这是一个由计算机模拟、与现实世界平行的虚拟空间，人们只需要戴上耳机和目镜，找到连接终端，就能够以虚拟化身的方式进入这个世界，并与三维空间中的各种软件进行交互。在现实世界中因地理位置而彼此隔绝的人们，在这里可以通过各自的化身进行交流、娱乐及交易。人们在"Metaverse"里可以拥有自己的虚拟替身，这个虚拟的世界就叫做"元宇宙"。

2021 年是元宇宙元年。2021 年初，Soul App 在行业内首次提出构建"社交元宇宙"。2021 年 3 月，被称为元宇宙第一股的罗布乐思（Roblox）正式在纽约证券交易所上市；5 月，微软首席执行官萨蒂亚·纳德拉表示公司正在努力打造一个"企业元宇宙"；8 月，英伟达宣布推出全球首个为元宇宙建立提供基础的模拟和协作平台；8 月，字节跳动斥巨资收购 VR 创业公司 Pico；10 月 28 日，脸书（Facebook）宣布更名为"元"（Meta），来源于"元宇宙"（Metaverse）。12 月，Meta 公司正式开放元宇宙平台"Horizon Worlds"，如图 7-27 所示，用户可以在地平线世界里创建一个角色，在虚拟世界里漫游、玩游戏和社交。

图7-27　Meta元宇宙游戏Horizon Worlds

### 2. 元宇宙定义

作为近年刚刚开始流行的概念，元宇宙目前还没有一个明确、公认的定义。如今主流定义认为元宇宙是一个虚拟时空间的集合，由一系列的增强现实（augmented reality，AR）、虚拟现实（virtual reality，VR）以及互联网（Internet）所组成。元宇宙是一个平行于现实世界运行的人造空间，是互联网的下一个阶段，由 AR、VR、3D 等技术支持的虚拟现实的网络世界。

元宇宙也被称为"互联网 .0"，意味着虚拟世界即将成为现实世界的"平行宇宙"。元宇宙不是一个独立的世界，而是一个与现实世界紧密相连且互补的世界。人们在基础设施完善的虚拟世界中，可以和现实世界一样，全方位实现身份认同、货币交易、职业发展等个人和社会需求。

可以说，元宇宙是一个极具概括性和总结性的简易词。它不仅蕴含着人类某种程度上对未来科技社会的想象，又融合了当下诸多热门技术、产业。在许多业内人士看来，这就是元宇宙概念以指数级传播、各领域言必提的原因。

元宇宙本质上是对现实世界的虚拟化、数字化过程，需要对内容生产、经济系统、用户体验以及实体世界内容等进行大量改造。但元宇宙的发展是循序渐进的，是在共享的基础设施、标准及协议的支撑下，由众多工具、平台不断融合、进化而最终成形。它基于扩展现实技术提供沉浸式体验，基于数字孪生技术生成现实世界的镜像，基于区块链技术搭建经济体系，将虚拟世界与现实世界在经济系统、社交系统、身份系统上密切融合，并且允许每个用户进行内容生产和世界编辑。

元宇宙仍是一个不断发展、演变的概念，不同参与者以自己的方式不断丰富着它的含义。从技术层面看，元宇宙是对互联网、大数据、人工智能、区块链等一系列信息新技术形成的信息时空的综合集成的统称，是一个可以映射现实世界又独立于现实世界的虚拟空间。

### 3. 元宇宙特征

第一个具有元宇宙概念的世界最大的多人在线创作游戏平台 Roblox 给出的元宇宙包含八大要素：身份、朋友、沉浸感、低延迟、多元化、随时随地、经济系统和文明。

身份（identity）：元宇宙的主体可以是生物人、电子人、虚拟人、信息人或者数字人。在虚拟世界中，这些"人"都有着虚拟的形象，以及不同的性格、技能、知识、经验等，具备数字身份，开启"第二人生"。

朋友（friends）：元宇宙的主体可以在虚拟世界中拥有自我学习的能力，可以社交、互动和交流，是未来更大的社交平台。

随地（anywhere）：这与互联网的特性相一致，低接入门槛、高渗透率以及方便快捷的特性使人们可以随时随地切换身份，不受时空的限制，任意进入一个虚拟时空节点所构成的"元宇宙"，在其中开展社交、学习、游戏、工作等活动。

经济（economy）：在元宇宙中可以进行数字产品的创造、交换、消费等各种经济活动，同时也有可能把数字世界中的活动映射到现实世界，从而形成新的商业模式。

文明（civility）：价值取向、制度选择、秩序等都可能成为未来虚拟世界受到挑战的问题。

沉浸感（immersive）：沉浸感是元宇宙的核心，通过 VR 设备提供的沉浸体验，让人身临其境。

多样性（variety）：在元宇宙的社会中，每个个体都不会只具有单一身份，而是拥有更为复杂的身份构成。虚拟世界拥有超越现实的自由与多元性。

低延迟（low friction）：延迟对于沉浸感的影响非常大。比如游戏延迟就是数据从游戏客户端到服务器再返回的速度，网络状态、服务器响应速度、使用人数等都会影响延迟。

## 7.7.2 元宇宙核心技术

要真正理解元宇宙，就必须引入技术视角。在技术视角下，我们可以更好理解技术意义上的"元宇宙"。"元宇宙"的核心是底层科技的迭代和进步，以"硬技术"为坚实基础。一般来说，"硬技术"指计算机、网络设备、集成电路、通信组件、新型显示系统、混合现实设备、精密自由曲面光学系统、高像素高清晰摄像头等。"元宇宙的硬科技基础"一般是指区块链技术、交互技术、人工智能技术、网络及运算技术、物联网技术等。元宇宙的概念技术体系见图 7-28。

区块链技术：区块链与元宇宙相互依存、不可分割，提供了元宇宙基础的组织模式、治理模式、经济模式所必需的技术架构，是支撑元宇宙经济体系最重要的基础。

交互技术：交互技术是制约当前沉浸感的最大瓶颈所在。未来随着以 VR/AR 为代表的人机交互技术的发展，将会带来更加流畅的体验，我们可能会脱离厚重的设备，不再受制于键盘、鼠标、手柄等硬件工具，虚拟世界更加拟真，沉浸感大幅提升。

人工智能技术：在元宇宙的各个层面、各种应用、各个场景，人工智能技术无处不在，包括区块链里面的智能合约、交互体验里面的 AI 识别、智能网络里面的数据 AI 等。

网络及运算技术：不仅指传统意义上的宽带互联网和高速通信网，还涉及包括边缘计算、分布式计算在内的综合智能网络技术，为元宇宙用户提供实时、流畅的沉浸式体验。

物联网技术：5G 的发展促进了物联网的发展，未来物联网技术既承担现实世界的前端采集与处理职能，也在虚拟世界中发挥连接作用，从而真正实现"万物互联"。

图7-28　元宇宙的概念技术体系

## 7.7.3　元宇宙应用场景

元宇宙仍处于行业发展的初级阶段，无论是底层技术还是应用场景，与未来的成熟形态相比仍有较大差距。真正的"元宇宙"还很遥远。

### 1. 智慧城市

元宇宙与智慧城市息息相关。智慧城市是基于城市的信息模型，其建设需要进行城市各维度的数据采集，并通过对数据进行处理加工，形成内容创造和服务建构的基础元素。元宇宙在精准模拟物理空间运行的同时，也在创造数字空间中的原生体验，探索一种在数字空间中特有的生活方式和社交形态。因此，对于城市系统的数字化转型，会逐步走向元宇宙这一技术路线。

2021年11月，韩国首都宣布了一项计划，在元宇宙（一种依赖虚拟现实的沉浸式互联网）中开展各种公共服务和文化活动。根据计划，首尔市政府将在 2022 年底前开发自己的元宇宙平台，并在 2023 年开放"元宇宙 120 中心"，这是一个虚拟公共服务场所，虚拟化身将处理以前公民只有亲自跑市政厅才能解决的民生问题。如果这项计划成功，首尔民众就可以佩戴虚拟现实眼镜参观虚拟市政厅，处理各项事务。

**2. 视频会议**

用元宇宙的手段提升视频会议体验是元宇宙在工作场合的一大主要应用。当举行在线会议时，参会人员通过软件进入虚拟空间，每个人都创造出符合他们个人形象的虚拟角色，在虚拟会议室里通过"网络分身"进行互动。更进一步，通过戴上 AR/VR 等设备，以一种更加沉浸式的方式，与其他参会人员进行互动，从而使人感觉如同置身于真实的物理房间内。

**3. 虚拟数字人（虚拟偶像）**

元宇宙的到来会降低虚拟偶像的制作成本和门槛。构建元宇宙需要数字孪生、经济系统、AI 互动、强大的算力系统等基础要素，而其中的 AI 互动技术的发展和虚拟偶像制作的成本息息相关。元宇宙的发展会降低 AI 互动技术实现的成本，所以元宇宙到来之后可以进一步降低虚拟偶像的制作成本。

同时，通过元宇宙观看虚拟偶像会拥有更强的互动性。在移动互联网时代，只能通过智能设备的屏幕或者在特定的现场去观看虚拟偶像的表演。但在元宇宙中，用户会拥有一个虚拟的分身，并可以利用这个分身在虚拟世界中做许多在现实世界无法做的事情，比如和自己的虚拟偶像握手。

**4. VR 体验 + 家居 / 文旅**

VR 技术能够将线下体验搬到元宇宙世界中，并进行体验效果的强化。例如，在 VR 技术的加持之下，消费者能够更亲临实境的体会家具定制的效果，并能够在元宇宙世界中与设计师直接沟通，增进消费体验。类似的，文旅元宇宙则是能够透过虚拟现实技术使得文化演出、旅游体验更加丰富多彩，能够更好地重现历史文物的风采。未来元宇宙的密室逃脱、剧院、音乐会乃至剧本杀等，将拥有升级体验。

## 本章小结

本章主要介绍并行计算、集群计算、云计算、量子计算、区块链、元宇宙等新型计算模型的概念，以及大数据、物联网、人工智能、虚拟现实等 IT 新技术的发展现状。IT 业界预计，未来一段时期，我国将会利用国际产业转移的重大机遇，聚集各种资源，突破核心技术制约，在集成电路、软件、计算机与信息处理、现代移动通信、信息安全、信息服务和系统集成等技术领域加强创新，促进 IT 产品更新换代，推动我国由 IT 大国向 IT 强国转变，并进而推动国民经济信息化进程，以信息化带动工业化，走出一条新型工业化道路。

## 🌐 工匠精神

### 新能源汽车：驶向未来的绿色动力

在当今世界，随着工业化进程的加速和人口的不断增长，环境污染问题日益严峻，尤其是汽车尾气排放成为了城市空气质量恶化的主要原因之一。新能源汽车作为绿色出行的代表，通过电能或氢能等清洁、可再生能源驱动，在运行过程中几乎不产生尾气排放，能够显著减少污染物的排放量，且大大减少了对石油的依赖，有助于缓解能源危机。

新能源汽车是指采用非常规车用燃料作为动力来源（或使用常规燃料、采用新型车载动力装置），综合车辆的动力控制和驱动方面的先进技术，形成的技术原理先进、具有新技术、新结构的汽车。根据驱动方式的不同，新能源汽车主要分为纯电动汽车（BEV）、插电式混合动力汽车（PHEV）和燃料电池汽车（FCEV）三大类。在 21 世纪的科技浪潮中，中国新能源汽车产业如同一颗璀璨的明星，引领着全球绿色出行的新风向。

纯电动汽车构造图

新能源汽车的崛起，离不开技术创新的推动。在电池、电机、电控等核心零部件领域，中国企业不断突破技术瓶颈，提升产品性能。例如，比亚迪的刀片电池、宁德时代的 CTP 技术，不仅提高了电池的能量密度，还降低了成本，提升了安全性。此外，产业链的完善也是中国新能源汽车发展的关键。从上游的原材料开采，到中游的零部件制造，再到下游的整车生产和售后服务，中国已经形成了完整的新能源汽车产业链，为行业持续健康发展提供了坚实基础。

AI 时代，新能源汽车和智能驾驶技术整合，满足市场对高科技出行解决方案的需求，已成为未来汽车的发展趋势。智能驾驶技术的核心是自动驾驶技术，按照自动化程度分为 L0（无自动化）至 L5（完全自动驾驶）六个级别。目前，L2（辅助驾驶）和 L3（有条件自动化）级自动驾驶技术已在市场上广泛应用，L4（高度自动驾驶）已有少量产品问世，如长安 CS85、Apollo 红旗 E-HS3 以及广汽新能源 AION S 等，L5（完全自动驾驶）级技术正在加速研发和测试中。

智能驾驶技术

　　自 2009 年"十城千辆"新能源汽车示范推广工程启动以来，中国新能源汽车市场经历了从无到有、从弱到强的蜕变。截至 2023 年，中国新能源汽车保有量已超过 1000 万辆，占全球新能源汽车总量的一半以上。这一数字不仅体现了中国在新能源汽车领域的领先地位，更彰显了中国在推动全球绿色转型中的责任与担当。

　　中国政府对新能源汽车的支持力度空前，从中央到地方，一系列扶持政策如春风般滋润着新能源汽车的成长土壤。2021 年，国家发改委发布《新能源汽车产业发展规划（2021-2035 年）》，明确提出了新能源汽车销量占比目标，到 2025 年新能源汽车新车销量占汽车新车销量的 20% 左右，到 2035 年纯电动汽车成为新销售车辆的主流，公共领域用车全面电动化，燃料电池汽车实现商业化应用，高度自动驾驶汽车实现规模化应用，有效促进节能减排水平和社会运行效率的提升。

　　新能源汽车的普及，将深刻改变我们的出行方式，推动社会向更加绿色、环保的方向发展。届时，城市空气质量将得到显著改善，碳排放量将大幅下降，为实现全球气候目标作出重要贡献。

# 参考文献

[1] 姚怡. 大学计算机[M]. 3版. 北京：中国铁道出版社有限公司，2021.

[2] 姚怡. 大学计算机实验指导与习题集[M]. 3版. 北京：中国铁道出版社有限公司，2021.

[3] 吕云翔，李沛伦. 计算机导论[M]. 北京：清华大学出版社，2019.

[4] 李廉，王士弘. 大学计算机教程：从计算到计算思维[M]. 北京：高等教育出版社，2016.

[5] 柴欣，史巧硕. 大学计算机基础教程[M]. 8版. 北京：中国铁道出版社有限公司，2019.

[6] 柴欣，史巧硕. 大学计算机基础实验教程[M]. 8版. 北京：中国铁道出版社有限公司，2019.

[7] 甘勇，陶红伟. 大数据导论[M]. 北京：中国铁道出版社有限公司，2019.

[8] 徐洁磐. 人工智能导论[M]. 北京：中国铁道出版社有限公司，2019.

[9] 陈国良. 大学计算机：计算思维视角[M]. 2版. 北京：高等教育出版社，2014.

[10] 沙行勉. 计算机科学导论：以Python为舟[M]. 3版. 北京：清华大学出版社，2020.

[11] 鲁宁. 大学计算机基础与计算思维[M]. 2版. 北京：人民邮电出版社，2015.

[12] 张基温. 大学计算机：计算思维导论[M]. 北京：清华大学出版社，2017.

[13] 杨长兴. Python程序设计教程[M]. 北京：中国铁道出版社，2017.

[14] 刘凌霞. 21天学通Python[M]. 北京：电子工业出版社，2016.

[15] 唐尼. 像计算机科学家一样思考Python[M]. 赵普明，译. 北京：人民邮电出版社，2013.

[16] 徐光侠. Python程序设计案例教程[M]. 北京：人民邮电出版社，2017.

[17] 闫俊伢. Python编程基础[M]. 北京：人民邮电出版社，2016.

[18] 方其桂. 多媒体技术及应用实例教程[M]. 北京：清华大学出版社，2016.

[19] 肖睿，张荣竣. 网页设计与开发[M]. 北京：人民邮电出版社，2018.

[20] 黎珂位，肖康. Photoshop CC平面设计教程[M]. 北京：人民邮电出版社，2019.

[21] 凤凰高新教育. 中文版Dreamweaver CC基础教程[M]. 北京：北京大学出版社，2017.

[22] 王君学. 从零开始：Dreamweaver CC基础培训教程[M]. 北京：人民邮电出版社，2016.

[23] 姚怡，余海萍. 网站规划建设与管理维护[M]. 2版. 北京：中国铁道出版社，2015.

[24] 上海赢科，W3School. CSS浮动［EB/OL］.https://www.w3school.com.cn/css/css_positioning_
floating.asp，2020-08-01.

[25] 章宁，李海峰. Python程序设计：从编程基础到专业应用[M]. 北京：机械工业出版社，
2019.

[26] 西格兰. 集体智慧编程[M]. 莫映，王开福，译. 北京：电子工业出版社，2015.

[27] 莱顿. Python数据挖掘入门与实践：第2版[M]. 亦念，译. 北京：人民邮电出版社，2020.

[28] 麦金尼. 利用Python进行数据分析：第2版[M]. 徐敬一，译. 北京：机械工业出版社，
2018.

[29] 马瑟斯. Python编程：从入门到实践[M]. 袁国忠，译. 北京：人民邮电出版社，2016.

[30] 赵志勇. Python机器学习算法[M]. 北京：机械工业出版社，2019.

[31] 潘教峰. 中国创新战略与改革研究2020[M]. 北京：科学出版社，2020.